测绘科技专著出版基金资助

超高阶地球重力位模型确定的理论与方法

Theory and Methodology of Ultra-high-degree Geopotential Model Determination

王正涛　党亚民　晁定波　编著

测绘出版社

·北京·

内容提要

本书阐述了构建地球重力场模型的基础理论，评述了这一领域的近代发展。主要内容包括：多种重力数据源的精化方法和技术，介绍了重力观测技术及其新发展，以及观测数据向下延拓和内插推估等新的精化算法和技术；多种数据源的融合处理技术，介绍了全球多源实测重力数据和卫星测高、卫星重力观测数据以及空白区填充重力数据的获取和融合技术；超高阶重力位模型解算的相关理论和算法，介绍和评述了现有各种数值解算方法，重点介绍了并行算法在重力位模型解算中的应用；地球重力位模型的各种检验方法和技术。

本书的核心内容是比较系统和详实地给出了确定超高阶地球重力位模型的数据准备和实用计算模型及其计算方法，可作为相关地学学科研究人员和高等院校研究生的教学、科研参考书。

图书在版编目(CIP)数据

超高阶地球重力位模型确定的理论与方法/王正涛，党亚民，晁定波编著. —北京：测绘出版社，2011.12

ISBN 978-7-5030-2504-4

Ⅰ.①超…　Ⅱ.①王…　②党…　③晁…　Ⅲ.①地球重力场—模型　Ⅳ.①P223

中国版本图书馆 CIP 数据核字(2011)第 276227 号

责任编辑	赵福生	封面设计	李　伟	责任校对	董玉珍

出版发行	测绘出版社	电　话	010—83060872(发行部)
地　址	北京市西城区三里河路 50 号		010—68531609(门市部)
邮政编码	100045		010—68531160(编辑部)
电子信箱	smp@sinomaps.com	网　址	www.chinasmp.com
印　刷	北京金吉士印刷有限责任公司	经　销	新华书店
成品规格	169mm×239mm		
印　张	14.25	字　数	280 千字
版　次	2011 年 12 月第 1 版	印　次	2011 年 12 月第 1 次印刷
印　数	0001—1000	定　价	39.00 元

书　号　ISBN 978-7-5030-2504-4/P・564

前言

现代地球科学的主要任务是致力于将地球作为一个整体的静态和动态系统来研究。该系统主要由地球固体圈(地壳、地幔、地核)、水圈(液体)、大气圈(气体)和生物圈(生命体)组成,地球重力场、地球内外部电磁场和大气电离层则反映其基本的物理特性,影响和制约着地球及其邻近空间所发生的物理事件。其中,地球重力场反映地球内部物质的空间分布、运动和变化。确定地球重力场的精细结构及其时间变化不仅是现代大地测量的主要科学目标之一,而且也将为现代地球科学解决人类面临的资源、环境和灾害等问题提供重要的基础地球空间信息。

新一代卫星重力计划 CHAMP、GRACE 和 GOCE 的成功实施,已经可以使分辨率 100 km(180 阶)全波段位模型大地水准面精度达到厘米级水平;卫星测高技术经历 40 多年的发展,测高精度由最初的米级提高到目前的厘米级,分辨率由原来的上百公里提高到现在的几公里,并且观测对象也由最初的海洋扩展到冰面、陆地沙漠等全球区域的覆盖,其联合地面重力测量的持续观测使得占地球表面 71% 的海洋和部分陆地拥有 5 km 分辨率的重力数据,已经具备建立超高阶(2 160 阶)重力位模型的数据支持。与此同时,计算机硬件设备与软件系统的快速更新大大拓展了大型数值计算问题的应用领域。鉴于超高阶重力位模型在大地测量、空间技术应用和基础理论研究等方面的重要作用,研究利用高精度、高分辨率重力数据建立超高阶地球重力位模型,提出新方法、发展新技术、研制新软件,成为当前物理大地测量学者高度关注的研究前沿,也是本书撰写的主要目标。本书是在研究总结国内外最新成果的基础上,阐述了利用新一代卫星重力测量任务(CHAMP、GRACE 和 GOCE)的用户数据产品联合多种多代卫星测高数据、地球表面重力数据和 ICESAT、SRTM 地形数据求解超高阶重力位模型关键技术和方法,突破卫星重力数据或卫星重力模型与地面重力数据联合以及在经典大地测量边值问题理论框架中解算全球超高阶地球重力场模型存在的固有障碍及实际计算中的算法限制,发展经典理论,创新计算方法,开发新技术,并完成一个有应用价值的高精度超高阶地球重力位模型,对模型的可靠性和精度进行检验分析和评价,提出需进一步研究的问题和建议。

全书主要内容共分 7 章。第 1 章评述精化地球重力场模型在现代地球科学研究中的重要作用,系统总结大地测量边值问题在重力场研究所具有的各自局限性及其最新进展;分析并提出地球重力场模型确定的 5 个方面的约束和限制,全面回顾地球重力位模型的研制历史,详尽评述超高阶地球重力场模型的研究现状与展望。第2章深入地探讨两种大地测量边值解法确定扰动位的理论内涵，根据不同边界面条件，推导了各种重力异常的改正公式，建立了严密的由重力异常表示扰动位的积分形式和级数形式；从实际数值算法出发，详尽推导了重力异常球谐展开的离散化级数积分公式。第3章研究评述当前各种重力观测技术优缺点，重点研究多源重力数据的精化方法和技术，详尽分析了多代卫星测高数据最新编辑准则和联合平差方法，给出了卫星重力观测的校准改正公式；基于实例计算，论证了利用虚拟压缩恢复法实现卫星重力界面的观测结果向下延拓的可能性；对重力异常和数字地形模型的离散数据内插算法作了详细论述和评价。第4章研究总结重力场模型现有各种数值解法及优化算法技巧，重点给出了利用重力异常观测、基于调和分析方法，通过数值积分求解重力位球谐系数的实用计算公式和程序设计流程；讨论应用并行环境实现预条件共轭梯度解法，实现了该方法的并行化算法及计算流程；深入研究了超高阶重力位模型确定的数学方面的算法和技术问题，给出了相应解决方案，对缔合勒让德函数递推算法的稳定性和适用性作了详尽分析，引入并讨论了扩程算法，给出了基于此方法计算缔合勒让德函数的递推公式。第5章详细研究了并行算法在求解地球重力场模型中的应用技术，重点分析、对比了共享式和分布式并行环境下，最小二乘法和预条件共轭梯度法并行算法对于不同线程、不同节点确定不同阶次重力场模型的时间和效率，为超高阶重力位模型的并行解算提供借鉴。第6章研究总结了多源重力数据的全球覆盖与融合处理技术，重点推导了利用重力异常确定扰动位球谐系数的严密改进公式，给出了由地面重力异常归化与改正到椭球面重力异常的流程；分析、评述了位系数解算的最优算法，并给出超高阶重力位系数解算流程。第7章系统研究了地球重力位模型质量检验评价的准则和方法，总结了各种方法的详尽公式推导。

作者编写本书的目的，主要是系统地总结和阐述超高阶重力场模型确定的关键技术和方法，更多地关注于多种数据的融合处理和数值算法的实现，使读者能够全面地了解此方向的发展前沿，期望帮助解决实际工作中遇到的问题。由于作者水平有限，书中错误与不当之处在所难免，恳请读者批评指正。

本书的出版得到了测绘科技专著出版基金和国家自然科学基金（40637034、41074014）的资助，在此表示诚挚感谢。

作　者

2011年3月

目 录

Contents

第1章 绪论

§1.1 地球重力场与现代地球科学

伴随着计算机、微电子和航天技术等的迅猛发展，地球科学正经历着一场大变革。观测研究对象已由传统的局部地表、浅层地壳、低近地空间扩展到全球岩石圈、地球深部、深空宇宙的各种地学现象和过程，地球科学发展为以动态观、整体论的方法描述地球的现代地球科学，并引发了各相关学科的交叉融合和催生新的学科领域。现代地球科学立足于将地球定性为一个开放的复杂动力系统来研究，该系统由地球固体圈（地壳、地幔、地核）、水圈（水体）、大气圈（气体）和生物圈（生命体）等子系统组成，各子系统之间不断发生复杂的强相互作用，包括物理的、化学的与生物的，以及各种耦合和解耦作用。伴随着各子系统内部和子系统之间及地球系统整体不同时空尺度的动力过程，引发各子系统之间物质、动量和能量的迁运与交换，呈现各种地球均变动力现象，同时孕育生发各种突变动力事件。传统地球科学内各分支学科，局限于注重研究个别子系统内部在特定时间内的结构与动力过程，或研究整个地球系统所具有的某一特性，例如：气象学与大气物理学研究大气圈；海洋学、陆地水文学、水文地质学和冰川学研究水圈；地质学、地球物理学、地球化学与宇宙化学研究地球固体圈；物理大地测量学研究地球重力场。近代系统科学理论的出现，很快被引中到地球科学，在传统地球科学中注入了系统科学论的新地球观，在原本各自相对孤立封闭的学科体系中开启了跨学科交叉研究新方向。关注各圈层间相互作用和动力机制的研究，围绕当今地球科学面临的重大科学和现实问题（例如全球气候变化和灾害问题），借助现代各种先进的全球尺度监测技术，特别是多种低轨卫星对地观测传感手段，过去的三十年，已取得了丰富成果，大大加深了对地球系统的认识。

地球重力场是地球系统物质属性产生的一个最基本的物理场，反映由地球各圈层相互作用和动力过程决定的物质空间分布、运动和变化，承载地球系统演化进程中的一切与其重力场作用机制相关信息。地球重力场的时空演化是地球系统动力过程的历史再现。因此，物理大地测量学与所有研究地球各圈层物质运动及其动力学机制的学科有着“天然”的交叉领域。高精度、高分辨率重力数据及据此构建的高阶地球重力场模型及其时变信号，是地球动力学、地球内部物理、物理海洋和动力海洋学等相关学科研究所必需的基础信息。精细的全球重力场信息将加深人们对地球系统各圈层的物质异常分布、物质的循环及动量和能量交换机制的认识。精化各类相关地学模型参数，以达到对地球系统各子系统及整体的动力学过程和行为有更深层的理解。对包括岩石圈动力学机制、地幔物质流动(或对流)、岩石圈漂移和消长、海底扩张、岩石圈异常质量分布、冰后回弹质量调整及其引起的海平面变化、极地冰盖与冰川演化的质量变化、大陆冰雪的变化、板块相互作用机制、地球自转变化等领域的研究提供支持。这些领域都是现代地球科学的基础性研究领域，但当前最为关注的是全球气候变化和突变问题，前者主要涉及对地球水圈动力环境变化的研究，后者则是试图探索预测大地震的可能性，因而研究地球重力场及其时变信息在这两个领域中的应用就显得十分活跃，其中也包括反演地球三维密度分布，这是物理大地测量学本身发展要解决的最基本的问题。

海平面变化是地球水圈、大气圈、固体圈在一定的气候环境(主要是温度)相互作用的结果，反映海洋动力环境变化的全过程。人们之所以关注全球海平面变化，不仅是这一现象与全球气候变化有着密切关联，还由于海平面上升将对人类的生存环境构成最直接的威胁。近百年来，由于温室气体的不断增加，造成了全球性气温上升，导致海水受热膨胀、陆地冰川融化、极地冰盖解体，引起全球平均海平面上升，过去100年全球平均海平面升高了10～25 cm，预计本世纪将再升50 cm左右。监测全球平均海平面变化，研究全球工业化以来平均海平面加速变化的成因是当前相关学科共同面对的主要课题，地球重力场及其时变信息将在这一课题的研究中发挥重要作用。海平面变化研究中需要解决的一项关键问题是：如何从海平面变化观测资料中把由全球气候变暖导致的海水热膨胀和冰川冰盖融化经河流入海、降水等水质量造成的海平面变化两者分离。由于利用重力卫星获得的时变重力场信息可用于确定全球海洋水体总质量的变化，即由重力场模型的时变序列反演海水质量时变分布引起的海平面变化。目前，联合卫星重力资料、卫星测高和海洋同化模式资料，定量研究海水质量变化、海水温度变化对全球平均海平面季节变化贡献已经取得了很大的进展。利用现有和未来的重力卫星观测，结合卫星测高观测和海洋现场观测资料，可以构建高空间分辨率的静态大地水准面以及高精度的动态大地水准面，分别给出全球以及区域海水质量迁移和热容效应对平均海平面变化的各自贡献，为研究近海区域和全球平均海平面长期变化的成因、发展气候数值模式、海洋资料同化等问题，提供独立有效的信息源和附加检核。

绝对海洋面环流可以给出海洋的热量和质量的平均传输量，是研究全球气候变化的重要依据之一。现今丰富的卫星测高资料可以精确求定全球平均海面高。如果有一个由重力数据独立确定的海洋大地水准面，那就可以对海面地形起伏和绝对表面环流进行估计。鉴于海面动力地形起伏的幅度(±1 m)与目前大地水准面模型的精度(在大部分海洋环流尺度上只有几十厘米)接近，多年以来，海洋学界一直迫切需要一个高精度的地球重力场模型和大地水准面，用于海洋环流等方面的研究。目前，利用现有卫星重力的观测结果确定的海洋大地水准面在100～200 km空间尺度上可以达到2 cm的精度，卫星雷达测高可以同样的分辨率和精度实测平均海水面高，两者的差就是海洋稳态海面地形，它可以直接被转换成海洋面环流。因此，地球重力场信息在研究全球海洋环流中有重要作用。

对冰盖质量均衡机制的正确理解，有助于研究全球海平面长期变化趋势。利用精细的重力场信息反演格陵兰岛和南极冰盖质量平衡，将加深对冰层质量流动和相关动态特性以及长期海平面变化的理解。岩床的几何形状是控制冰层质量流动的主要因素，利用现有和未来的重力卫星为我们提供的高空间分辨率的重力场模型，将使得估计岩床几何形状成为可能。结合激光测高仪和合成孔径雷达干涉仪(InSAR)进行格陵兰岛和南极冰盖表面速度的观测，同时提供这些冰层在海域地区的短空间尺度地形，就可建立完整的冰层流动模型，提高我们对冰盖质量余量及海平面变化的认识。

对于陆地岩石圈，地球物理学家感兴趣的是在过去几百万年内发生冰生冰消的过程和地区。最近一次冰川溶化结束于大约7 000年前，冰川溶化减小了岩石圈的负荷，由于地球内部的滞后粘性响应，去负荷后的均衡过程至今仍在进行。地球对冰川溶解的响应以及所关联的重力异常，取决于地壳和地幔的流变性和岩石圈的厚度，冰川的消失使得地壳和地幔中的物质重新分布，冰川溶化所产生的地球变形可以用粘弹性模型来解释。随着更高精度和更高分辨率的地球重力场信息和大地水准面信息的不断更新，由此得到的更好的地幔粘弹性模型使得冰后回弹的研究有新的发展。

陆地水储量变化是尚未被有效观测、估计的主要地球物理信号之一，其准确估计对人类社会的可持续发展有重要意义。水储量分布是全球和局域气候模型的关键边界条件之一，精确的水储量变化信息有助于提高气候模型的质量，进而改善气象预报的可靠性，同时也是研究环境生态学和社会经济发展的关键依据，特别是在人口稠密和经济发达地区，大尺度上的水储量变化测量是地区自然环境变化监测的主要内容，可预警生态系统的变化、干旱和洪涝灾害的发生，评估其对地区社会经济发展的影响。然而受传统观测技术水平的限制，难以监测陆地水储量大尺度时空变化。因而，长期以来缺乏必要和详实的观测资料和数据，制约了人类对陆地水变化和冰川、冰盖融化等地球物理过程的认识和研究。传统的地基水文观测覆盖范围小，局限在观测台站附近10 km以内的范围，遥感卫星也只能观测地表几厘米厚度的土壤湿度，因此，在以往的研究中，只能依靠少量的观测结果结合相关物理规律进行定性或粗略的定量估计。由重力卫星提供的时变重力场首次实现了对全球陆地水质量变化的监测，在按月时变分辨率和几百公里尺度上监测精度可达到1 cm等效水高。这是水文学确定不同时间尺度陆地水循环迈出的一大步。

就现代地球科学而言，建立一个三维全球密度模型是非常重要的，因为它是揭示地幔构造以及物质运移、均衡补偿等深部过程的基础信息。地幔中密度不均匀性表现为长波重力异常，重力分异导致地幔物质的流动，其结果是板块和地壳运动。因此，为了反演密度异常，必须有各种相关的地球物理观测数据，包括重力异常、板块运动、地壳形变等，这些数据都可以作为密度反演的重要边界条件。重力场的结构是地球质体密度分布的直接映象。重力测量数据是研究岩石圈及其深部构造和动力学的一种“样本”。重力异常反映了地球岩石圈和地幔质量异常的结构，它与固体地球大尺度变化过程有关，精细的重力异常分布和大地水准面起伏对于弄清当前岩石圈和地幔动力学研究中的一系列问题有很重要的作用。从重力异常推求质量异常是一个反演问题，利用地震学的地震波速异常三维结果也可以反演推求质量密度异常，当然，这两种反演过程理论上都存在不适定问题，需要多种地球物理信息的约束。目前重力和地震层析成像数据联合反演的研究表明，两种数据的结合使用可明显改进地球内部密度分布的图像。另一方面，由重力卫星得到的比目前精度高一两个数量级的长波重力异常，使地球深部的很多研究都将得到空前的加强，例如在核幔边界和上地幔不连续界面的构造和静态及动态质量补偿等。联合重力异常和三维地震波层析成像结果，同时考虑地表位移和形变测量结果、地幔物质的物理化学特性的实验结果，以及地壳和岩石圈的磁场异常等的约束，将非常有希望接近解决这一问题，反演一个三维全球密度模型是有可能的，从而可大大增进对大陆岩石圈以及上地幔和岩石圈相互作用的理解。

地震是一种严重的自然灾害，特别是在人口密集、经济发达地区的破坏性地震，带来的可能是一场人民生命和建设成果的毁灭性灾难，这是地处地球强震带的各国政府都要面对和承担的沉重挑战。近年来世界各地不断发生的灾害性地震，造成了大量的人员伤亡和巨大经济损失。2008 年 5 月 12 日中国汶川发生的 8.0 级大地震，是 1976 年唐山大地震以来破坏性最大的一次地震，遇难失踪人数超 8.7 万，受伤人数 37 万多，造成直接经济损失 8 451 亿元，直接严重受灾地区 10 万平方公里。地震预报是当今世界一大科学难题，传统的以接触式测量为基础的地面监测技术，存在着非均匀性、局域性和有限时效性等问题，远不能满足预测所需的信息量。地震预测所需要获取的信息是大于震源区 1～2 数量级的空间尺度和数十年至时分的时间尺度的全时空定量信息，必须寻求新的观测技术和手段。由于地球重力场的精细结构及其时空变化有着充分、明确的物理意义，反映地球内部密度异常变化和变形过程，必然与地壳深处孕震过程有密切联系。地震在地壳深处孕育发展表现为孕震区密度异常变化和地壳内部应力应变的变化，将伴随着地表重力场异常变化，形成孕震发震重力相关的前兆信息。已有的研究和实践表明，在一次中强地震之前的 3～5 年时间内，重力场可能会发生大于 $4\times10^{-7}\ \mathrm{m\cdot s^{-2}}$ 的重力变化，因此重力观测获得的高精度高分辨率的地球重力场时变信息已作为一种可能的地震前兆信号，被用于地震科学研究和预测预报工作。目前，重力卫星的观测数据已用于研究苏门答腊地震同震及震后变形，以及利用卫星资料获取中国及邻区的年重力变化，研究结果表明卫星重力测量提供了一种独特的新测量技术，可以用来测量特别是在海洋区域的与主震相关的变形和震后过程。这些结果同时显示出卫星重力观测技术用于获取强地震孕育前兆信息的巨大潜力，将为提高地震监测能力提供前所未有的强大技术支持，在未来的地震监测预测工作中具有乐观的应用前景。

大地测量学，包括物理大地测量学，是地球科学中一个基础性分支学科，其科学目标是研究确定地球形状及其外部重力场，主要任务是为地球空间定位定义参考坐标系和建立相应参考框架。卫星大地测量和卫星定位技术的出现和迅速发展，由此建立了全球统一共享的地心坐标系及其参考框架，实现并普及了地面点的卫星三维几何定位，其中确定地面点经纬度的水平定位。当顾及全球坐标系与区域坐标系之间的几何转换，可直接用于各类测绘工程，例如绘制地形图和建立地理信息系统。而卫星定位提供的高程是以参考椭球面为基准面的纯几何高，即大地高，其基准面是最接近平均海面的重力等位面，即大地水准面。一点的海拔高程表征该点相对于大地水准面的重力位差，海拔高差决定地面流体的流向和流速，地形图上标示的高程必须是海拔高，地面上任何建筑物必须用海拔高程确定其地基面为水平面，保证建筑不至于倾斜失稳。测定海拔高程的传统技术是水准测量，是当今卫星定位时代迫切需要革新的高消耗、低效率的落后技术。解决这一难题唯一有效可行的途径是利用现有各类重力数据确定一个高精度高分辨率的全球或区域大地水准面，据此可将卫星定位测量的大地高减去大地水准面高转换为海拔高。目前可实现全球高程基准的统一，将每个国家和地区各自独立的局部高程基准都转换统一到全球大地水准面上，这是地球重力场模型在现代测绘学中最重要的应用。

在地球近地空间一切运动着的飞行物都受到地球重力作用，作用在一个飞行物上的引力远大于其他外力作用，如大气阻力、太阳辐射压力等非保守力。地球重力场参数是任何飞行物轨道动力学模型中包含的主要力学参数。因此，高精度高阶地球重力场模型对于航天科学，特别是低轨卫星，以及远程武器的发展也有十分重要的意义。

在传统地球科学向现代地球科学迈进的进程中，不仅凸显了物理大地测量学与相关学科交叉研究的重要作用和贡献，解决了地球系统科学发展中诸多与地球重力场相关的科学问题，这也是物理大地测量学现代化发展的结果，其最显著的标志是新世纪卫星重力探测理论和技术出现的多项重大突破。其关键技术包括星载GPS连续跟踪精密测轨，同轨双星间连续精密微波测距，星载加速度计精密测定非保守力，以及研制成功星载全张量重力梯度仪，以这三项新技术为支撑，先后实现了高-低和低-低卫星跟踪卫星及卫星重力梯度测量，成功实施了新一代卫星重力探测计划，在250 km到500 km高度的近地空间形成了近于全球覆盖的多模式重力信号传感网络，其空间分辨率最高相当于地面 100～200 km，特别是其中低-低跟踪模式可提供 10～30 天时间分辨率的重力场时变信息，以及卫星重力梯度测量可提供 100 km 分辨率厘米计精度重力模型全球大地水准面。新一代卫星重力技术不仅从数量上极大地丰富了拥有地重力数据，质量上也有很大提高，这为各相关学科利用重力场信息研究地球系统动力过程及系统内物质运动和时空分布的可行性提供了保证，特别有利于全球气候变化及灾害事件的研究。新一代卫星重力模型将全球重力场中长波段的精度提高了 1～2 个量级。在此发展背景下，联合卫星测高反演的高分辨率海洋重力数据和地面重力测量数据，建立高阶和超高阶重力场模型，进一步满足现代地球科学各相关学科对更精细地球重力场信息的需求，其中包括测绘学科，目前已成为物理大地测量学一个活跃的研究领域。

§1.2 地球重力场模型研究发展历程

1.2.1 基础理论发展概述

地球重力场的确定就是通过求解某种形式的大地测量边值问题得到一种表达扰动位或其泛函的数学模型，包括解析表达模型和数值模型两种形式。其中，解析表达模型利用斯托克斯(Stokes)公式或莫洛金斯基(Molodensky)级数给出积分表达式，或利用球谐函数级数给出谱展开式；数值模型则是重力场参数的一定分辨率的格网数值，包括扰动位、大地水准面、重力异常和垂线偏差等。

研究地球重力场的理论基础即是研究大地测量边值问题的解算，这一边值问题的描述为：在大地水准面或地球自然表面给定边值条件及相应的边值，确定该边界面及其外部的引力位，并满足边值条件，同时在无限空间内是调和函数。位理论自 1785 年由法国数学家勒让德(Legendre)提出后，经过格林(Green)和高斯(Gauss)等数学家和大地测量学家的进一步研究，不仅揭示了表征位场的基本数学关系，同时将引力或重力的 3 个分力通过引入一个位函数在 3 个分力方向上的偏导数来表达。同时，引入等位面和大地水准面的概念，从而将地球形状和重力场的研究统一起来，即地球重力场可用地球重力位来表达，地球形状可用大地水准面的形状来代表。由于地球表面形状的不规则和内部质量分布不均匀，通常将地球重力位分成两部分：正常场和扰动场，分别对应于正常位和扰动位。前者可用 4 个大地测量基本参数确定，其中假定是地球物质处于某种正常分布状态下产生的位场，是接近真地球位场的一种理想化位场；后者则是对应的异常质量分布产生的异常位场。因此，研究地球形状及外部重力场的关键在于确定扰动位。大地测量的边值问题即是利用观测数据给定边值条件来推求扰动位的问题。若给定边值观测量是重力异常，边值问题就归结为求解下列偏微分方程：

$$\Delta T \equiv \frac{\partial^2 T}{\partial x^2}+\frac{\partial^2 T}{\partial y^2}+\frac{\partial^2 T}{\partial z^2}=0 \tag{1.1}$$

$$\Delta g=-\frac{\partial T}{\partial n}+\frac{T}{\gamma}\frac{\partial \gamma}{\partial n} \tag{1.2}$$

其中,式(1.1)为扰动位 T 的拉普拉斯(Laplace)微分方程;式(1.2)中 n 为重力垂线方向,γ 为正常重力,该式称为物理大地测量学的基本微分方程。

大地测量边值问题首次提出是以大地水准面为边界面的斯托克斯问题。斯托克斯是英国著名的数学家,他发展和完善了牛顿(Newton)和克莱罗(Clairaut)关于地球形状的理论,并于1849年建立了著名的斯托克斯定理及其逆定理,由此导出了斯托克斯公式,首次将地球形状和它表面的重力值联系起来。由于斯托克斯定理所研究的边界面是大地水准面,并假定其外部没有质量存在,因此斯托克斯问题的解算需要通过归算方法将大地水准面外部地形质量调整到其下某一深度,同时要已知地形密度,但至今没有明确严格的处理方法来实现这一理论要求,也难于精确估计间接影响,这是斯托克斯问题自身存在的固有理论缺陷。尽管如此,在经典大地测量边值问题的精度允许范围内,斯托克斯方法具有的简单数学形式和物理意义,仍不失其较强的理论研究价值和实用价值。

大地测量边值问题的一个重大发展是1945年提出的莫洛金斯基边值问题。在这个问题的论述中,摒弃了斯托克斯方法中的大地水准面,代之以地球自然表面,从而克服了斯托克斯方法中需要假设地壳密度的困难,直接用不加归算的地面重力观测值同时确定地球表面形状及其外部位,这与经典大地测量的实践取得了一致,其重大意义在于提出了一种几乎没有任何人为假设的研究地球形状和重力场的严格方法。

根据上述两种方法对问题的描述,可以看到两种方法之间有一定的内在联系和区别。两种方法都是利用重力异常做边值解算扰动位,这是它们的共同点。两者的根本区别在于:莫洛金斯基方法是利用地面上的重力异常去解算地面上及其外部的扰动位,而斯托克斯方法则是利用大地水准面上的重力异常去解算大地水准面上及其外部的扰动位。正是这两者采用的不同表面作为外部区域的边界面,才引发两种方法在许多概念上的区别。随着对莫洛金斯基问题的深入研究,现在已经证实,斯托克斯解是莫洛金斯基解的零次近似,莫洛金斯基解的一次近似相当于采用Faye异常的斯托克斯解,这就确立了两种方法准确到莫洛金斯基一阶项的内在联系。

莫洛金斯基问题存在两大数学难点:第一个难点本身是一个高度非线性的自由边界问题,它的解是在调和函数空间求解一个非线性超反函数问题以确定未知的边界面和外部的引力位函数;第二个难点是边值函数非正则性和莫洛金斯基级数的高次项连续使用微分算子产生的粗糙化问题。这两个难点起因于问题定义的本身和研究对象所固有的客观物理属性（地球自然表面和场源物质分布的粗糙化），因此在理论上给问题的适定性证明带来了困难，在方法上使解算过程变得异常复杂，也难于用现有的数学物理方法进行处理。尽管如此，莫洛金斯基问题在近几十年来理论大地测量学中起了根本性的作用。针对上述两大难点，自 20 世纪 70 年代以来，众多数学家和大地测量学家投身于揭示和研究莫洛金斯基问题的数学结构和本质，取得了若干重要性的进展，主要涉及以下几个方面：莫洛金斯基问题线性化的精确数学表示；莫洛金斯基问题解的适定性；莫洛金斯基原（向量）问题的新解法；莫洛金斯基问题的纯量固定与自由边值问题。下面简要介绍相关的代表性研究成果。

在莫洛金斯基问题的线性化研究中，丹麦学者克拉鲁普（Krarup）首次于 1973 年给出了此问题的精确数学形式，他证明了严格的导数方向是正常场等天顶线方向，理论上归结为线性化斜向导数问题，斜向导数问题的提出，为全球重力场逼近的椭球改正提供了理论依据；1988 年，德国学者赫克（Heck）通过分析计算泰勒（Taylor）展开的二次项，研究了莫洛金斯基问题的二次逼近，证明了二次项可达到线性项同一量级，同时揭示了粗糙化影响造成数值迭代过程的不稳定性及解决办法，即采用高阶位模型和地形均衡改正平滑数据，他的工作进一步完善了线性化的理论和应用。

对于莫洛金斯基问题解的适定性，Hörmander 于 1976 年第一次给出了此问题解的存在性与唯一性在数学上的精确结果。他根据 Nash 提出的离散型连续方法证明了一个极其困难的反函数定理，使其适用于数学上描述的大地测量边值问题；同时在迭代的每一步引入一个正则化算子控制 Freehet 导数的粗糙化影响以保证迭代的收敛，以此克服证明莫洛金斯基问题适定性的两个主要难点。Hörmander 定理对莫洛金斯基问题的理论研究有重大意义。

经典莫洛金斯基问题的解法包括著名的莫洛金斯基级数解、Brovar 解等解法，其后提出的最有意义的解法是 Sansò 于 1977 年推导的重力空间法。该方法的基本思想是将 g 的三个分量 g_i（$i=1,2,3$）定义的新坐标系取代直角坐标系，若已知 S 面上每一点 g 的三个分量和位 W，则 S 面就可用坐标（g_1,g_2,g_3）来表示。g_i 可定义为 R^3 中的曲线坐标或由 g 张成的辅助空间中的直角坐标，这个辅助空间即为重力空间，S 就成为重力空间中的已知曲面 S_g，从而自由边值问题转换为固定边值问题。重力空间法不仅实现了该问题的线性化，同时完成了非线性问题的严密数学解法，证明了问题的适定性，它的理论价值在于利用一种独特的方法将自由边值问题简单而又严密地转变为固定边值问题，大大简化了由于自由边界所产生的数学上的复杂性。相比于 Hörmander 极其繁杂的数学过程处理高难度的反函数问题，Sansò 的方法为研究莫洛金斯基问题的数学性质提供了一种简便有效的途径。

为了克服莫洛金斯基问题不光滑自由边界面带来的困难，将自由边值问题转换为固定边值问题。除了上面 Sansò 方法的杰出成果外，布耶哈马(Bjerhammar)提出的“虚拟球法”，即布耶哈马理论，开辟了另外一条通向成功之路。布耶哈马方法最初的思想来自莫洛金斯基 1949 年曾考虑采用的向下解析延拓方法，但他做出了独特的发展，用一个地球内的虚拟球代替海水面(大地水准面)，但不是“球近似”，而是地面边值到球面的严格转换，从而将自然边界面严格转换成固定球面。1984 年，许厚泽和朱灼文又将这一理论发展为虚拟单层密度法，得到了与布耶哈马方法等价的但数学结构更简单的结果。之后，布耶哈马(1987 年)进一步将他的理论发展为在一个虚拟球上，以几个有限重力异常“脉冲”求解外部重力场的确定性离散方法，给出了简洁易算的封闭公式，后又出现了与此类似具有计算简单而实用的点质量法和 Meissel 提出的多极子模型。布耶哈马方法是莫洛金斯基理论的新发展，是将解析延拓理论用于求解莫洛金斯基边值问题的方法之一，与 Moritz 的解析延拓方法在理论上是等价的。这一方法明显的优点是：避开了莫洛金斯基边值问题涉及的复杂的地形表面以及斜向导数问题；由于布耶哈马球完全埋置在地球内部，导出的关于虚拟场元的积分方程不存在奇异性，且可以化为普通线性方程求解，在球面上应用广义斯托克斯公式也显得简单而严格。

继莫洛金斯基问题之后出现的 Hotine 边值问题解，也是重力场逼近的主要方法之一。假定地面扰动重力已可精确求得，Hotine 积分的应用逐渐受到重视。Hotine 积分是 Neumann 问题(位理论第二边值问题)的球面解，Hotine 于 1969 年在其“数学大地测量”专著中给出了积分核函数的推导和结果。现有的研究表明，当两种边值精度相同时，Hotine 积分的精度优于斯托克斯积分的精度。Vaníček 等人(1992)根据这两种方法计算大地水准面的谱表达式进行误差方差和阶方差分析，结果表明，Hotine 积分和斯托克斯积分各自逼近(真值)性态的优劣很大程度上取决于地面重力观测值的质量(精度)，质量越低，前者优于后者的程度越显著，这也表明 Hotine 核函数比斯托克斯核函数更“稳健”，前者的抗差性优于后者。

综上所述，无论是斯托克斯方法、莫洛金斯基方法、布耶哈马方法，还是Hotine 积分，均没有在理论上给出问题的严密解式。2004 年，申文斌提出了一种新的方法——虚拟压缩恢复法，在无需事先假定虚拟分布，通过采用压缩恢复(或压缩释放)的思想直接求解外部场，给出了严密的、一致收敛的级数解。将地球表面的重力矢量或重力观测沿径向等值地“压缩”到地球内部的一个球面上，利用 Poisson 积分公式(它只适用于球边界)将虚拟球面边值向上延拓到地球表面及其外空间，得到一个完全适定的一阶近似解(其本身是在球面外部调和且正则的谐函数)，进而构造一阶残差，并将其在地球表面上的残差位压缩到球面上，得到二阶近似解(同样是在球面外部调和且正则的谐函数)。如此进行下去，在理论上将得到一个在虚拟球外部调和、在无穷远处正则的虚拟引力位级数解，它在地球表面及其外部与地球的真实引力位场一致。因此,只要求出了地球外部的引力位场,也就确定了地球外部(包括边界)的重力场。只要给定的边界值是精确的,就可从理论上给出地球外部重力场的精确解(一个一致收敛的级数形式)。

虚拟压缩恢复法借鉴了布耶哈马虚拟球的概念,但与布耶哈马方法的重要区别在于:布耶哈马先设想了一种虚拟分布(虚拟重力异常或如许厚泽等所设想的虚拟单层密度),然后通过解积分方程求解这种分布,但不能得到该方程的严密解析解,必须采用一种比较复杂的迭代过程求得虚拟分布的逼近解,而迭代过程的收敛性至今未能得到证明。而申文斌的方法则无需事先假定虚拟分布,通过采用压缩恢复(或压缩释放)的思想直接求解外部场,给出了严密的、一致收敛的级数解。其数学本质是:布耶哈马方法是将地球表面的调和边值场量,通过 Poisson 积分逆算子向下延拓到虚拟球面,其困难在于该逆算子不存在解析形式,且由于迭代过程涉及的积分核函数有放大误差效应,致下延解失稳;而申文彬方法完全舍去了这一环节,直接采用单位下延算子取代未知的 Poisson 积分逆算子,再通过利用完全适定的 Poisson 积分上延算子的迭代过程,确定球面上的虚拟分布,并在理论上严格证明了迭代过程构成的级数展开是一致收敛的,从而克服了布耶哈马原方法本身存在的理论和实用上的缺陷,是该方法的一个重大发展。

近年来随着卫星重力探测技术的不断发展,拥有了多源卫星重力相关信息,为大地测量边值问题的研究注入了新的活力,提出并解决了众多理论上和实用上都具有重要意义的新边值问题。由于卫星重力探测技术提供了越来越庞大的新型重力场信息源,包括低轨卫星摄动轨道、卫星测高,以及前述高-低卫星跟踪、低-低卫星跟踪和卫星重力梯度数据等,新型数据以及新的数据组成结构提出了新的边值问题,已经进行广泛深入研究的有测高—重力混合边值问题、超定边值问题、卫星重力梯度边值问题等,这些边值问题的研究已经超越经典的莫洛金斯基问题的理论框架。

对于上述新边值问题,一般研究的基本思路是:首先根据实际问题建立物理模型,然后对物理模型进行数学表达,利用数学表达进行适定性、线性化和求解等实用化研究。对于测高—重力混合边值问题,目前仅在线性化方面取得了进展,包括 Dirichlet 斜导数混合边值问题和 Neumann 斜导数混合边值问题,其解和适定性至今难以完满解决。超定边值问题是在一个边值问题中给出了多于确定一个适定解所要求的边值条件,即含有多余边值条件,由于同一边界面上给出了多种类型含有观测误差的边值,必然产生解的不相容性,类似于矛盾方程,理论上不存在解,需要设计一种正则化准则寻求某种意义上的最优估计解,相当于边值问题在函数空间的平差问题。面对卫星重力技术的发展使重力场观测数据的类型趋于多样化,超定边值问题将为最佳综合利用对重力场频谱有不同贡献的多种观测数据确定一个全波段的重力场提供一种非常有潜力的研究方向。人们开始注意寻求能容纳多种类型边值数据的解析算法，或介于解析法与统计法之间的方法。

在此期间，出现了两种重力场逼近的新理论和新方法。其一是 Krarup 和 Moritz 等创建发展的最小二乘配置法，首次把统计理论和分析方法引入到物理大地测量学，用类似经典最小二乘平差的统计模型逼近估计重力场参数；其二是 Wenzel 于 1982 年提出的“最小二乘谱组合法”，其实质是处理超定边值问题的一种“最小二乘平差法”，它是解析法和统计法的一种综合型方法。

最小二乘配置法的基本观点是：把扰动重力场视为一随机信号场，并假定是一平稳随机过程，即该随机场是均匀和各向同性的，协方差函数是两点间距离的单值函数，与点位无关。实际的地球重力场存在某些区域和局部趋势性（规则性），通过重力归算方法，例如地形均衡归算，可以排除这种趋势性，得到一种到处都呈随机性的重力异常场。地球重力场只有一个，但可以把它想象为无数虚拟“样本地球重力场”中的一个，对于一个确定的重力异常全球分布的样本函数，是这个随机过程的一个实现，有这个函数的采样值，可用于分析过程的统计特征，即均值、方差、自协方差、不同异常场参数的互协方差、功率谱等，据此对场信号或参数作统计估计和预测，即完全根据同类信号（参数）和不同类信号（参数）之间的统计相依关系，利用采样值（观测值）去推估预测非采样点的同类或不同类信号。

对于超定边值问题目前已有不少理论研究成果和实用解算模型（Runmel，1984；Sansò，1985；Sacerdote，et al，1989；Kuelley，et al，1990，1991，1994；朱灼文等，1992）。这类解算模型影响较大的是 Wenzel 于 1982 年提出的最小二乘谱组合法，这一方法虽然不是直接从解算超定边值问题出发导得的，但实质上是在函数空间处理超定边值问题的一种“最小二乘平差法”。最小二乘谱组合法是解析法和统计法的一种综合型方法，该方法从扰动位的球谐展开式出发，将其按阶作谱分解，表达为谱分量的无穷和。由地面重力异常、大地水准面高和垂线偏差等观测数据及其各自用谱展开式表达的误差-协方差函数，根据每类观测与扰动位的泛函关系，得到用扰动位球谐展开系数表达的谱展开式，利用球函数的正交性得到位系数的积分解及扰动位各阶“观测”谱分量。同时由协方差传播定律和观测量误差-协方差函数并顾及截断误差，得到同样由谱展开表示的“观测”扰动位的误差-协方差函数，由此确定各阶谱分量的谱权函数，最后按最小二乘准则，形成各阶所有各类“观测”谱分量组合的方差-协方差函数矩阵，得到谱分量组合最小二乘解及用误差-协方差函数表示的精度估计。这一方法在计算中避免了大规模协方差矩阵的求逆，其中涉及的误差-协方差矩阵的阶数为应用的重力数据的类型数。按目前可获得的重力数据类型，协方差矩阵最大阶数大致不会超过 6 阶，其中包括一类卫星重力扰动位模型，这一点比最小二乘配置法更具实用意义。该方法另一个值得注意的特点是：它既可用于全球重力场的确定，也可用于局部重力场的确定；同时不同类型的数据并不要求覆盖在同一地区，它是在谱域内求解，不是在空域求解，因此这一方法也可用于处理陆海大地水准面的拼接问题。

值得一提的是，这里讨论的大地测量边值问题都是基于重力场地面静态观测量，不涉及时间变量。而由卫星观测数据（包括新一代卫星重力数据）解算地球重力场模型参数（位系数）的理论和方法，一般超出静态大地测量边值问题的研究范畴，属于轨道动力学领域，其理论基础是牛顿力学第二定律，即描述物体受力作加速运动的动力学方程，基础方程是关于卫星运动状态（空间位置和速度）的一阶常微分方程，即描述卫星作轨道运动的动力学方程；观测量是单一卫星在地球引力和其他非保守力作用下的运动状态，或双星之间距离及其变率，是一个观测量的时间序列，其观测方程是关于卫星初始状态参数及力模型参数的非线性方程，并利用卫星动力方程作线性化处理，其中涉及解二阶常微分方程的初值问题，最后应用最小二乘法处理线性观测方程，解算待求参数的统计最优估计，同时完成卫星的定轨和力模型参数的求解，对有星载加速度计的新一代重力卫星，非保守力可精确测定，则求解的力模型参数即为重力模型的位系数。以上基于卫星轨道动力学确定地球重力场的理论和方法，虽然不同于基于大地测量边值问题的理论和方法，但其间存在内在联系和本质上的一致性。卫星运动的动力方程和观测方程中以球谐函数级数展开式表示的地球引力位模型，就是大地测量边值问题中满足拉普拉斯方程的通解，其最大的差别是各自边值条件的性质和形式不同。卫星动力法的“边界”是卫星运动轨道，边值条件是时域中卫星在地球引力作用下运动的状态微分方程和观测方程；大地测量边值问题的边值条件是空域中关于引力位的微分方程，又可视为观测方程。前者是动态边值条件，后者是静态边值条件，但边值条件算子都是微分算子，解算方法都包含积分法和最小二乘法。以上所述是利用卫星观测数据确定地球重力场的“动力法”，还有“能量法”和“加速度法”等方法，都是相应于时域中给出不同“边值条件”形成的方法。基于上述对两大类不同质数据确定地球重力场的内在联系，可以认为利用卫星观测数据确定地球重力场是大地测量边值问题由静态发展到动态，是物理大地测量学与卫星轨道动力学交叉发展的体现，两者互为支持、联系紧密。

大地测量边值问题研究大致有两个侧重面，一是基础理论，二是实用方法。前者从理论角度探讨问题的提法及其数学表述，重点研究问题的适定性（解的存在、唯一和稳定性），为各类边值问题的可解性，特别是为重力场解算涉及的大规模高密度数据处理数值过程稳定性提供理论上的界定，这是一批投身于物理大地测量学的数学家或少数专业数学家，其中也包括专业物理大地测量学者所做的工作；后者是在前者研究的基础上，从实用角度，以建立高质量全球和局部重力场模型为目的，根据已知的边值条件和边值数据，研究适用的解算数学模型和有效算法，这是广大专业物理大地测量研究人员致力的工作，其中也包括理论分析研究，追求的是高精度和高效率。这两个侧重面是理论与实践的关系，也是互为支持、交叉发展的。

1.2.2　地球重力位模型的研制历史

地球重力场模型,即地球引力位模型,是一个逼近地球质体外部引力位在无穷远处收敛到零值的(正则)调和函数,因此是拉普拉斯方程的解函数。应用分离变量法,将球坐标系(r,θ,λ)下的拉普拉斯方程分解为各含一个球坐标变量的三个二阶齐次常微分方程,根据解此类常微分方程本征值问题理论,每一个本征值对应的本征函数是方程的一个特解,三个方程的特解分别为$1/r^{n+1}$、$\{\cos m\lambda,\sin m\lambda\}$和$P_{nm}(\cos\theta)$(缔合勒让德函数),其中整数$n$和$m$即"阶"和"次",由对应本征值确定。这三个特解的乘积即拉普拉斯方程的特解,其通解是特解的无穷维线性组合,组合系数即位系数,通解的表达式即地球引力位的球谐函数展开级数,所有位系数的集合定义一个地球重力场模型,待定位系数可由解不同类型观测数据相应边值条件方程确定,这是经典大地测量边值问题解算的基本数学理论框架。根据边值条件类型不同,有不同实用解算方法。

地球重力场模型研制的历史反映了相关理论研究、重力观测技术与手段、数据处理技术等的发展历程。地球重力场模型的确定是一项极其复杂而又艰巨的工作,主要受到下面5个方面的约束和限制:

1. 理论的严密性

如前所述,地球外部重力场的确定理论上归结为求解一个高度非线性的自由边界斜向导数边值问题,重力数据所在边界面是一个不可能用任何具有数学解析结构(例如微分结构)的曲面表达的复杂地形面,因此是现今数学物理方程理论和方法不能严格处理的边值问题,包括不可能在数学上分析问题的适定性。长期以来在实用上采用球面或椭球面近似,由于缺乏地形密度信息,不可能严格估算地形对解算结果的各种直接和间接影响。这一边值问题的发展虽然在很大程度上避开了上述困难,但所构建的重力场模型理论上能否收敛到地球表面还存在不确定性。确定地球重力场重要目的之一是确定全球或局部大地水准面,陆地大地水准面的严密确定理论上都涉及确定地球内部重力位或估计地形影响,都面临解决理论和方法上的难题。对确定高分辨率、高精度地球重力场模型和大地水准面,上述理论难题是现代物理大地测量学面临的挑战。

2. 重力探测数据的精度和分辨率

目前,人们对于重力信息的获取直接或间接来自于各种重力相关探测技术,包括陆地、海洋、航空或航天,通过测量得到地球自然表面与外部点状或线状的重力信息。这些直接或间接获得的重力数据受自然环境和测量技术的限制,有其极限精度和分辨率。目前的精度水平在陆地为数十微伽,其中在山区,重力测量采样率低,由于地形影响其格网平均值的代表误差大,在目前的分辨率水平(10～100 km)上可达几个到几十个毫伽;海洋重力测量精度为几个毫伽。目前全球积累的历史重力数据普遍存在的问题是缺乏可靠的精度信息，而且各地区数据的分辨率极不均匀。

3.重力场连续性的离散化

地球重力场各个参量在地球表面理论上都是连续的，但重力场确定可采用的数据和数值算法只能处理离散的观测量，同时由于各个区域重力观测数据分辨率差别很大，从而需要依靠数学的方法进行内插和拟合外推，这不仅影响了问题处理的严密性，而且降低了数据精度，增加了数据处理的离散化误差。

4.重力观测的非完整性

对于地球重力场的研究，不论是全球或局部重力场的确定，理论上都要求全球分布的重力数据，而目前重力测量数据区域远远没有达到覆盖全球的目标，尽管测高卫星、重力卫星实现了一定空白区域的数据填补。南北两极和不少人员难以到达地区仍存在数据空白区，卫星重力数据的分辨率也不可能高于100 km，同时由于种种条件的限制，地面重力数据的共享也面临很大困难。这些重力数据的非完整性在很大程度上降低了全球重力场确定的平均精度。

5.计算机数据处理能力

随着卫星重力数据的急剧增长呈海量规模，数据处理能力和效率将成为地球重力场解算中的一个关键问题。这里面临两大难题，一个是同类型观测数据重复处理问题(计算时间)，另一个是超大规模数值解算问题(内存管理)。虽然目前计算机的发展日新月异，但这两个问题仍然是目前重力场数值解算中的瓶颈。值得欣慰的是，并行计算在一定程度上有助于解决这个难题，但这项技术用于重力场解算尚处起步阶段，离成熟还有一定距离。

上述5种制约因素限制了早期高阶地球重力位模型的发展，但随着理论和应用研究的进展、计算方法的创新、硬件设备的高效能和智能化，近40年来，这一领域的研究发展特别迅速，模型的更新周期越来越短，阶数和精度越来越高。下面简单回顾一下地球重力位模型的研制历史。

1937年，Dubovskii首次推求了展开到6阶的两个重力位模型，一个模型假定未测量区域的重力异常等于零，另外一个假定Pratt均衡异常等于零；1941年至1943年间，Jeffreys利用10°格网的空间重力异常基于最小二乘平差计算了4阶位系数；1952年，Zhongolovich利用全球近26 000个地面重力异常导出了一个8阶的重力位模型；1962年，Uotila分析了全球1°×1°分辨率的重力异常，利用最小二乘平差确定了4阶的重力位系数；Rapp(1969)基于5°分辨率的重力异常恢复位系数到8阶，其中55%的数据来源于地面重力的估值。这些是早期单纯利用地面重力数据确定的重力位模型。

随着1957年苏联第一颗人造地球卫星Sputnik的成功发射，随后美国开始大力发展卫星技术。与此同时，卫星观测资料用于建立全球重力场模型的理论和技术迅速取得进展，国际各个研究机构相继研制和公布多个重力位模型。在早期(20世纪60年代)主要包括：史密松天体物理台(SAO)的SE系列，其中SEⅠ、SEⅡ和SEⅢ分别完全到8、16和18阶；约翰斯霍普金斯大学的应用物理实验室(APL)的APL系列，此系列首次引入了多普勒数据，最高展开到8阶；海军武器实验室(NWL)公布了NWL系列模型，最好的是NWL-8D，展开到12阶。随着重力位模型球谐展开理论的不断发展，更多的关注转向于联合处理更多不同类型新的重力观测数据，在此时期(20世纪70年代)，哥达德宇航中心(GSFC)公布了GEM系列模型，从GEM-1到GEM-10，联合使用了地面重力数据和卫星跟踪数据，最高阶数在某些项达到了30；欧洲主要研制了GRIM-1和GRIM-2模型；世界大地参考系统WGS-72使用的模型是联合NWL10E模型的多普勒跟踪数据、卫星跟踪数据、地面数据以及天文大地测量数据确定的19阶重力位模型。

自20世纪80年代起，由于地球重力场理论研究逐渐深入，数学模型日渐精确，观测数据不断丰富，精度大幅提高，尤其多种测高卫星和激光卫星的成功发射，地球重力位模型的研制工作异常活跃。GEM系列持续推出GEM-L2和GEM-T1模型，分别展开到20阶和36阶；GRIM系列公布了36阶的GRIM-3模型，使用了包括光学、激光和多普勒跟踪、地面和卫星测高推求的$1^\circ \times 1^\circ$重力异常的多种数据源；德克萨斯大学的空间研究中心(CSR)公布了TEG系列，包括TEG-1S和TEG-1(50阶)。自1978年Rapp公布第一个180阶重力位模型以来，利用不同的技术和改进的地面与卫星测高数据推求的重力异常，推出了一系列高阶重力位模型。俄亥俄州立大学(OSU)计算了OSU系列模型，从OSU81的180阶到OSU86C/D的250阶，1986年公布的OSU86E/F达到了360阶，使用了全球分布的$30' \times 30'$重力异常数据，1990年Rapp和Pavlis又推出了360阶OSU89A/B；德国汉诺威大学的Wenzel计算了200阶的GPM-2模型；德国大地测量研究所(DGFI)的Grub和Bosch提出了360阶的DGFI92A；德国地学研究中心(GFZ)公布了GFZ系列，包括展开到360阶的GFZ93a和GFZ93b，之后通过改进的地面数据、联合卫星测高数据和海面地形模型确定的海洋大地水准面高数据重新计算了GFZ95A(360阶)；美国海军研制的180阶WGS-84模型用于建立GPS全球坐标系；在20世纪，重力场模型研究的一个顶峰是EGM96模型的公布，EGM96模型不仅在计算方法上具有很高的严密性，更重要的是它收集了当时所有能获取的重力资料，使得EGM96模型达到了前所未有的精度水平，在相当长时间内成为国际上采用的标准模型。在此期间，国内的学者和相关单位(武汉测绘科技大学、西安测绘研究所、中国科学院测量与地球物理研究所等)密切关注跟踪国际进展，结合国内需求，独立开展了研制适用于中国的重力场模型，从最早DQM系列到后来WDM系列，模型的精度和阶数不断提高，其中由武汉测绘科技大学研制的WDM94(360阶)全球重力场模型用于计算分辨率为50 km的模型大地水准面，其精度在中国区域略优于当时公布的精度最高的美国 OSU91(A)模型,其原因是 WDM94 融入了中国区域重力数据,这些模型相对于国外模型,更适合于中国领域的使用。

进入 21 世纪,随着重力卫星 CHAMP、GRACE 和 GOCE 的成功发射,重力场模型的研究发展到一个新的高度。星载 GPS 连续精密测轨、加速度计非保守力测定、K 波段星间测距和星载重力梯度测量等的多项新技术成功应用,确保了重力卫星探测地球重力场设计目标的实现。这些卫星计划所获取的重力场信息,不仅大大提高了位模型的恢复精度,更为重要的贡献是首次实现了高时空分辨率、高精度时变重力场监测。GRACE 卫星所提供的以月为单位的重力位模型为当今全球气候变化的研究提供了全新的信息,发挥了重要作用。国内外掀起了卫星重力研究的热潮,多个机构公布了一系列卫星重力场模型。由于新一代重力卫星是近极圆形轨道以及自主空基数据采集的特点,克服了地面站对卫星的被动式激光跟踪的局限性,大大提高了卫星重力数据全球空间尺度的高密度覆盖,使极地数据空白半径缩小到 1°左右。联合多代多源测高卫星观测数据和不断增加的地面、海洋船载、航空重力观测,高阶和超高阶重力位模型将迅速进入更新换代期。表 1.1 给出了自重力卫星发射以来的地球重力位模型系列,早期位模型的列表可参见文献(王正涛,2005)。

表 1.1 主要卫星重力场模型序列(至 2009 年)

模型	研制者或研制单位	时间	方法[1]	最高完全阶数	使用数据[2]
UCPH2002-02	Howe	2002	S	90	S,SST
EIGEN-1S	Reigber, et al, GFZ	2002	S	100	S,SST
EIGEN-2	Reigber, et al, GFZ	2002	S	120	S,SST
GGM01S	UTCSR, JPL	2003	S	120	S,SST
GGM01C	UTCSR, JPL	2003	C	200	S,SST,TEG4
TUM-1S	Gerlach, et al	2003	S	60	S,SST
TUM-2Sp	Földvary et al	2003	S	60	S,SST
ITG CHAMP01E	Ilk, et al	2003	S	75	S,SST
ITG CHAMP01S	Ilk, et al	2003	S	70	S,SST
ITG CHAMP01K	Ilk, et al	2003	S	70	S,SST
EIGEN-GRACE01S	GFZ	2003	S	140	S,SST
TUM-2S	Wermuth, et al	2004	S	70	S,SST
EIGEN-CHAMP03S	Reigber, et al, GFZ	2004	S	140	S,SST
EIGEN-GRACE02S	GFZ	2004	S	150	S,SST
EIGEN-CG01C	Reigber, et al, GFZ	2004	C	160	S,G,A,SST

[1] C:利用卫星数据和地面数据的联合解;E:能量守恒方法;G:单独利用重力数据;S:单独利用卫星跟踪数据;T:利用“剪接法”。

[2] A:卫星测高数据;D:多普勒观测;G:重力数据;S:卫星跟踪数据;SST:卫星跟踪卫星数据。

续表

模型	研制者或研制单位	时间	方法	最高完全阶数	使用数据
GGM02S	UTCSR,JPL	2004	S	160	S,SST
GGM02C	UTCSR,JPL	2004	C	200	S,SST,TEG4
EIGEN-CG03C	GFZ	2005	C	360	S,G,A,SST
WHU-GM-05	Z. T. Wang, WHU	2005	S	120	S,SST
IGGGRACE01S	X. H. Zhou, IGG	2006	S	80	S,SST
DEOS CHAMP-01C	Ditmar, et al	2006	S	70	S,SST
EIGEN-GL04C	Förste, et al	2006	C	360	S,G,SST
EIGEN-GL04S1	Förste, et al	2006	S	150	S,SST
ITG GRACE02S	Mayer-Gurü, et al	2006	S	170	S,SST
ITG GRACE03	Mayer-Gurü, et al	2007	S	180	S,SST
AIUB-CHAMP01S	Prange, L,et al	2007	S	90	S,SST
GGM03S	Tapley,et al, UTCSR,JPL	2007	S	180	S,SST
GGM03C	Tapley,et al, UTCSR,JPL	2007	C	360	S,G,A,SST
WDM07SP	X. C. Zou, WHU	2007	S	100	S,SST
EIGEN-5C	Förste, et al	2008	C	360	S,G,SST
EIGEN-5S	Förste, et al	2008	S	150	S,SST
EGM2008	Pavlis,et al	2009	C	2190	S,G,A,SST

注:时间为模型正式公布时间。

尽管新一代CHAMP、GRACE卫星重力数据显示了用于建立全球重力场模型巨大潜力,大幅度提高了中长波重力场的精度,但进一步精化数据处理和优化建模方法仍有很大的探索空间。GOCE数据即将公布,必将进而大幅提高短波重力场精度,今后几年,集中全部的卫星重力数据,使用改进的算法和模型,将有可能建立分辨率优于100 km具有相当厘米级精度的全球重力场模型。

§1.3 超高阶地球重力场模型的研究现状与展望

鉴于超高阶重力位模型在大地测量、动力海洋、大地构造、资源勘探等相关地学领域有广阔应用前景,国内外在近10年开展了活跃的研究工作。超高阶重力位模型的研制得到了快速发展,主要体现在理论模型的改进、更高精度和更完善的卫星重力模型、地面重力数据全球覆盖生成方法、卫星测高观测数据的精密处理新技术,以及超大规模计算技术的开发等。L. Sjöberg(1988)导出了地面重力数据和卫星测高数据求解地球重力位球谐系数的积分方法,采用更接近地球形状的积分表面代替了传统的球面近似积分;Wenzel(1998)利用全球卫星测高重力异常和欧洲西部地区的实测重力异常数据，解算出完整到 1 800 阶次位模型 GPM98A/B/C；Martin 和 Mohlenkamp(1999)给出了一种基于球面的球谐系数快速 FFT 数值稳定算法，大大提高了高阶球谐系数计算的速度，解决了超高阶缔合勒让德函数快速计算的问题；Haagmans(2000)基于虚拟的地球定义了虚拟的地球形状、地形模型和 2 160 阶的地球重力位模型，然后根据这些定义研究了几种边值问题的解法；Holmes 和 Featherstone(2002)提出了一种 Cleanshaw 求和的归一化方法及改进的超高阶规格化缔合勒让德函数的递归计算方法，克服了超高阶完全规格化缔合勒让德函数在靠近极点的发散问题，除极点的一阶偏导外，在任何纬度都能够将缔合勒让德函数及其一阶偏导完整有效计算到 2 700 阶，且数值测试表明该方法与 Cleanshaw 方法具有至少相同的精度和计算效率；Jekeli 等(2006)通过相对极点的角度描述了球谐系数的阶和次，以及缔合勒让德函数的偏导和积分的线性关系，对球谐系数序列和其偏导、积分序列的计算作了一定近似，其中，基于上述经验关系忽略了数值计算中冗余函数，测试表明在任何纬度上可扩展至 10 800 阶，利用该方法的计算误差都小于数据噪声，并且球谐系数中冗余项计算的忽略还能至少节省 1/3 的计算存储空间；Pavlis 等(2007)联合利用 CHAMP、GRACE 重力卫星数据和包括海洋测高重力数据的地面重力数据等多种重力数据源建立了最高2 160阶的全球地球重力位模型，其相应的大地水准面在全球的精度可达到±15 cm，为建立全球统一的大地参考系统提供支持；Pavlis 和 Saleh 研究了超高阶地球位模型计算地球重力场参量中的误差传播问题。传统的严密计算方法需要各参数的误差-协方差矩阵，但当球谐系数阶数达到 2 160 阶时，矩阵维数达到 470 万，在现有的条件下，无法实现该大型矩阵的计算。本书提出了改用积分方法，避免了大型法方程矩阵的形成和求逆等计算步骤；Bethencourt 等研究了利用个人计算机计算超高阶地球重力位模型的球谐系数的方法，采用 Matlab 语言设计研制了由地球位模型计算重力场参量的软件，包括引力位、扰动位、重力异常或高程异常、垂线偏差分量和大地水准面差距，解决了至 2 700 阶重力位模型计算的稳定性问题，并对各种改进的缔合勒让德函数递归计算方法进行了比较，包括Libbrecht(1985)、Holmes 和 Featherstone(2002)、Cleanshaw 求和方法(Tscherning 等，1982)。美国国家地理空间情报局(NGA)采用的作为 WGS-84 系统一部分的 EGM96 重力场模型的完全阶次为 360，该模型在 2008 年经过更新后达到了完全 2 160 阶次，命名为 EGM08(Pavlis 等，2007)。经检验(李建成，2008)，由 EGM08 计算的中国似大地水准面比其他最新重力场模型(EIG01C、EIG03C、EIG04C、GGM01C 和 GGM02C 等)计算的似大地水准面更接近各省区 GPS 水准似大地水准面，差值的标准差平均为±0.14 m，而其他模型的差值在±(0.2～0.7) m 之间，平均差值为±0.37 m。EGM08 的似大地水准面比 EGM96 似大地水准面精度提高 0.2～0.3 m(中国中东部)；EGM08 似大地水准面与 652 个 A/B 级 GPS 水准似大地水准面的差值为

±0.26 m，而其他模型似大地水准面的差值在±(0.44～0.70) m 之间，平均差值为±0.52 m。综合比较结果为：EGM08 似大地水准面与1 812点中国大陆 GPS 水准似大地水准面高的差值为±0.19 m，而其他模型似大地水准面的差值在±(0.38～0.62) m之间，平均差值±0.46 m。EGM08 模型重力异常与 5 省区实测值之差在±(13～19) mGal(1 mGal=10^{-3} cm/s^2)，平均为±18 mGal。

国内对建立超高阶地球重力位模型开展了许多有意义的研究。陆洋等(1994)考虑了莫洛金斯基理论中球近似边值条件引起的各种偏差，并利用椭球调和展开推导了区域高阶重力场模型系数的修正公式；李建成(1994)利用卫星和地面重力数据(包括我国数据)研制了首个 360 阶全球重力场模型 WDM94，在中国境内精度高于同期普遍应用的 OSU91 模型，精度优于亚米级，2001 年又推出了 720 阶模型；刘缵武等(1998)研究了如何利用局部重力资料确定不完全阶次系数模型的方法，并提出了位系数补偿因子确定的原则及计算公式，其确定的局部区域 2 160 阶模型对垂线偏差南北和东西向分量的恢复精度分别为±2.56″和±2.61″；夏哲仁等(2003)利用局部积分改进的谱权综合法计算了 360、540、720、1 080、2 160 等多个高阶重力场模型，并比较了内外符合精度；黄谟涛等(2001)研究了利用中国局部重力数据和卫星测高数据扩展超高阶位模型中的数值计算的稳定性和可靠性问题；彭富清等(2004)研究了超高阶扰动场元球谐展开式中完全规格化缔合勒让德函数及其一、二阶导数的数值特征，并改进了标准前向列递推关系式，提出了在微机上计算超高阶扰动场元的实用方法；王强等(2005)讨论了利用有限的局部数据采用剪接法改进超高阶地球重力场模型的精度；吴星等(2006)比较分析了多种缔合勒让德函数的递推计算方法，并通过实际数值计算分析指出 Belikov 递推方法和跨阶次递推方法是计算超高阶缔合勒让德函数的较优方法。

超高阶重力位模型的研制已成为当前物理大地测量研究的前沿，其背景是新一代卫星重力技术已经可以使分辨率达 100 km(180 阶)近全波段位模型相应精度达到厘米级水平，以及占地球表面 71% 的海洋和部分陆地已拥有 5 km 分辨率(2 160 阶)的重力数据的支持。此外，该领域面临多方面超大规模计算技术难题的挑战，以及超高阶地球重力场模型在大地测量和相关地学研究中的广阔应用前景，吸引了物理大地测量研究人员的兴趣和关注，使其成为向揭示构建全球重力场超精细结构目标“冲刺”的新热点研究领域。

第 2 章　地球重力场模型的数学表述

§2.1　引言

地球重力场模型通常指表达地球质体外部重力位的一种函数模型，理论上它是调和函数空间以整阶次球谐或椭球谐函数为基的无穷级数展开，并在无穷远处收敛到零的正则函数。这个级数展开系数的集合定义一个相应的地球重力场模型。

表征地球重力场的基本函数是地球引力位函数，一切重力场参数都是该函数的泛函。大地水准面是这个函数与地球自转离心力位函数叠加的一个特定重力等位面；这个纯量函数的梯度场与地球自转离心力场合成地球外空间重力矢量场；其二阶导数形成描述重力梯度结构的二阶引力张量。引入适当的参考位(正常位)函数，可定义地球外部引力场的扰动位函数，地球引力位是已知的正常位与扰动位之和，因此习惯上又称扰动位的球谐或椭球谐级数展开为地球重力场模型。对大地水准面上的扰动位函数施以简单的线性算子运算可导出重力异常、大地水准面起伏和垂线偏差等有重要应用的重力场参数(函数)。由于一切所需要的重力场参数都可从给定的地球重力场模型导出，使地球重力场模型在重力场研究和应用中具有很高的理论和应用价值(李建成 等，2003)。

当给定了地球正常重力场模型，研究地球形状及其外部重力场可归结为确定地球的扰动位场，包括确定局部和全球扰动位模型。其理论和方法又归结为求解大地测量边值问题，当给定了由观测数据类型决定的边界条件方程，有两种解算方法：一种是基于位理论，直接利用正则调和函数的数学性质求解扰动位函数，由不同的边值条件方程可导出扰动位的不同解式，如积分形式的斯托克斯公式和莫洛金斯基级数解，此方法通常适于确定局部重力场；另一种方法是求解全球扰动位函数，则是对大地测量边值问题中球坐标形式拉普拉斯方程应用分离变量法转化为式 3 个二阶齐次线性常微分方程，解此类方程的本征值问题，得到以球谐函数级数展开表示的通解(李建成，1993)，再利用给定的边界条件方程确定通解的级数展开系数集，这一过程称为重力数据的调和分析法，是构建全球扰动位模型的基本方法。随着大地测量边值问题的理论和方法的不断发展，由地球表面重力数据确定全球位模型的理论和方法更趋严密。早期的低阶位模型都是在斯托克斯理论框架下计算的，即以大地水准面的重力异常作边值，要求假定地壳密度进行地形相关的重力归算，这种人为调整地形质量对求解位模型的影响存在不确定性，这是斯托克斯边值问题本身固有的理论上的缺陷，限制了位模型的精度和向高阶次的扩展。莫洛金斯基边值问题理论的出现，克服了斯托克斯问题的理论缺陷，经近半个世纪的发展，理论和方法日益丰富和完善，包括非线性边界条件的严密线性化、球近似解的椭球改正、地面重力数据向椭球面的延拓改正、大气改正，以及高阶模型计算方法等。莫洛金斯基边值问题已经成为构建高阶和超高阶重力场模型的理论框架。

§2.2　地球重力场逼近的基础理论

任何地球重力场模型都是以一定的分辨率和精度逼近地球重力场的数学模型或数字模型。逼近求解的理论基础是大地测量边值问题理论，也是物理大地测量学的主要理论支柱。这一边值问题可简单表达为：在边界面为大地水准面或地球自然表面上给定边界条件及相应的边值（如重力向量和重力位的测定值），确定该边界面及其外部引力位，使其满足边界条件并在无限空间内是调和函数（郭俊义，1994；管泽霖 等，1997）。大地测量边值问题在数学上（数学物理方程）归结为解拉普拉斯方程以边界条件为定解条件的定解问题。

设地球质体占据的空间域为 Ω，其中有一边界面 Σ，是地球或某种代表地球形体的表面（如地球自然表面、似地球表面、大地水准面、地球平均椭球面和半径为地球平均半径的球面），在 Σ 上已知某种重力数据的分布函数 $F(Q)$（如重力异常、扰动重力、重力位等），$F(Q)$ 与地球引力位函数 $V(P)$ 之间满足一定的条件，称为边界条件（有时也称为边值条件），大地测量边值问题就是根据 $F(Q)$ 和边界条件确定在 Σ 的外部空间 $\overline{\Omega}$ 是调和的，并在无穷远是正则的位函数 $V(P)$，使其满足

$$\left.\begin{aligned}&\Delta V(P)=0, && P\in\overline{\Omega}\\ &\mathrm{B}V(P)\circ\Sigma=F(Q), && Q\in\Omega\\ &\text{当 } P\to\infty, V(P)\to 0 &&\end{aligned}\right\}\tag{2.1}$$

式中，Δ 为拉普拉斯算子；B 为边界算子，符号“$\circ$”表示 $\mathrm{B}V(P)$ 的值限制在 Σ 上，或者说在 Σ 上的极限值。式(2.1)就是大地测量边值问题的一般数学表述，根据算子 B 的不同，通常可分为以下三类边值问题。

第一边值问题：已知 $V(P)$ 在 Σ 上的极限值 $V(Q)$，此时 $\mathrm{B}=E$（恒等算子），则 $F(Q)=V(Q)$，此边值问题又称为 Dirichlet 外部问题。

第二边值问题：已知 $V(P)$ 在 Σ 上沿外法线方向 $\boldsymbol{n}$ 的导数值，此时 $\mathrm{B}=\dfrac{\partial}{\partial n}$，则 $F(Q)=\left.\dfrac{\partial V(P)}{\partial n}\right|_Q$，此边值又称 Neumamn 外部问题。

第三边值问题：已知 $V(P)$ 及其沿 Σ 法线方向 n 的导数的线性组合在 Σ 上的

值，此时 $B=\alpha+\beta\frac{\partial}{\partial n}$，$\alpha$ 和 β 为常系数，则 $F(Q)=BV(P)|_Q$，此边值问题又称Robin 外部问题，或混合边值问题。

以上表达的关于求解地球外部引力位函数 $V(P)$ 的边值问题，也完全适用于求解地球扰动位函数 $T(P)$。对于三类边值问题，就目前拥有的地面重力测量数据类型而言，不论是确定局部重力场，还是构建全球重力场模型，最常用的是第三边值问题。

在球坐标系 (r,θ,λ) 中，利用分离变量法解拉普拉斯方程，得到的通解是一个整阶次球谐函数级数展开，其中展开系数待定。此时拉普拉斯方程可表示为

$$\frac{\partial}{\partial r}\left(r^2\frac{\partial V}{\partial r}\right)+\frac{1}{\sin\theta}\frac{\partial}{\partial\theta}\left(\sin\theta\frac{\partial V}{\partial\theta}\right)+\frac{1}{\sin^2\theta}\frac{\partial^2 V}{\partial\lambda^2}=0 \tag{2.2}$$

令 $V(r,\theta,\lambda)=R(r)B(\theta)L(\lambda)$，代入方程(2.2)可转化为以下3个带参数 μ 和 v 的二阶齐次线性常微分方程。

$$\left.\begin{aligned}&r^2\frac{\mathrm{d}^2R(r)}{\mathrm{d}r^2}+2r\frac{\mathrm{d}R(r)}{\mathrm{d}r}-\mu R(r)=0\\&\frac{1}{\sin\theta}\frac{\mathrm{d}}{\mathrm{d}\theta}\left[\sin\theta\frac{\mathrm{d}B(\theta)}{\mathrm{d}\theta}\right]+(\mu\sin^2\theta-\nu)B(\theta)=0\\&\frac{\mathrm{d}^2L(\lambda)}{\mathrm{d}\lambda^2}+vL(\lambda)=0\end{aligned}\right\} \tag{2.3}$$

根据此类型微分方程特征值问题的理论，要求得方程的非零解，应在满足一定边界条件下先确定相应的参数值，称为特征值，由此解得方程的非零解，为对应特征值的特征函数，是方程的特解。

首先确定参数的 v 值，由于引力位是单值函数，对相同的点位坐标 (r,θ)，则 $(2m\pi+\lambda)$ 对于所有的 $m(m=0,1,2,\cdots)$，都对应空间同一点，有相同的引力位，即 $L(\lambda)=L(2m\pi+\lambda)$。因此，$L(\lambda)$ 是一个以 $2m\pi$ 为周期的周期函数，参数 v 的选择应满足这个周期条件，容易验证，只有 $v=m^2$ 时才有符合上述周期条件的以下两个线性无关的非零解：

$$\left.\begin{aligned}L_1(\lambda)&=\cos m\lambda\\L_2(\lambda)&=\sin m\lambda\end{aligned}\right\} \tag{2.4}$$

其次确定参数 μ 的值，以及对应的非零解 $B(\theta)$，令 $x=\cos\theta$，则式(2.3)中第二个方程可转换为以下两个方程：

$$\begin{cases}(1-x^2)\dfrac{\mathrm{d}^2B^0(x)}{\mathrm{d}x^2}-2x\dfrac{\mathrm{d}B^0(x)}{\mathrm{d}x}+\mu B^0(x)=0\\(1-x^2)\dfrac{\mathrm{d}^2B(x)}{\mathrm{d}x^2}-2x\dfrac{\mathrm{d}B(x)}{\mathrm{d}x}+\left(\mu-\dfrac{m^2}{1-x^2}\right)B(x)=0\end{cases}$$

以上第一个方程为勒让德方程，第二个方程为缔合勒让德方程，其中 $B^0(x)$ 是

对应 $v=0$ 和 $\mu\geqslant 0$ 的特征函数，$B(x)$ 是对应 $\mu\geqslant 0$ 和 $v>0$ 的特征函数。$x=\pm 1$ 是这两个方程的奇异点，其非零解在奇异点均无界，因此 μ 的取值应满足对应非零解在 $(-1,1)$ 中有界的条件。可以证明，$\mu=n(n+1)$ 可满足有界条件（Hobson，1931），现以方程(2.3)第一个方程的解作验证，此时该方程的形式为

$$r^2\frac{\mathrm{d}^2R(r)}{\mathrm{d}r^2}+2r\frac{\mathrm{d}R(r)}{\mathrm{d}r}-n(n+1)R(r)=0$$

其有两个线性无关的解：

$$\left.\begin{aligned}R_1(r)&=r^n\\R_2(r)&=1/r^{n+1}\end{aligned}\right\}\tag{2.5}$$

当 $r\to 0$，$R_1(r)\to 0$，$R_2(r)\to\infty$，因此 $R_1(r)$ 适于解内部有界的位函数；当 $r\to\infty$，$R_1(r)\to\infty$，$R_2(r)\to 0$，因此 $R_2(r)$ 适于解外部有界的位函数。

当 $\mu=n(n+1)$，勒让德方程有多种解法和不同的表达式，用 $P_n(x)$ 表示对应非零解特征函数，称勒让德函数或勒让德多项式，其常见表达式为（王竹谣 等，1979；郭俊义，1994）

$$P_n(x)=\sum_{s=0}^{[\frac{n}{2}]}(-1)^s\frac{(2n-2s)!}{2^n s!(n-s)!(n-2s)!}x^{n-2s}$$

式中，$[\frac{n}{2}]$ 表示小于或等于 $\frac{n}{2}$ 的最大整数。

另有用导数表达的简单形式（Rodrigues 公式）：

$$P_n(x)=\frac{1}{2^n n!}\frac{\mathrm{d}^n}{\mathrm{d}x^n}(x^2-1)^n$$

缔合勒让德方程取 $\mu=n(n+1)$ 和 $v=m^2$ 时有非零有界解，用 $P_{nm}(x)=P_{nm}(\cos\theta)$ 表示，称缔合勒让德函数。勒让德方程是缔合勒让德方程在 $m=0$ 时的特例，在满足非零解在 $(-1,1)$ 中有界的条件下，可以证明 $P_{nm}(x)$ 与 $P_n(x)$ 有以下简单关系（Moritz，1967）：

$$P_{nm}(x)=(1-x^2)^{\frac{m}{2}}\frac{\mathrm{d}^m}{\mathrm{d}x^m}P_n(x)$$

由此利用 $P_n(x)$ 的表达式可导出 $P_{nm}(x)$ 的以下级数展开式：

$$P_{nm}(x)=(1-x^2)^{\frac{m}{2}}\sum_{s=0}^{\left[\frac{n-m}{2}\right]}(-1)^s\frac{(2n-2s)!}{2^n s!(n-s)!(n-2s-m)!}x^{n-2s-m}\tag{2.6}$$

式中，$\left[\frac{n-m}{2}\right]$ 表示小于或等于 $\frac{n-m}{2}$ 的最大整数。另有与 Rodrigues 公式类似的表达式

$$P_{nm}(x)=(-1)^m\frac{(1-x^2)^{\frac{m}{2}}}{2^n n!}\frac{\mathrm{d}^{n+m}}{\mathrm{d}x^{n+m}}(x^2-1)^n$$

由分离变量法导出的式(2.3)3个微分方程特解的任意形式组合都是拉普拉斯方程的解，因此其通解为此乘积的线性组合。

设坐标原点在边界面Σ内部，则在Σ内部拉普拉斯方程通解形式为

$$V(r,\theta,\lambda)=\sum_{n=0}^{\infty}r^n\sum_{m=0}^{n}(a_{nm}\cos m\lambda+b_{nm}\sin m\lambda)P_{nm}(\cos\theta)$$

在外部拉普拉斯方程通解形式为

$$V(r,\theta,\lambda)=\sum_{n=0}^{\infty}\frac{1}{r^{n+1}}\sum_{m=0}^{n}(a_{nm}\cos m\lambda+b_{nm}\sin m\lambda)P_{nm}(\cos\theta) \qquad (2.7)$$

式中，$\cos m\lambda\cdot P_{nm}(\cos\theta)$和$\sin m\lambda\cdot P_{nm}(\cos\theta)$称为面球函数，它们与$r^n$或$\frac{1}{r^{n+1}}$的乘积为体球函数，这两个级数都称为球函数级数展开式；a_{nm}和b_{nm}为球函数展开系数，以下简称位系数，在通解中是待定系数，其中在Σ外部拉普拉斯方程的通解是构建地球重力场模型的基础模型，系数a_{nm}和b_{nm}将由相应边界条件$BV(P)\circ\Sigma=F(Q)$确定。可以证明(郭俊义，1994)，当Σ为球面，$V(P)$的级数展开在Σ上及其外空间域$\overline{\Omega}$是收敛的，若Σ是一般曲面，例如地球表面，则收敛性存在不确定性(晁定波 等，2007)。

$V(r,\theta,\lambda)$的级数展开式是一种以面球函数作为基函数的级数展式，令

$$C_{nm}(\theta,\lambda)=P_{nm}(\cos\theta)\cos m\lambda$$

$$S_{nm}(\theta,\lambda)=P_{nm}(\cos\theta)\sin m\lambda,(n=0,1,2\cdots;m=0,1,2\cdots,n)$$

则以球函数簇$\{C_{nm}(\theta,\lambda),S_{nm}(\theta,\lambda)\}$作为基函数具有正交性和完备性。

根据实函数空间函数簇的正交性和完备性定义(王竹谿 等，1979)，设有连续函数簇$\{\varphi_n(x)\}$，$n=0、1、2、\cdots$，x是实变量，且$a\leqslant x\leqslant b$，若$\varphi_n(x)$满足以下关系：

$$(\varphi_n,\varphi_k)=\int_a^b\varphi_n(x)\cdot\varphi_k(x)\mathrm{d}x=\delta_{nk}=\begin{cases}0 & (n\neq k)\\ c & (n=k)\end{cases}$$

则称该函数簇为正交的。其中$c>0$且为常数，若$c=1$，则$\{\varphi_n(x)\}$为规化格或归一化的。

设$f(x)(a\leqslant x\leqslant b)$为任一连续函数，将$f(x)$以$\{\varphi_n(x)\}$为基展开，则$f(x)=\sum_{n=0}^{\infty}C_n\varphi_n(x)$，若系数$C_n$满足以下关系：

$$\sum_{n=0}^{\infty}|C_n|^2=(f,f)/c,\quad (C_n=(\varphi_n,f)/c)$$

则称$\{\varphi_n(x)\}$为完备函数簇，且有完备性，且必是封闭的，即不存在不属于$\{\varphi_n(x)\}$、不恒等于零的、且又与所有$\varphi_n(x)$正交的任何连续函数$f(x)$，这种完备性的深层数学背景是泛函分析中的完备空间理论。

根据以上定义，可以证明$\{P_n(x)\}$、$\{P_{nm}(x)\}$和$\{C_{nm}(\theta,\lambda),S_{nm}(\theta,\lambda)\}$都是正

交完备函数簇，并有以下公式：

$$\int_{-1}^{+1} P_n(x)P_m(x)\mathrm{d}x = \begin{cases} 0 & m \neq n \\ \dfrac{2}{2n+1} = c > 0 & m = n \end{cases}$$

$$\int_{-1}^{+1} P_{nk}(x)P_{mk}(x)\mathrm{d}x = \begin{cases} 0 & m \neq n \\ \dfrac{2}{2n+1}\dfrac{(n+k)!}{(n-k)!} = c > 0 & m = n \end{cases}$$

$$\int_\sigma C_{nk}(\theta,\lambda) \cdot C_{ml}(\theta,\lambda)\mathrm{d}\delta = \begin{cases} 0 \quad m \neq n \text{或} l \neq k \\ \dfrac{2\pi\delta_k}{(2n+1)} \cdot \dfrac{(n+m)!}{(n-m)!} = c > 0 \end{cases}$$

$$\int_\sigma S_{nk}(\theta,\lambda) \cdot S_{ml}(\theta,\lambda)\mathrm{d}\delta = \begin{cases} 0 \quad m \neq n \text{或} l \neq k \\ \dfrac{2\pi\delta_k}{(2n+1)} \cdot \dfrac{(n+m)!}{(n-m)!} = c > 0 \end{cases}$$

式中，σ 为单位球面；$\delta_k = \begin{cases} 2 & l=k=0 \\ 1 & l=k\neq 0 \end{cases}$。

假定函数 $f(\theta,\lambda)$ 在整个球面上（$0\leqslant\theta\leqslant\pi, 0\leqslant\lambda\leqslant 2\pi$）的函数值已知，并可展开成球函数级数，即有

$$f(\theta,\lambda) = \sum_{n=0}^{\infty}\sum_{m=0}^{n}[a_{nm}C_{nm}(\theta,\lambda) + b_{nm}S_{nm}(\theta,\lambda)]$$

由于 $C_{nm}(\theta,\lambda)$ 和 $S_{nm}(\theta,\lambda)$ 都是正交完备函数，但未规格化，则有

$$a_{nm} = \frac{1}{C_a}(C_{nm}(\theta,\lambda), f(\theta,\lambda)) = \frac{1}{C_a}\int_\sigma f(\theta',\lambda')C_{nm}(\theta',\lambda')\mathrm{d}\sigma$$

$$b_{nm} = \frac{1}{C_b}(S_{nm}(\theta,\lambda), f(\theta,\lambda)) = \frac{1}{C_b}\int_\sigma f(\theta',\lambda')S_{nm}(\theta',\lambda')\mathrm{d}\sigma$$

其中

$$C_a = \int_\sigma [C_{nm}(\theta',\lambda')]^2\mathrm{d}\sigma = \frac{2\pi\delta_m(n+m)!}{(2n+1)(n-m)!}$$

$$C_b = \int_\sigma [S_{nm}(\theta',\lambda')]^2\mathrm{d}\sigma = \frac{2\pi\delta_m(n+m)!}{(2n+1)(n-m)!}$$

式中，(θ',λ') 为球面积分流动点坐标；$\delta_m = \begin{cases} 2 & m=0 \\ 1 & m>0 \end{cases}$。当 $C_{nm}(\theta,\lambda)$ 和 $S_{nm}(\theta,\lambda)$ 已规格化，则 $C_a = C_b = 4\pi$。以上关于以球函数作为基函数的正交性和完备性概念及展开系数的积分公式，是由边界条件确定外部引力位通解展开系数的数学基础。

对第三边值问题边界条件 $\alpha V(P) + \beta\dfrac{\partial V(P)}{\partial n} = F(P), P\in\Sigma$，经线性化处理后，$\dfrac{\partial V(P)}{\partial n}$ 可代之以 $\dfrac{\partial V(P)}{\partial r}$，因此只涉及对通解中 $1/r^{n+1}$ 的求导，其结果仍然是一个球函

数级数展开,可用以上公式确定球函数展开系数,但其中 C_a 和 C_b 的表达式可能不同。

目前构建高阶地球重力场模型普遍基于莫洛金斯基边值问题,由于其理论边界面是极其复杂的地球自然表面,因此是一个高度非线性斜向导数自由边值问题。20 世纪 70 年代初 P. Meissl 和 T. Krarup 分别导出了这一边值问题严密线性化边界条件,线性化过程选取的初始边界面为似地球表面,也称正常地球表面,已知边值为边界面上的重力异常和异常位,边界条件的形式如下(Moritz,1980;李建成等,2003):

$$\boldsymbol{T}+\boldsymbol{m}^{\mathrm{T}}\cdot\frac{\partial \boldsymbol{T}}{\mathrm{d}\boldsymbol{X}}=\boldsymbol{m}^{\mathrm{T}}\Delta\boldsymbol{g}+\Delta\boldsymbol{w} \tag{2.8}$$

式中,$\boldsymbol{T}$ 为待求解的扰动位函数;$\boldsymbol{X}$ 为地面点 P 或其在似地球表面对应点 Q 的坐标向量,设正常重力向量为 $\boldsymbol{\gamma}$,令 $\boldsymbol{M}=\frac{\mathrm{d}\boldsymbol{\gamma}}{\mathrm{d}\boldsymbol{X}}=\left\{\frac{\partial\boldsymbol{\gamma}_i}{\partial\boldsymbol{x}_j}\right\}=\left\{\frac{\partial^2\boldsymbol{U}}{\partial\boldsymbol{x}_i\partial\boldsymbol{x}_j}\right\}=\{\boldsymbol{M}_{ij}\}$,$(i=1,2,3;j=1,2,3)$,是正常位函数 U 的二阶梯度张量,是 3×3 矩阵,则向量 $\boldsymbol{m}=-\boldsymbol{M}^{-1}\boldsymbol{\gamma}$,是等天顶线的切线向量;$\Delta\boldsymbol{g}$ 为地球表面上的重力异常向量。$\Delta W=W_P-U_Q$,通常令 $\Delta W=0$,此时等价的边界条件为

$$\frac{\partial\boldsymbol{T}}{\partial\tau}-\frac{1}{\boldsymbol{\gamma}}\cdot\frac{\partial\boldsymbol{\gamma}}{\partial\tau}=-\Delta\boldsymbol{g}'$$

式中,τ 为等天顶线方向;$-\Delta\boldsymbol{g}'=\boldsymbol{e}_\tau^{\mathrm{T}}\cdot\Delta\boldsymbol{g}$,$\boldsymbol{e}_\tau$ 为 $\boldsymbol{m}$ 的单位向量。实用上,以上严密线性边界条件将根据似地球表面的椭球面或球面近似作简化处理。

§2.3 构建重力位模型的基本方法

拉普拉斯方程在 Σ 外部空间的 $\overline{\Omega}$ 通解 $V(r,\theta,\lambda)$,即式(2.7)。只有利用给定了边值重力数据的边界条件,确定了待定的展开系数(a_{nm},b_{nm}),得到的特解才是地球外部引力位函数,通解只是代表定义在 $\overline{\Omega}$ 中没有具体物理意义的所有调和函数组成的函数簇。

地球外部重力位是旋转的地球质体产生的一个物理场,因此所构建的重力位模型必然包含反映地球物质结构及其力学性质的信息,包括地球的各种主要物理参数,例如地球的总质量 M、质心位置 X_0、转动惯量 $\boldsymbol{J}$ 等。当已知在一个确定的空间坐标系 $X-(x,y,z)$ 中地球表面形状 $S(X)$、密度分布 $\delta(X)$,以及自转角速度 ω,可以根据牛顿引力位积分公式和离心力位公式精确确定地球外部重力位函数,即 $W(X)=V(X)+Q(X)$。当地球绕 Z 轴旋转,则离心位 $Q(X)=\frac{1}{2}\omega^2(x^2+y^2)$,$V(X)$ 的计算则要复杂得多。在球坐标系中牛顿引力位公式也可用一个球函数级数展开表达,其低阶项系数将具有确定的物理意义,包含地球的基本物理参数。由此导出的地球外部引力位模型也是一个理论模型,因为函数 $\delta(X)$ 是未知的。基于

解大地测量边值问题得到的地球外部引力位特解，由于其解算过程不直接涉及地球的物理参数，很难对其低阶项系数作出物理解释，但用两种方法得出的球函数级数展开理论上是完全等价的，因此其低阶项系数物理意义相同，据此可建立两种球函数级数展开系数的对应关系，便于建立重力场模型，例如扰动位模型。

基于大地测量边值问题解算外部引力位函数或扰动位函数，有多种解算方法，除斯托克斯方法和莫洛金斯基方法外，还有布耶哈马方法，主要差别在于边界面 Σ 的选取不同，涉及对地球表面地形的处理、重力归算和各种改正项。

2.3.1　地球重力场扰动位的球函数展开

地球外部空间任一点的重力位 W 是地球质体产生的引力位 V 和地球自转产生的离心力位 Q 的叠加。

$$W(r,\theta,\lambda)=V(r,\theta,\lambda)+Q(r,\theta) \tag{2.9}$$

已知地球自转角速率为 ω，则 $Q(r,\theta)=\frac{1}{2}\omega^2 r\sin^2\theta$，$\Delta W=\Delta Q=2\omega^2$，因此 $Q(r,\theta)$ 和 $W(r,\theta,\lambda)$ 都不是调和函数。将重力位 W 分解为正常重力位 U 和扰动位 T。U 是由正常地球椭球产生的重力位，假定椭球的旋转轴与地球自转轴重合，转速相同，椭球中心与地心重合，总质量等于地球总质量，则正常椭球离心位 $Q'=Q$。又设正常椭球外部引力位为 V'，则扰动重力位为

$$T(r,\theta,\lambda)=W(r,\theta,\lambda)-U(r,\theta,\lambda)=V(r,\theta,\lambda)-V'(r,\theta,\lambda)$$

其中不包含离心力位，显然 $\Delta T=\Delta V+\Delta V'=0$，因此 T 是调和函数，简称扰动位。

引力位 V 可由牛顿积分公式表达：

$$V=G\int_{\Omega}\frac{\delta}{l}\mathrm{d}\Omega$$

式中，G 为万有引力常数；δ 是密度分布函数；Ω 是地球质体；l 是积分体积元 $\mathrm{d}\Omega$ 到外部空间 $\bar{\Omega}$ 中计算点 P 的距离。

$$\frac{1}{l}=\frac{1}{r}\left[1+\left(\frac{r'}{r}\right)^2-2\frac{r'}{r}\cos\psi\right]^{-\frac{1}{2}}$$

式中，r 为 P 点的地心距；r' 为 $\mathrm{d}\Omega$ 的地心距；ψ 是矢径 r 和 r' 之间的地心角距。

将 $\frac{1}{l}$ 作级数展开，代入牛顿积分公式，可得引力位的球函数级数展开式(Moritz，1967；郭俊义，1994)。

$$V=\frac{GM}{r}\sum_{m=0}^{\infty}\left(\frac{a}{r}\right)^n\sum_{m=0}^{n}(A_{nm}\cos m\lambda+B_{nm}\sin m\lambda)P_{nm}(\cos\theta) \tag{2.10}$$

式中，a 为完全将 Ω 包含在内的最小球半径，总有 $r'\leqslant a$，通常取 a 为正常椭球长半径；A_{nm} 和 B_{nm} 为位系数。

$$\begin{cases} A_{nm} = \dfrac{2}{1+\delta_m} \cdot \dfrac{(n-m)!}{(n+m)!} \displaystyle\int_\Omega \dfrac{\delta}{M} \left(\dfrac{r'}{a}\right)^n P_{nm}(\cos\theta') \cos m\lambda' \mathrm{d}\Omega \\ B_{nm} = \dfrac{2}{1+\delta_m} \cdot \dfrac{(n-m)!}{(n+m)!} \displaystyle\int_\Omega \dfrac{\delta}{M} \left(\dfrac{r'}{a}\right)^n P_{nm}(\cos\theta') \sin m\lambda' \mathrm{d}\Omega \end{cases}$$

其中，$\delta_m = \begin{cases} 0 & m \neq 0 \\ 1 & m = 0 \end{cases}$。

根据球坐标与直角坐标的关系

$$\begin{cases} x' = r' \sin\theta' \cos\lambda' \\ y' = r' \sin\theta' \sin\lambda' \\ z' = r' \cos\theta' \end{cases}$$

则低阶位系数（$A_{00} \sim B_{22}$）可表示为

$$\begin{cases} A_0 = A_{00} = 1 \\ A_1 = A_{10} = z_0/a, A_{11} = x_0/a, B_{10} = 0, B_{11} = y_0/a \\ A_2 = A_{20} = [\dfrac{1}{2}(A+B) - C]/(Ma^2), A_{21} = F/(Ma^2), B_{21} = E/(Ma^2) \\ A_{22} = (B-A)/(4Ma^2), B_{22} = D/(2Ma^2) \end{cases}$$

其中（x_0, y_0, z_0）为地球质心坐标；A、B、C 分别为质体 x、y、z 坐标轴的转动惯量；D、E、F 分别为关于 xy、yz 和 zx 的惯性积或离心距。$A_2 = -J_2$，J_2 称为地球动力形状因子，与正常椭球扁率 α 存在简单关系，这就是低阶位系数的物理意义，其中包含了地球基本力学参数。显然，假定地球的质心、正常椭球中心与坐标系的原点三点重合，则 V 的级数展开式中的一阶项消失，即 $V_1 = \{A_{10}, A_{11}, B_{10}, B_{11}\} = 0$。

实用上球函数和位系数应作规格化处理，$\overline{C}_{nm}(\theta,\lambda) = \overline{P}_{nm}(\cos\theta)\cos m\lambda$，$\overline{S}_{nm}(\theta,\lambda) = \overline{P}_{nm}(\cos\theta)\sin m\lambda$，$\overline{A}_{nm}$ 和 $\overline{B}_{nm}$ 表示规格化的球函数和位系数，根据规格化定义，$\overline{C}_{nm}(\theta,\lambda)$ 和 $\overline{S}_{nm}(\theta,\lambda)$ 应满足关系：

$$\begin{cases} \dfrac{1}{4\pi} \displaystyle\int_\sigma [\overline{C}_{nm}(\theta,\lambda)]^2 \mathrm{d}\sigma = c & m \geqslant 0 \\ \dfrac{1}{4\pi} \displaystyle\int_\sigma [\overline{S}_{nm}(\theta,\lambda)]^2 \mathrm{d}\sigma = c & m > 0 \end{cases}$$

当 $c=1$，称为完全规格化；$c = \dfrac{1}{2n+1}$，称为半规格化。前者用于地球重力场表达，后者用于地球磁场表达。对照前面 C_a 和 C_b 的表达式，有以下转换关系：

$$\overline{P}_{nm}(\cos\theta) = \left[\frac{2n+1}{1+\delta_m} \cdot \frac{(n-m)!}{(n+m)!}\right]^{\frac{1}{2}} P_{nm}(\cos\theta)$$

设 $Y_n(\theta,\lambda) = \sum_{m=0}^{n} [A_{nm} C_{nm}(\theta,\lambda) + B_{nm} S_{nm}(\theta,\lambda)] = \sum_{m=0}^{n} [\overline{A}_{nm} \overline{C}_{nm}(\theta,\lambda) + \overline{B}_{nm} \overline{S}_{nm}(\theta,\lambda)]$，由此可得位系数转换关系。

$$A_{nm}=\left[\frac{2(2n+1)}{1+\delta_m}\cdot\frac{(n-m)!}{(n+m)!}\right]^{\frac{1}{2}}\overline{A}_{nm}$$

$$B_{nm}=\left[\frac{2(2n+1)}{1+\delta_m}\cdot\frac{(n-m)!}{(n+m)!}\right]^{\frac{1}{2}}\overline{B}_{nm}$$

用位系数的惯用符号$\overline{C}_{nm}$和$\overline{S}_{nm}$代替$\overline{A}_{nm}$和$\overline{B}_{nm}$，则实数用上 V 的表达式为

$$V(r,\theta,\lambda)=\frac{GM}{r}\left[1+\sum_{n=1}^{\infty}\left(\frac{a}{r}\right)^n\right]\sum_{m=0}^{n}\left[\overline{C}_{nm}\cos m\lambda+B_{nm}\sin m\lambda\right]\overline{P}_{nm}(\cos\theta)$$

可以证明球函数的无穷序列$\overline{P}_{nm}(\cos\theta)\cos m\lambda$ 和$\overline{P}_{nm}(\cos\theta)\sin m\lambda(n,m=1,2,\cdots)$在调和函数空间张成一个完备化正交基函数系。

根据确定地球正常引力位 V' 的斯托克斯方法，假定正常椭球表面是一个重力等位面，椭球中心与地球质心重合，三个坐标轴是地球的主惯性轴等条件，则正常椭球的重力场可由四个基本参数确定，即：椭球表面重力位 U_0 等于大地水准面的重力位 W_0；椭球的质量 M' 等于地球质量 M；椭球扁率 $\alpha=\frac{3}{2}J_2+\frac{q}{2}$，$q$ 是地球赤道上离心力和重力之比；椭球的旋转角速度 ω' 等于地球旋转角速度。由于正常椭球相对自转轴的对称性，其位函数不包含变量 λ，V' 可展开成以下特殊形式（Moritz，1967；郭俊义，1994）：

$$V'(r,\theta,\lambda)=\frac{GM}{r}\left[1+\sum_{n=1}^{\infty}\left(\frac{a}{r}\right)^{2n}\overline{C}'_{2n}\overline{P}_{2n}(\cos\theta)\right]\tag{2.11}$$

其中，

$$\left.\begin{aligned}&\overline{P}_{2n}(\cos\theta)=\sqrt{\frac{2n+1}{2}}P_{2n}(\cos\theta)\\&C'_{2n}=\frac{(-1)^n e^{2n}}{(2n+1)(2n+3)}\left\{2n+3-\frac{4n\omega^2a^3e'^3}{3GM[(3+e'^2)\arctan e'-3e']\sqrt{1+e'^2}}\right\}\\&\overline{C}'_{2n}=\sqrt{2n+1}\cdot C'_{2n}\end{aligned}\right\}\tag{2.12}$$

式中，e 为椭球的第一偏心率；e' 为椭球的第二偏心率。由此扰动位 $T=V-V'$ 的球谐函数展开式为

$$T(r,\theta,\lambda)=\frac{GM}{r}\sum_{n=1}^{\infty}\left(\frac{a}{r}\right)^n\sum_{m=0}^{n}\left(\overline{C}^*_{nm}\cos m\lambda+\overline{S}_{nm}\sin m\lambda\right)\overline{P}_{nm}(\cos\theta)\tag{2.13}$$

根据前述关于正常椭球定义的理论假定，上式中除零阶项外，一阶项也应消失，但理论假定通常难于严格实现，例如 M 和 W_0 与真值存在偏差，$X_0\neq0$ 等，在高精度（例如厘米级精度）要求下，实用上应考虑加入相应的改正项（Moritz，1967）。式(2.13)中，

$$\overline{C}^*_{nm}=\begin{cases}\overline{C}_{nm}-\overline{C}'_{nm} & \text{当 } m=0,n=2k\ \ (k\text{ 为}\geq1\text{ 的正整数})\\\overline{C}_{nm} & \text{其他情况}\end{cases}\tag{2.14}$$

n,m:球函数展开的 n 阶 m 次。通常假定坐标系原点与地球质心重合,即$(x_0,y_0,z_0)=0$,则式(2.13)中的一阶项消失。

由于扰动位 T 是由边界条件直接解算的,引力位 V 则是由 $V=V'+T$ 间接得到,因此下文对 $\bar{C}_{nm}$ 和 $\bar{C}^*_{nm}$ 两符号不加区别,仅当计算重力位 W 时才需要区别,以便按式(2.14)将对应项位系数相加,即 $\bar{C}_{nm}=\bar{C}^*_{nm}-C'_{nm}$。式(2.13)就是地球(扰动)重力位模型的球函数展开形式,式中的位系数是一个无穷集合$\{\bar{C}_{nm},\bar{S}_{nm}\}$。实用中,根据给定的或要求的分辨率(对应给定的波长或频率),通常将此展式截止到一个最高阶 $N=n_{\max}$,则位系数的这个有限集合$\{\bar{C}_{nm},\bar{S}_{nm}\}(n=2,3,\cdots,N;m=0,1,\cdots,n)$就称为一个 N 阶地球重力场模型,简称地球重力场模型,构制这个模型就是确定位系数集合$\{\bar{C}_{nm},\bar{S}_{nm}\}$。当利用地球表面的重力数据和一定的边界条件,将拉普拉斯方程通解代入边界条件,由表达位系数的积分公式或其他算法确定$\{\bar{C}_{nm},\bar{S}_{nm}\}$,当位系数给定,式(2.13)就是描述地球扰动重力场的一个特定解。

2.3.2　重力扰动位的斯托克斯边值问题解

斯托克斯边值问题是以大地水准面为边界的第三外部边值问题,用 Σ_G 表示这一边界面,并假定 Σ_G 外部无物质存在,由于地球引力位 $V=V'+T$,且 V' 是已知的又非常接近 V,T 是微小量。因此,斯托克斯边值问题归结为以 Σ_G 为边界面关于求解扰动位 T 的第三外部边值问题。其边值 $F(Q)(Q\in\Sigma_G)$为重力异常 Δg,其边界条件是物理大地测量学中关于重力异常的重力测量基本微分方程,用 Σ_E 表示正常椭球表面,n 和 n' 分别表示 Σ_G 和 Σ_E 的外法线方向,g_0 和 γ_0 分别表示 Σ_G 和 Σ_E 上的重力和正常重力。$g_0=-\left.\frac{\partial W}{\partial n}\right|_{\Sigma_G}=-\left(\left.\frac{\partial U}{\partial n}\right|_{\Sigma_G}+\left.\frac{\partial T}{\partial n}\right|_{\Sigma_G}\right)$,$\gamma_0=-\left.\frac{\partial U}{\partial n'}\right|_{\Sigma_E}$,则有

$$\Delta g=g_0-\gamma_0=-\left.\frac{\partial U}{\partial n}\right|_{\Sigma_G}+\left.\frac{\partial U}{\partial n'}\right|_{\Sigma_E}-\left.\frac{\partial T}{\partial n}\right|_{\Sigma_G}$$

n 和 n'之间的夹角为垂线偏差,量级很小,可令 $n=n'$,又将$\left.\frac{\partial U}{\partial n}\right|_{\Sigma_G}$按泰勒级数展开,取一次项,

$$\left.\frac{\partial U}{\partial n}\right|_{\Sigma_G}=\left.\frac{\partial U}{\partial n}\right|_{\Sigma_E}+N\left.\frac{\partial^2 U}{\partial n^2}\right|_{\Sigma_E}=\left.\frac{\partial U}{\partial n}\right|_{\Sigma_E}-N\left.\frac{\partial \gamma}{\partial n}\right|_{\Sigma_E}$$

其中 N 为 Σ_G 上的一点到 Σ_E 上法向对应点的高度,即大地水准面高或差距,按布隆斯公式 $N=T_0/\gamma_0$,T_0 是 Σ_G 上的扰动位,用 H 和 h 分别表示以 Σ_E 和 Σ_G 起算的高程,即大地高和正高,则重力测量基本微分方程可表示成

$$-\frac{\partial T}{\partial h}+\frac{T}{\gamma}\frac{\partial \gamma}{\partial H}=\Delta g$$

由于 T 和 Δg 都是微小量,Σ_E 的扁率 $\alpha\approx3\times10^{-3}$,$\Sigma_G$ 相对 Σ_E 的起伏一般小于 100 m,

因此以上基本微分方程可作球近似处理，即用半径等地球平均半径 R 的球面 Σ_s 代替 Σ_G 和 Σ_E，由此产生的相对误差也只限于扁率量级，相应大地水准面高的误差小于 1 m。此时有

$$\gamma=\frac{GM}{r^2},\frac{\partial\gamma}{\partial H}=\frac{\partial\gamma}{\partial r}=-2\frac{GM}{r^3},\frac{1}{\gamma}\frac{\partial\gamma}{\partial H}\bigg|_{\Sigma_s}=-\frac{2}{R}$$

因此，斯托克斯边值问题，其球近似边界条件为

$$-\frac{\partial T}{\partial r}-\frac{2}{R}T=\Delta g \tag{2.15}$$

必须注意，球近似只能用于 T、N、Δg 等微小量的关系式中，在任何几何意义上，参考面（即正常椭球面）都不是球面，而是椭球面。因 α 很小，椭球公式可展开为 α 的幂级数，然后省略所有含 α、α^2 等的高阶微小项。由此得到的公式严格适用于球，也近似适用于实际的参考椭球。$\Delta g=g-\gamma$ 中的 γ 必须用球进行精确计算（Moritz，1967）。在高精度（例如优于分米级）要求的解算中，必须顾及 Σ_E 的扁率影响，对相关量加椭球改正。

将扰动位 T 的通解，即其球函数展开代入球近似边界条件，解此条件方程，可导出 T 在 Σ_G 外部空间$\overline{\Omega}$调和且正则的特解。一种是积分表达式，另一种是 T 的通解位系数积分表达式，两种解式完全等价，前者常用于确定大地水准面，后者用于建地球重力场模型。

将 T 的通解式(2.13)用下式表示。

$$T(r,\theta,\lambda)=\frac{GM}{r}\sum_{n=2}^{\infty}\left(\frac{R}{r}\right)^n\sum_{m=0}^{n}(C_{nm}\cos m\lambda+S_{nm}\sin m\lambda)P_{nm}(\cos\theta) \tag{2.16}$$

其中假定一阶项消失，由于球近似，将椭球长半径 a 代之以地球平均半径 R，C_{nm}、S_{nm} 和 $P_{nm}(\cos\theta)$ 均为规格化，将此式代入球近似边界条件，得

$$\Delta g=\frac{GM}{R^2}\sum_{n=2}^{\infty}(n-1)\sum_{m=0}^{n}(C_{nm}\cos m\lambda+S_{nm}\sin m\lambda)P_{nm}(\cos\theta)$$

为利用边值 Δg 确定 C_{nm} 和 S_{nm}，假定 Δg 是定义在 Σ_G 上的已知连续函数 $f(\theta,\lambda)$，其球函数的级数展开为

$$\Delta g=\sum_{n=2}^{\infty}\sum_{m=0}^{n}(a_{nm}\cos m\lambda+b_{nm}\sin m\lambda)P_{nm}(\cos\theta)$$

其中，

$$a_{nm}=\frac{(2n+1)(n-m)!}{2\pi\cdot\delta_m\cdot(n+m)!}\int_\sigma\Delta g\cos m\lambda' P_{nm}(\cos\theta')\mathrm{d}\sigma$$

$$b_{nm}=\frac{(2n+1)(n-m)!}{2\pi\cdot\delta_m\cdot(n+m)!}\int_\sigma\Delta g\sin m\lambda' P_{nm}(\cos\theta')\mathrm{d}\sigma$$

比较以上 Δg 的两个球函数级数，得

$$C_{nm}=\frac{R^2}{GM(n-1)}a_{nm},\quad S_{nm}=\frac{R^2}{GM(n-1)}b_{nm}$$

则 T 可写成

$$T(r,\theta,\lambda)=\frac{R}{2\pi}\int_{\sigma}\Delta g\sum_{n=2}^{\infty}\frac{(2n+1)}{(n-1)}\left(\frac{R}{r}\right)^{n+1}\sum_{m=0}^{n}\frac{(n-m)!}{\delta_m\cdot(n+m)!}P_{nm}(\cos\theta)\times$$
$$P_{nm}(\cos\theta')(\cos m\lambda\cos m\lambda'+\sin m\lambda\sin m\lambda')\mathrm{d}\sigma$$
$$=\frac{R}{4\pi}\int_{\delta}\Delta g\cdot S(r,\theta',\lambda')\mathrm{d}\sigma$$

应用球函数加法定理，

$$S(r,\theta',\lambda')=\sum_{n=2}^{\infty}\frac{(2n+1)}{(n-1)}\cdot\left(\frac{R}{r}\right)^{n+1}\cdot 2\left[\frac{1}{2}P_n(\cos\theta)\cdot P_n\cos\theta'+\right.$$
$$\left.\sum_{m=1}^{n}\frac{(n-m)!}{(n+m)!}P_{nm}(\cos\theta)\cdot P_n(\cos\theta')\cos m(\lambda-\lambda')\right]$$
$$=\sum_{n=2}^{\infty}\frac{(2n+1)}{(n-1)}\left(\frac{R}{r}\right)^{n+1}P_n(\cos\psi)$$
$$=S(r,\psi)$$

则有

$$T(r,\theta,\lambda)=\frac{R}{4\pi}\int_{\sigma}\Delta g S(r,\psi)\mathrm{d}\sigma \tag{2.17}$$

$S(r,\psi)$ 是一个关于 $\left(\frac{R}{r}\right)^{n+1}\cdot P_n(\cos\psi)$ 的无穷级数，利用 $r/l=\left[1+\left(\frac{R}{r}\right)^2-2\frac{R}{r}\cos\psi\right]^{-\frac{1}{2}}$ 是生成函数的母函数关系，以及数学分析技巧可导出等值于 $S(r,\psi)$ 级数的封闭解析函数(管泽霖 等，1997；郭俊义，1994)。

$$S(r,\psi)=\frac{2R}{l}+\frac{R}{r}-3\frac{Rl}{r^2}-\frac{R^2}{r^2}\cos\psi\left(5+3\ln\frac{r-R\cos\psi+l}{2r}\right) \tag{2.18}$$

式(2.17)是解算斯托克斯边值问题确定 Σ_G 上及其外部扰动位函数 $T(r,\theta,\lambda)$ 的积分形式，式(2.18)称广义斯托克斯函数。

推导函数 $S(r,\psi)$ 的另一种方法，是将用第三外部边值问题表达的斯托克斯球近似边值问题转化为球近似第一边值问题，方法是引入一个辅助函数 $\phi=-\frac{1}{r}\frac{\partial}{\partial r}(r^2T)$，根据球近似边界条件，$\phi|_{\Sigma_S}=R\Delta g$，同时证明 ϕ 是调和函数，由此可用Poisson积分公式表达 ϕ，它是第一边值问题边界面为 Σ_S 的唯一解，再对此表达式在区间$[r,\infty]$对变量 r 作积分，由此导出与式(2.17)和式(2.18)完全相同的结果(Moritz，1967)。

在广义斯托克斯函数中，令 $r=R$，$S(R,\psi)=S(\psi)$，

$$S(\psi)=\frac{1}{\sin\frac{\psi}{2}}-\sigma\sin\frac{\psi}{2}+1-5\cos\psi-3\cos\psi\ln\left(\sin\frac{\psi}{2}+\sin^2\frac{\psi}{2}\right) \tag{2.19}$$

称为斯托克斯函数。由此球近似大地水准面上扰动位的解为

$$T=\frac{R}{4\pi}\iint_{\sigma}\Delta g S(\psi)\mathrm{d}\sigma \tag{2.20}$$

将 $T(r,\theta,\lambda)$的通解，式(2.16)代入球近似边界条件方程，并假定其中$P_{nm}(\cos\theta)$和C_{nm}、S_{nm}均已完全规格化，得

$$\Delta g=\frac{GM}{r^2}\sum_{n=2}^{\infty}(n-1)\left(\frac{R}{r}\right)^n\sum_{m=0}^{n}(\overline{C}_{nm}\cos m\lambda+\overline{S}_{nm}\sin m\lambda)\overline{P}_{nm}(\cos\theta) \tag{2.21}$$

根据本节前面给出的 a_{nm} 和 b_{nm} 的表达式及其 C_{nm} 与 S_{nm} 和的关系式，则有

$$\left.\begin{aligned}\overline{C}_{nm}&=\frac{1}{4\pi\gamma(n-1)}\iint_{\sigma}\Delta g\,\overline{P}_{nm}(\cos\theta)\cos m\lambda\,\mathrm{d}\sigma\\ \overline{S}_{nm}&=\frac{1}{4\pi\gamma(n-1)}\iint_{\sigma}\Delta g\,\overline{P}_{nm}(\cos\theta)\sin m\lambda\,\mathrm{d}\sigma\end{aligned}\right\} \tag{2.22}$$

上式即是扰动位函数 $T(r,\theta,\lambda)$球函数级数展开式计算位系数的积分公式，作为斯托克斯边值问题的解，其中 Δg 是大地水准面上的边值，这是建立超高阶地球重力场模型确定位系数的基本公式，是一种引力位的调和分析法。如果将式(2.21)看成一个关于待定位系数$\overline{C}_{nm}$和$\overline{S}_{nm}$的线性观测方程，其观测量为 Δg，则可利用最小二乘平差法求解$\overline{C}_{nm}$和$\overline{S}_{nm}$的平差最优估值，是一种建立一般高阶($n\leqslant 360$)地球重力场模型常用的统计法，其优点是可以给出解算结果的精度估计。

在上述求定扰动位的基本原理中，必须考虑两个条件：一是大地水准面外没有质量；二是所有重力异常观测应当是大地水准面上的数值。但真实的情况是大地水准面外部有大陆的存在，而重力观测也是在地球表面进行的。为满足上面两个要求，必须对地球表面的地形质量进行调整，使得地球全部质量都包含在大地水准面的内部，同时将重力异常归算到大地水准面上，然后即可按上述的原理来确定地球重力扰动位。

重力归算，就是把调整地形质量的影响计算出来，在重力观测值中加以改正。不同的调整方式对应不同的重力归算，不论用何种方式调整地形质量都将使地球扰动位发生变化，产生间接影响。从实际数值计算考虑，下面略去推导，给出几种重力归算的实用公式。

1. 空间改正

空间改正就是将海拔高程为 h 的重力点上的重力观测值 g 归算到大地水准面上对应点的重力值 g_0，归算时不考虑地面和大地水准面之间的质量，只考虑重力随高程的变化，又称自由空气改正。

设地球平均半径为 R，空间改正用 $\Delta \mathrm{I}_g$ 表示，有

$$\Delta \mathrm{I}_g=2\gamma_0\frac{h}{R}-3\frac{\gamma_0 h^2}{R^2} \tag{2.23}$$

将地球的平均半径和平均重力值代入上式，顾及 h^2 项的实用公式为

$$\Delta \mathrm{I}_g = 0.308\,6h - 0.72\times 10^{-7}h^2 \tag{2.24}$$

对于地面点的重力值 g，加上空间改正 $\Delta \mathrm{I}_g$ 后，再与椭球面上的正常重力 γ_0 相减，则得空间重力异常，用 Δg_1 表示，有

$$\Delta g_1 = g + \Delta \mathrm{I}_g - \gamma_0 \tag{2.25}$$

2.布格改正

空间改正没有顾及地面和大地水准面之间质量对重力的影响。假设以地面点为中心半径、为 p 局部范围的地形面和大地水准面都是平面，则地面测得的重力值受到地面和大地水准面层间质量的影响，对于这个影响的改正称为层间改正，用 $\Delta \mathrm{II}_g$ 表示。

$$\Delta \mathrm{II}_g = 2\pi G\delta[h - h^2/(p/2)] \tag{2.26}$$

式中，G 为引力常数；δ 为地形层间质量密度；h 为地面点高程。在一般情况下，只计算括号内的第一项已够。

地形层间质量的引力使地面的重力增大 $\Delta \mathrm{II}_g$，因此移去此层质量对地面重力观测值的层间改正，应取负号，其中地形的密度 δ 由其构成岩石种类决定，通常取 $\delta = 2.67\ \mathrm{g/cm^3}$，$G = 6.67\cdot 10^{-8}\ \mathrm{cm^3 g^{-1} s^{-2}}$，则层间改正

$$\Delta \mathrm{II}_g = -0.111\,9\,h(\mathrm{mGal}) \tag{2.27}$$

式中，h 单位为米。观测重力值加层间改正，再加空间改正成，为不完全的布格改正，对应的重力异常 Δg_2 为

$$\Delta g_2 = g + \Delta \mathrm{I}_g + \Delta \mathrm{II}_g - \gamma_0 \tag{2.28}$$

称为不完全的布格异常，或“简单的”布格异常(Moritz，1967)，在重力勘探中则直接称布格异常。

3.地形改正

上述布格改正是假设地面为平面导出的，考虑相对此平面的局部地形起伏对地面点的重力影响，称为局部地形改正，用 $\Delta \mathrm{III}_g$ 表示，其在局部直角坐标系的精密公式(李建成 等，2003)为

$$\Delta \mathrm{III}_g = \frac{1}{2}G\delta \iint_{\sigma_{cap}} \frac{\Delta h^2}{r_0^3}\mathrm{d}x\mathrm{d}y - \frac{3}{8}G\delta \iint_{\sigma_{cap}} \frac{\Delta h^4}{r_0^5}\mathrm{d}x\mathrm{d}y \tag{2.29}$$

其中，坐标平面 $x-y$ 为过计算点 P 的水平面，与大地水准面平行，z 轴平行 P 点的重力方向，指向相反。已知局部地形单元质体高程模型 $z = h(x,y)$，$\Delta h = h(x,y) - h(x_P - y_P) = z - z_p$；$\sigma_{cap}$ 为以点 P 为中心的球冠范围的积分域，积分半径由地形改正要求的分辨率确定；$r_0 = [(x-x_P)^2 + (y-y_P)^2]^{\frac{1}{2}}$。$\Delta \mathrm{III}_g$ 的符号由公式计算本身自动确定，容易验证总有 $\Delta \mathrm{III}_g \geqslant 0$。$(\Delta \mathrm{I}_g + \Delta \mathrm{II}_g + \Delta \mathrm{III}_g)$ 称完全的布格改正，或精化的布格改正，统称地形改正，其对应的重力异常为

$$\Delta g_3 = g + \Delta \mathrm{I}_g + \Delta \mathrm{II}_g + \Delta \mathrm{III}_g - \gamma_0 \tag{2.30}$$

如果在重力观测值中仅加空间改正和局部地形改正，再与正常重力相减，其差值称为法耶重力异常，即

$$\Delta g_4 = g + \Delta \mathrm{I}_g + \Delta \mathrm{III}_g - \gamma_0 \tag{2.31}$$

4.均衡改正

地壳均衡论目前有三种不同的学说，即普拉特、艾里和维宁·曼尼兹三种学说(Heiskanen et al,1967)，在重力归算中通常采用艾里学说。艾里设想大地水准面上部的山体和其下伸的部分浮在密度较大的岩浆面上，如果一个山体的自重大于岩浆的浮力，下面一部分山体将沉入岩浆，形成山根，从而达到静力平衡。山根使岩浆层内出现密度较低的地壳物质，产生密度差 $\Delta\delta = 0.6\ \mathrm{g/cm^3}$，相当一种负密度异常，即密度亏损，使地面点引力减小。为使其密度“正常”，加入密度为 $\Delta\delta$ 的补偿物质，在地面点重力观测值中加入 $\Delta\delta$ 的引力效应，使其接近该点的正常重力值，称为地形均衡改正，用 $\Delta \mathrm{IV}_g$ 表示，其计算模型为艾里-海斯卡涅系统，与上述陆地地形改正类似，有以下精密公式(李建成，2003)：

$$\Delta \mathrm{IV}_g = G\Delta\delta \iint_{\sigma_{cap}} d(x,y)\left[\frac{d_0 + h_p}{r^3} + \frac{r_0^3 - 3(d_0 + h_p)^2}{r_0^3}(D - d_0)\right]\mathrm{d}x\mathrm{d}y + \frac{1}{2}G\Delta\delta \iint_{\sigma_{cap}} d(x,y)^2\left[\frac{r_0^3 - 3(d_0 + h_p)^2}{r_0^5}\right]\mathrm{d}x\mathrm{d}y \tag{2.32}$$

式中，$d(x,y) = 4.45h(x,y)$，为山根深度，$h(x,y)$ 为地形高；$d_0 = z_0$ 为适当选定的参考深度(例如取 d_0 为山根平均深度)；$r_0 = [(x - x_p)^2 + (y - y_p)^2 + (d_0 + h_p)^2]^{\frac{1}{2}}$；$h_p$ 为计算点 P 的地形高；D 为地壳的标准厚度，通常取 $D = 35$ km。海洋地区均衡补偿模式与陆地有差别，在海洋，有一层低密度($\delta_w = 1.03\ \mathrm{g/cm^3}$)的海水，其下为通常只有十几公里厚的洋壳，密度同地壳密度，由这两层组成的柱形物质，其自重将小于岩浆的浮力，只有在其中补充高密度物质才能和岩浆浮力达到静力平衡，从而导致高密度岩浆物质上涌，形成所谓“反山根”，将反山根中的过剩密度 $\Delta\delta$ 移去补偿海水密度亏损，这一密度补偿过程对平均海面上一点 P 产生的引力效应，即海洋地形均衡改正，其精密公式的推导详见文献(李建成，2003)，此处从略。在观测重力值中加上完全布格改正和均衡改正，减去正常重力，可得地形均衡异常 Δg_5。

$$\Delta g_5 = g + \Delta \mathrm{I}_g + \Delta \mathrm{II}_g + \Delta \mathrm{III}_g + \Delta \mathrm{IV}_g - \gamma_0 \tag{2.33}$$

上述即是常用的重力归算改正。除此以外，还有其他形式处理地形质量的重力归算改正，包括路德斯基逆改正、赫尔默特凝集法重力归算改正等，详见文献(Heiskanen,et al,1979)。

各种不同重力归算方法有各自的地球物理意义，它们对于最后确定大地水准面的扰动位也有不同的影响。法耶改正相当于把大地水准面外部地形质量平滑为平面层的重力影响；布格改正相当于把这个平面层的质量去除的重力改正，因为没

有任何补偿，将使地壳质量不足，结果是经过布格改正的重力异常大多是负的；地形均衡改正是将地形质量压入大地水准面之下，对质量亏损作均匀补偿的重力改正。由于以上几种归算都是将地球质量作了一些调整，因此对大地水准面上的扰动位都有影响。已有的估算表明，布格改正将平面层地形质量排除不加任何补偿，间接影响最大可达大地水准面本身起伏的10倍；地壳均衡改正间接影响虽小于布格改正，但对大地水准面的影响也可达10 m的量级(Heiskanen, et al, 1967)；空间改正顾及了将地形质量原状压至大地水准面之下的引力影响，间接影响相对最小。

20世纪末以来，为确定厘米级精度局部大地水准面，国际上一些学者重新研究了Helmert第二凝集法，即将地形质量凝集在大地水准面上，形成一个密度为$\delta_c=\delta \cdot h$的薄层，提出斯托克斯-赫尔默特边值问题，导出了该边值问题的解算模型，以及计算Helmert凝集法直接和间接影响精密公式(Vanicek, et al, 1999; Sjöberg, et al, 1999; Sjöberg, et al, 2000; Heiskanen, et al, 1975)，按此方法确定局部大地水准理论上可优于厘米级精度。文献(Heiskanen, et al, 1975)曾指出，利用空间异常做斯托克斯边值问题的边值确定大地水准面，和按Helmert第二凝集法确定大地水准面实际上非常接近，因此空间异常至今仍然普遍用于解算斯托克斯边值问题，但空间归算方法目前尚无计算间接影响的精确公式，因此其真实精度尚待研究。

2.3.3　地球重力扰动位的莫洛金斯基边值解

从上节的各种重力归算来看，没有一种能够在调整地形质量后可同时满足以下理想要求，即

(1)大地水准面外部没有质量。

(2)不改变地球质心的位置。

(3)地球的总质量不变。

(4)不改变大地水准面的形状。

(5)不改变地球外部引力位。

其原因在于对地形质量的调整，将改变原地壳物质空间分布及其产生的外部引力位和大地水准面的位置及形状，同时将移动地球质心。通过计算间接影响，恢复物质调整前的真实引力位，不仅要准确已知调整模型，例如Helmert凝集法，还要做密度假设或其他假设，例如地壳厚度或抵偿深度等。这是斯托克斯理论本身隐含的不确定性缺陷，也是难以克服的。为走出这一困境，20世纪40年代，在斯托克斯理论基础上，出现了莫洛金斯基理论，得到广泛研究和发展，对物理大地测量学产生重大影响。

莫洛金斯基理论的核心是以地球表面作为大地测量边值问题的边界面以及该表面上的重力异常作边值，由此建立边界条件解算边界面上及其外部扰动位。由

此引出正常地球表面(或似地形面)、似大地水准面、高程异常、正常高等概念，形成一个莫洛金斯基边值问题理论体系，与斯托克斯理论的最大区别是不需要很大调整地形质量的质量归算和密度假设。在§2.2中已简单提到这一理论，并给出了基于该理论的严密线性化边界条件式(2.8)，以下推导此边界条件的简化形式。

地球自然表面上P点的重力值可表示为

$$g_P=-\left.\frac{\partial W}{\partial h}\right|_P \tag{2.34}$$

即，g_P是点P的重力位W沿该点重力线的梯度，h是正高。引入地面重力异常定义，同样用Δg表示为

$$\Delta g=g_P-\gamma_N \tag{2.35}$$

式中，γ_N是正常地球表面上点P对应(投影)点的正常重力，正常地球表面的定义是：该面上所有点Q的正常位U_Q等于对应点P的重力位，即$U_Q=W_P$。但一般情况下，$U_Q\neq W_P$，因此正常地球表面与地球自然表面不重合，两对应点之间有一高程差ζ，称为高程异常。$\gamma_N=-\left.\frac{\partial U}{\partial h_r}\right|_N$，$h_r$为正常高，$\gamma_N$是正常地球表面的正常位$U$沿正常重力线方向的梯度。式(2.35)可写为

$$\Delta g=-\left.\frac{\partial W}{\partial h}\right|_P+\left.\frac{\partial U}{\partial h_r}\right|_N \tag{2.36}$$

在此我们略去重力线方向、正常重力线方向、等天顶线方向以及椭球法线方向之间的差别，假定这4个方向重合，h与h_r也不加区别，均用h表示，将$\left.\frac{\partial U}{\partial h_r}\right|_N=\left.\frac{\partial U}{\partial h}\right|_N$按泰勒级数展开：

$$\left.\frac{\partial U}{\partial h}\right|_N=\left.\frac{\partial U}{\partial h}\right|_P-\zeta\left.\frac{\partial^2 U}{\partial h^2}\right|_P$$

将上式代入式(2.36)，顾及$W-U=T$，则有

$$\Delta g=-\zeta\left.\frac{\partial^2 U}{\partial h^2}\right|_P-\left.\frac{\partial T}{\partial h}\right|_P \tag{2.37}$$

上式就是向量方程式(2.8)简化后的纯量边界条件，其中，令$\Delta W=W_P-U_Q=0$，并可写成

$$\Delta g=\frac{1}{\gamma_P}\left.\frac{\partial \gamma}{\partial h}\right|_P-\left.\frac{\partial T}{\partial h}\right|_P \tag{2.38}$$

进一步取球近似，令$r=R+h$，R为球半径(如地球平均半径)，则上式可写为

$$\Delta g=\left.\left(-\frac{\partial T}{\partial r}-2\,\frac{T}{r}\right)\right|_{r=r_p}$$

上式就是莫洛金斯基边值问题在球近似情况下的边界条件，其形式和球近似斯托克斯边界条件相同，但物理意义完全不同，解算的方法也要复杂得多。由高程异常概念可定义似大地水准面，即该曲面上每点的大地高为地面对应点的高程异

常。似大地水准面不是重力位等于常数的水准面,该面上扰动位的变化反映地面地形起伏,与局部地形强相关,以此面作高程基准面即正常高,数值上等于正常地球表面的大地高,可用水准精确测定。

莫洛金斯基边值问题的解算已有多种方法(HeisKanen et al,1967,1975;Moritz,1980),也包括基于其核心思想发展起来的布耶哈马方法(李建成 等,2003)。经典方法是莫洛金斯基本人采用的将扰动位 T 看作是地球表面或正常地球表面一个单层质面 Σ 产生的位,即令

$$T=\iint_{\Sigma}\frac{\varphi}{l}\mathrm{d}\Sigma$$

其中 φ 为 Σ 的面密度与引力常数的乘积,l 的意义同前,将上式代入边界条件(2.38),由此得到一个第二类线性积分方程,经适当球近似简化,并引入所谓莫洛金斯基收缩技巧,将原方程转化为一组简单积分方程,经迭加求解,最后将地面扰动位的解表达为以下级数形式:

$$\left.\begin{aligned}
&T=T_0+T_1+T_2+\cdots\\
&T_0=\frac{R}{4\pi}\iint_{\sigma}G_0S(\psi)\mathrm{d}\sigma\\
&T_1=\frac{R}{4\pi}\iint_{\sigma}G_1S(\psi)\mathrm{d}\sigma\\
&T_2=\frac{R}{4\pi}\iint_{\sigma}G_2S(\psi)\mathrm{d}\sigma-\frac{R^2}{2}\iint_{\sigma}\frac{(h-h_p)^2}{l_0^3}\chi_0\mathrm{d}\sigma\\
&\cdots
\end{aligned}\right\}\tag{2.39}$$

以上公式的推导,详见文献(HeisKanen et al,1967,1975;Moritz,1980;李建成 等,2003),式中 $S(\psi)$为斯托克斯函数,$G_i(i=0,1,2,\cdots)$依次按以下各式计算:

$$\left.\begin{aligned}
&G_0=\Delta g\\
&G_1=R^2\iint_{\sigma}\frac{h-h_p}{l_0^3}\chi_0\mathrm{d}\sigma\\
&G_2=R^2\iint_{\sigma}\frac{h-h_p}{l_0^3}\chi_1\mathrm{d}\sigma-\frac{3R}{4}\iint_{\sigma}\frac{(h-h_p)^2}{l_0^3}\chi_0\mathrm{d}\sigma+2\pi\chi_0\mathrm{tg}^2\beta\\
&\cdots
\end{aligned}\right\}\tag{2.40}$$

式(2.39)就是莫洛金斯基球近似下的级数解。这个级数比斯托克斯公式复杂的多,其零阶项就是斯托克斯积分,即把地面看成是球面时的扰动位,而 T_1、T_2、…,都是涉及地形起伏的复杂积分。

上面按莫洛金斯基边值问题的定义求解地面扰动位,给出了 T 的空域积分表达式,式(2.39)适于局部扰动位场的确定。为建立高阶地球重力场模型,在 2.3.1 节已给出扰动位的通解,即式(2.13),在此基于莫洛金斯基边值问题的边值条件,

可解算确定通解中的位系数，从而可得到由地面重力异常数据确定地面及其外部扰动位场的一个特解，即一个全球重力场模型。将式(2.13)代入式(2.38)取球近似的边值条件可得：

$$\Delta g = \frac{GM}{r^2}\sum_{n=2}^{\infty}(n-1)\left(\frac{a}{r}\right)^n\sum_{m=0}^{n}(\bar{C}_{nm}\cos m\lambda + \bar{S}_{nm}\sin m\lambda)\bar{P}_{nm}(\cos\theta) \quad (2.41)$$

上式为由地面重力异常观测值 Δg 求解位系数 $\{\bar{C}_{nm}, \bar{S}_{nm}\}$ 的观测方程，可按通常最小二乘平差法解算，也可根据在 § 2.2 和 § 2.3 中所述球函数的正交性及完全规格化定义，得到位系数的积分表达式：

$$\bar{C}_{nm} = \frac{1}{4\pi\gamma(n-1)}\iint_{\sigma}\Delta g\bar{P}_{nm}(\cos\theta)\cos m\lambda\,\mathrm{d}\sigma \quad (2.42)$$

$$\bar{S}_{nm} = \frac{1}{4\pi\gamma(n-1)}\iint_{\sigma}\Delta g\bar{P}_{nm}(\cos\theta)\sin m\lambda\,\mathrm{d}\sigma \quad (2.43)$$

式(2.41)和式(2.21)以及式(2.42)、式(2.43)和式(2.22)的相应两式，形式上完全相同，但各自采用的边值重力异常 Δg 的定义有很大差别，目前所有高阶重力场模型都是基于莫洛金斯基边值问题。以上积分公式使用上需作离散化数值积分，方法见 § 2.4。

对于上两式中，将要用到地面的混合重力异常，即地面实测重力 g 和似地形表面上相应点的正常重力 γ_N 之差，γ_N 可利用正常椭球外部正常重力公式和地面实测正常高 h 计算得到(Heiskanen et al,1967；郭俊义，1994)。这一椭球外部正常重力公式是关于 h 的级数式，通常应顾及 h 的二次项，过去在米级精度下只考虑一次项，且正常重力的一阶梯度取全球平均值，即 $-0.308\,6$/m。如果计算大地水准面上空间异常的空间改正也采用正常高，则与以下公式：

$$\gamma_N = \gamma_0 - 0.308\,6h_r \quad (2.44)$$

式中，h_r 应该是正常高。则地面的重力异常可由下式计算：

$$\Delta g = g - \gamma_N = g - \gamma_0 + 0.308\,6h_r \quad (2.45)$$

上式与大地水准面上的空间异常在数值和形式上完全一样，但必须注意，这只是一个近似公式，地面上一点在大地水准面上的空间异常和该点在地面的重力异常，不仅概念有别，数值上严格说来也不可能相同。空间归算理论上应采用真实重力梯度和正高，但这两种参数都不可能严格精密确定，即使能确定也与正常重力梯度和正常高不同。

由于目前各个国家和地区都采用各自特定验潮站定义的平均海面作为高程基准，全球有近百个不同的高程基准，其间的位差相应的高程差在 1～2 m 范围。因此，由于全球高程基准不统一，按式(2.45)计算 Δg 最大可产生 0.6 mGal 系统性偏差，这是一个需要考虑的问题。全球重力位模型是在球坐标或在椭球坐标下展开的，边值条件中对等天顶线方向(视为椭球法线方向)的偏导数应变换为地心向径方向的导数，但由于地面实测重力异常向量应归算到椭球法线方向，这两类转换的改正合并加到实测重力异常上，相当于归算到地心径向方向上的重力异常，即重力异常的椭球改正。在边值问题中总是假定扰动位 T 在地球表面外部空间 Ω 内是调和函数，因此在 Ω 中不能存在物质，这就要求在边值问题解算中消除大气对 Δg 的影响，称为大气改正。除此以外，在重力异常的精确确定时，还需要考虑一个延拓改正以及地面高频成分的影响。下面就上述重力异常改正问题作一总结。

1.正常重力改正

利用地面重力数据按莫洛金斯基边值条件求解 T 的位系数，要求全球的重力异常数据 $\Delta g=g-\gamma_N$，其中似地形表面点的正常重力的精密计算公式为

$$\gamma_N=\gamma_0+\left(\frac{\partial\gamma}{\partial h_r}\right)_0 h_r+\frac{1}{2}\left(\frac{\partial^2\gamma}{\partial h_r^2}\right)_0 h_r^2 \tag{2.46}$$

式中，下标“0”表示椭球面上的值；h_r 是由水准测量测定的正常高。理论上要求 h_r 属于一个全球统一高程基准（同一个重力等位面），如上所述，目前尚无全球统一高程基准，只有国家或地区高程基准，因此，应用上式计算 γ 在全球将产生0.3～0.6 mGal的差异。目前不同高程基准之间的位差还是未知的，全球统一高程基准的精确定义还远未确定，这个统一基准在理论上是与全球平均海面最佳密合的重力等位面，即全球统一定义的大地水准面（在海洋上与似大地水准面重合），重力位为 W_0（＝常数）。现在设不同高程基准的对应位值为 $W_0^k(k=1,2,\cdots,n)$，统一全球高程基准在于确定未知量 $\Delta W_0^k=W_0-W_0^k(k=1,2,\cdots,n)$，将其作为重力异常关于位系数的观测方程中的系统误差参数，通过平差理论上可和位系数同时求解。实践上由于全球地面重力异常数据的不完善，目前还难以求得 ΔW_0^k 的可靠解，因此大多数位模型的观测方程都未包括此项，以下给出这一高程基准差参数项的表达式（李建成 等，2003）。

设 h_r 和 $(h_r)_k$ 是分别属于统一高程基准和第 k 个区域高程基准的正常高，有

$$(\gamma_N)_k=\gamma_0+\left(\frac{\partial\gamma}{\partial h_r}\right)_0(h_r)_k+\frac{1}{2}\left(\frac{\partial^2\gamma}{\partial h_r^2}\right)_0(h_r)_k^2 \tag{2.47}$$

和

$$\gamma_N=(\gamma_N)_k+\left[\left(\frac{\partial\gamma}{\partial h_r}\right)_0+\left(\frac{\partial^2\gamma}{\partial h_r^2}\right)_0(h_r)_k\right]\left[h_r-(h_r)_k\right] \tag{2.48}$$

根据正常高的定义有

$$\left[h_r-(h_r)_k\right]=\frac{1}{\gamma_m}(W_0-W_0^k) \tag{2.49}$$

式中，γ_m 为地面重力点沿正常重力线到似大地水准面的正常重力平均值，或似地形面上对应点沿正常重力线到正常椭球面的正常重力平均值，并认为两种 γ_m 相等，用 $\delta\Delta g_{h^1}=\Delta g-\Delta g_k$ 表示将基于局部高程基准测定的重力异常归算到统一高程基准下的重力异常应加的改正，则有

$$\delta\Delta g_{h^1}\approx-\frac{1}{\gamma_m}\left[\left(\frac{\partial\gamma}{\partial h_r}\right)_0+\left(\frac{\partial^2\gamma}{\partial h_r^2}\right)(h_r)_k\right]\Delta W_0^k \tag{2.50}$$

上式可由正常重力公式和正常高的定义用地面观测点的球心距和正常椭球参数计算得到，当 ΔW_0^k 未知，可在利用全球的观测数据组成关于位系数的观测方程中附加项 $\delta\Delta g_{h^1}$，按最小二乘法同时求解位系数和 ΔW_0^k。

式(2.46)中包括了高程的二次项，早期在米级精度要求下，Δg 的计算都略去了这一项，用 $\delta\Delta g_{h^2}$ 表示这一项对 Δg 的改正，则有

$$\delta\Delta g_{h^2}=-3\gamma_0\left(\frac{h_r}{a}\right)^2 \tag{2.51}$$

式中，a 为椭球长半径。经研究，该项误差对 Δg 长波段(2～36 阶)影响的 RMS 为 ±0.12 mGal，对大地水准面的相应影响的 RMS 为 ±0.22 m。因此，在分米级精度要求下应顾及 $\delta\Delta g_{h^2}$ 的改正。

正常重力的计算不仅涉及高程基准，还涉及由正常椭球参数确定的正常重力公式。目前普遍采用 GRS-80 或 WGS-84 国际椭球，当最初计算 Δg 采用的正常重力公式与两种系统不一致时，则应加以改正，以满足全球重力异常数据应属于一个统一的正常重力参考场的要求，这个改正用 $\delta\Delta g_{r0}$ 表示。用 $\delta\Delta g_\gamma$ 表示正常重力改正，包括以上三项改正之和，即

$$\delta\Delta g_\gamma=\delta\Delta g_{h^1}+\delta\Delta g_{h^2}+\delta\Delta g_{r0} \tag{2.52}$$

2. 椭球改正

椭球扁率对大地水准面高和重力异常影响量级为 0.003 N 和 0.003Δg，全球大地水准面和重力异常绝对值分别小于 100 m 和 700 mGal，其影响分别为分米级和毫伽级，且具有系统性长波特点，因此对于构制全球重力场模型，在分米级精度要求下都应顾及椭球改正。考虑到重力异常是确定地球重力场的基本数据，因此对椭球改正的研究主要是推导重力异常的椭球改正对确定位系数影响。

重力异常的椭球改正包括三项，一种是垂线偏差改正 $\delta\Delta g_n$，即地面实测重力异常向量归算到椭球法线方向的改正，另外两种是椭球法向与径向之间夹角影响改正 δg_{e^1} 和 δg_{e^2}，是将等天顶线方向(椭球法线方向)的偏导数转变为地心向径方向导数应加的改正。

图 2.1 表示一个站心直角坐标系 $o\text{-}xyz$，z 轴与椭球法线重合，x 轴指向北，y 轴指向东，各坐标轴的单位向量分别为 $\vec{e}_h$、$\vec{e}_\varphi$ 和 $\vec{e}_\lambda$。图中 $\vec{e}_g$ 为重力方向单位向量，垂线偏差为 u，在子午面和卯酉面的分量分别为 ξ 和 η。则单位向量 $\vec{e}_g$ 在该坐标系可表示为

$$\vec{e}_g=\cos u(\vec{e}_h+\mathrm{tg}\xi\cdot\vec{e}_\varphi+\mathrm{tg}\eta\cdot\vec{e}_\lambda) \tag{2.53}$$

取 $\mathrm{tg}\xi\approx\xi$，$\mathrm{tg}\eta\approx\eta$，设地面点 P 的重力向量为 $\vec{g}_p$，点 P 在似地形表面投影点为 Q，该点正常重力向量为 $\vec{\gamma}_Q$，则有

$$\begin{aligned}\Delta g &= |\vec{g}_p| - |\vec{\gamma}_Q| = \vec{g}_p \cdot \vec{e}_g - |\vec{\gamma}|_Q \\ &= -\left(\frac{\partial W}{\partial h}\vec{e}_h + \frac{\partial W}{M\partial\varphi}\vec{e}_\varphi + \frac{\partial W}{N\cos\varphi\partial\lambda}\vec{e}_\lambda\right)\cdot\vec{e}_g - |\bar{\gamma}_Q| \\ &= -\cos u\left(\frac{\partial W}{\partial h} + \xi\frac{\partial W}{M\partial\varphi} + \eta\frac{\partial W}{N\cos\varphi\partial\lambda}\right) - |\bar{\gamma}_Q|\end{aligned} \tag{2.54}$$

设 $\Delta g'$ 是重力异常向量在椭球外法线方向上的投影分量，则有

$$\Delta g' = (\vec{g}_P - \vec{\gamma}_Q)\cdot\vec{e}_h = \vec{g}_P\cdot\vec{e}_h - |\bar{\gamma}_Q| = -\frac{\partial W}{\partial h} - |\vec{\gamma}_Q| \tag{2.55}$$

若顾及 $\cos u\cdot\xi\approx\xi,\cos u\cdot\eta\approx\eta$，得

$$\begin{aligned}\delta\Delta g_u &= \Delta g - \Delta g' = \left[(1-\cos u)\frac{\partial W}{\partial h} - \xi\frac{\partial W}{M\partial\varphi} - \eta\frac{\partial W}{N\cos\varphi\partial\lambda}\right] \\ &= -\left[3J_2\left(\frac{a}{r}\right)^2 + \frac{\omega^2 r^3}{GM'}\right]\sin\theta\cos\theta\frac{\partial T}{r\partial\theta}\end{aligned} \tag{2.56}$$

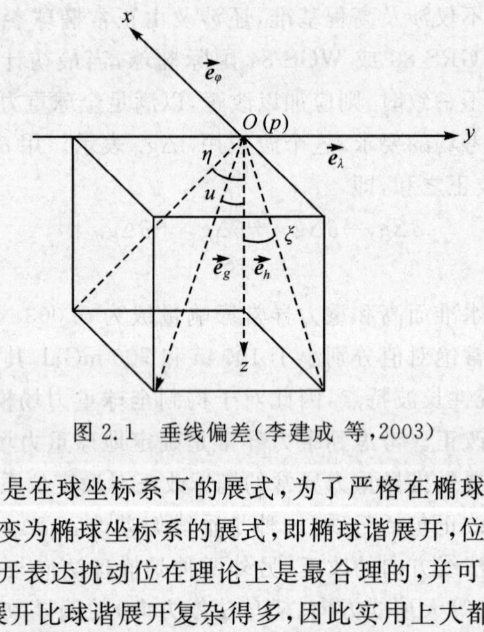

图 2.1　垂线偏差(李建成 等,2003)

由于扰动位 T 是在球坐标系下的展式，为了严格在椭球面上解，可将 T 在球面坐标系的展式转变为椭球坐标系的展式，即椭球谐展开，位系数也要进行相应的转换。用椭球谐展开表达扰动位在理论上是最合理的，并可直接利用 $\Delta g'$ 确定其位系数，但椭球谐展开比球谐展开复杂得多，因此实用上大都采用球谐展开（或将椭球谐系数转换为球谐系数），但要求所得解满足椭球面的边值条件，为此需要将 $\Delta g'$ 进一步归算到球坐标的径向方向上，即地心矢径方向（球坐标系的原点位于地球质心）。这是将椭球面边值条件转换为球面边值条件，而不是球近似，这种转换不会改变外部位，因为假定两种边界面外都没有质量存在，将椭球法线方向的重力异常归算到地心径向方向是一种纯空间归算，并未改变原重力异常场的结构。这一归算所加改正涉及由于椭球扁率产生的大地纬度 B 与地心纬度 Φ 的差异 $\delta = B - \Phi$，是另一种椭球改正，包括 δg_{e_1} 和 δg_{e_2} 两项，它们对大地水准面高的影响，全球可达 0.6 m，RMS 为 ±0.2 m(Rapp, et al, 1986)。省略推导，有

$$-\frac{\partial T}{\partial h}=-\frac{\partial T}{\partial r}+e^2\sin\theta\cos\theta\frac{\partial T}{r\partial\theta} \tag{2.57}$$

则$\frac{\partial T}{\partial h}$($h$为大地高,即椭球法线方向)化为$\frac{\partial T}{\partial r}$($r$为地心向径,即球半径方向)的改正为

$$\delta\Delta g_{e^1}=-e^2\sin\theta\cos\theta\frac{\partial T}{r\partial\theta} \tag{2.58}$$

类似地有

$$\frac{1}{\gamma}\frac{\partial\gamma}{\partial h}=\frac{1}{\gamma}\frac{\partial\gamma}{\partial r}-e^2\sin\theta\cos\theta\frac{\partial\gamma}{\gamma_r\partial\theta} \tag{2.59}$$

由于正常位$U(r,\theta)$的表达式是已知的,可以由此导出$\gamma=-\frac{\partial U}{\partial h}$以及$\frac{\partial\gamma}{\partial r}$和$\frac{\partial\gamma}{\partial\theta}$,详细推导从略(Pavilis,1988),有

$$\frac{1}{\gamma}\frac{\partial\gamma}{\partial h}T=-\frac{2}{r}T+\varepsilon_\gamma \tag{2.60}$$

得到将$\frac{\partial\gamma}{\partial h}$化为$\frac{\partial\gamma}{\partial r}$的改正为

$$\delta\Delta g_{e^2}=\left[6J_2\frac{a^2}{r^3}P_2(\cos\theta)-\frac{3\omega^2r^2}{GM'}\sin^2\theta\right]T \tag{2.61}$$

式中,$J_2\approx\frac{2}{3}f-\frac{1}{3}m$,为二阶带谐系数(动力形状因子);$M'$为正常椭球总质量。

用$\delta\Delta g_e$表示总的椭球改正,则有

$$\delta\Delta g_e=\delta\Delta g_u+\delta\Delta g_{e^1}+\delta\Delta g_{e^2} \tag{2.62}$$

上述三项改正包含T和$\frac{\partial T}{\partial\theta}$,均可利用$T$的球谐展式及其对$\theta$的偏导数表示。椭球改正对于扰动位的确定有两种处理方法:一种是进一步导出由于$\delta\Delta g_e$产生的对位系数的改正项$\delta\bar{C}_{nm}$和$\delta\bar{S}_{nm}$(Rapp,1986);另一种是将$\delta\Delta g_e$数值格网化,形成格网平均值,格网大小与重力异常格网相同,并直接对格网平均异常进行改正(Pavlis,1988)。

3.大气改正

在边值问题中总是假定扰动位T在地球表面外部空间Ω内是调和函数,因此在Ω中不能存在物质,这就要求在边值问题解算中消除大气对Δg的影响,称为大气改正。

由于大气密度相比地壳密度甚小,不足其千分之一,对重力影响很小,因此可以用一个简单的大气模型研究这一问题。假设地球是一个半径为R的圆球,大气是包围地球成对称球层分布的大气圈,总质量设为M_A,并认为同层密度均匀。对于重力观测点P,通过P点的球面与地球之间的大气层为A_1,质量设为$m(r)$,其外的大气层为A_2,质量为$M(r)$。用$\delta\Delta g_a$表示对实测Δg的大气改正,有

$$\delta\Delta g_a=G\frac{M(r)}{r_P^2} \tag{2.63}$$

式中，$r_P=R+H_P$，$r=R+H_P+r'$（r'是变量，$r'\to\infty$），H_P 是 P 点的高程。利用已知的标准大气成层分布模型，通过在区间（r_P,∞）对 A_2 质量的积分可计算出 $M(r)=M(H_P)$，因 R 已知，则 $\delta\Delta g_a$ 只是高程 H_P 的函数，可由上式计算得到。

IAG 1971 年编制了由高程 H 查取 $\delta\Delta g_a$ 的数表（Moritz，1984），计算 $M(r)$ 时采用了 1961 年标准大气模型 CIRA 和美国标准大气模型，并按球层取平均作为采用值。1982 年 Wichiencharoen 对此数表按高程作了二次多项式拟合，结果为

$$\delta\Delta g_a=0.8658-9.727\times10^{-5}H+3.482\times10^{-9}H^2 \tag{2.64}$$

式中，$\delta\Delta g_a$ 的单位为 mGal；H 的单位为 m。上述理论是 Ecker 等（1969）提出的，称 $\delta\Delta g_a$ 为大气的直接重力影响，据此要求在利用重力异常计算全球扰动位时，应对 Δg 事先加 $\delta\Delta g_a$ 的改正。

4.延拓改正

全球重力位模型构制是采用参考椭球面为边界面，式（2.38）中的边界条件是用椭球面法向偏导数表示，但 Δg 仍然是似地形表面上的数据，需要将其形式地向下延拓到参考椭球面上，并保证正逆延拓算子相乘为单位算子，使其向上延拓能恢复地面重力异常观测数据。用 $\delta\Delta g_d$ 表示延拓改正，则向下延拓到椭球面的重力异常 Δg^E 可用下式表示：

$$\Delta g^E=\Delta g+\delta\Delta g_d \tag{2.65}$$

设 h 为地面点相对于椭球面的高程，由泰勒级数展开，

$$\Delta g=\Delta g^E+h\frac{\partial\Delta g^E}{\partial h}+\frac{h^2}{2!}\frac{\partial^2\Delta g^E}{\partial h^2}+\cdots \tag{2.66}$$

忽略高阶项，保留一阶项，可得到近似表达：

$$\Delta g^E=\Delta g+g_1\approx\Delta g-hL_1(\Delta g) \tag{2.67}$$

其中，

$$L_1(\Delta g)=\frac{R^2}{2\pi}\iint_\sigma\frac{\Delta g-\Delta g_P}{l_0^3}\mathrm{d}\sigma \tag{2.68}$$

式中，l_0 是计算点 P 与积分面之间的距离；R 是平均地球半径。假定空间重力异常与高程线性相关（Heiskanen et al，1967，1975），设地球地壳密度是 ρ，则有 $\Delta g=a+bh$，式中 $b=2\pi G\rho$，因此由式（2.67）和式（2.68）可得延拓改正：

$$\delta\Delta g_d=g_1=-G\rho R^2h_P\iint_\sigma\frac{h-h_P}{l_0^3}\mathrm{d}\sigma \tag{2.69}$$

若格网面积较小，可得到平面近似改正公式：

$$\delta\Delta g_d=g_1\approx-G\rho h_P\iint_\tau\frac{h-h_P}{l_0^3}\mathrm{d}x\mathrm{d}y \tag{2.70}$$

综上所述，基于莫洛金斯基边值问题建立扰动位球谐展开模型，理论上对正常椭球有以下基本假设：

(1)椭球中心与地球质心重合,短轴与地球自转轴重合,且旋转角速度 ω 与地球平均自转角速度相等。

(2)椭球的总质量 M 等于地球的总质量(大气也包含在内)。

(3)正常椭球面上的正常位 U_0 等于大地水准面上的重力位 W_0。

第一条假设使一阶球谐项消失,扰动位不包含离心力位,由式(2.41)可以看出,用位系数表示重力异常对 $n=1$ 是拒绝的,即用 Δg 数据不可能解得 C_{10} 和 C_{11} 以及 S_{10} 和 S_{11};第二、三条假设使零阶项消失。因此,按莫洛金斯基方法由式(2.42)和式(2.43)中给定的重力异常数据即可确定全球扰动位系数($n\geqslant 2$),由式(2.52)、式(2.62)、式(2.63)和式(2.69),重力异常 Δg^E 可由地面 P 点重力异常 Δg_p 经过以下各项改正得到:

$$\Delta g^E=\Delta g+\delta\Delta g_\gamma+\delta\Delta g_e+\delta\Delta g_a+\delta\Delta g_d \tag{2.71}$$

§2.4　地球重力位模型的离散化表示

对于重力位模型的解算,不论是基于斯托克斯方法还是莫洛金斯基方法,理论上要求连续分布的重力异常,但实际上不可能得到,只能采用格网平均重力异常或点重力异常。因此,需要对公式(2.42)和式(2.43)中的连续积分转化为离散形式。

对于定义在单位球 $0\leqslant\theta\leqslant\pi$、$0\leqslant\lambda\leqslant 2\pi$ 表面的重力异常也可直接展开成球函数级数:

$$\Delta g(\theta,\lambda)=\sum_{n=0}^{\infty}\sum_{m=0}^{n}(\bar{A}_{nm}\cos m\lambda+\bar{B}_{nm}\sin m\lambda)\bar{P}_{nm}(\cos\theta) \tag{2.72}$$

为简便起见,引入新的参数表示为

$$\Delta g(\theta,\lambda)=\sum_{n=0}^{\infty}\sum_{m=0}^{n}\bar{g}_{nm}^{\alpha}\bar{Y}_{nm}^{\alpha}(\theta,\lambda) \tag{2.73}$$

式中,

$$\bar{g}_{nm}^{\alpha}=\begin{cases}\bar{A}_{nm}\\ \bar{B}_{nm}\end{cases},\bar{Y}_{nm}^{\alpha}(\theta,\lambda)=\begin{cases}\bar{P}_{nm}(\cos\theta)\cos m\lambda\\ \bar{P}_{nm}(\cos\theta)\sin m\lambda\end{cases},\alpha=\begin{cases}0\\ 1\end{cases} \tag{2.74}$$

我们的目的是利用重力观测 $\Delta g(\theta,\lambda)$ 估计重力异常球谐系数 $\bar{g}_{nm}^{\alpha}$。在球面上按等经纬度间隔 $\Delta\theta=\Delta\lambda$ 建立 $2N^2$ 个等角格网,$\Delta\lambda=\pi/N$,对等角格网建立索引,从北到南和从西到东分别为 $0\leqslant i\leqslant N-1$,$0\leqslant j\leqslant 2N-1$,则 $\Delta g(\theta,\lambda)$ 可表示为 Δg_{ij}。如果重力异常是格网内部的一个值表示,称为点重力异常;如果重力异常是格网内的平均值,称为格网平均重力异常。一般情况下,对于点重力异常测量位于格网的中心,所以当 $i=0$ 和 $j=0$,对应的格网中心坐标为($\Delta\theta/2,\Delta\lambda/2$)。规则的格网对称于赤道分布,因此没有格网穿越赤道,N 总是偶数。

对于格网平均重力异常,用上划线表示。由于球函数级数在球域 $0\leqslant\theta\leqslant\pi$、

$0\leqslant\lambda\leqslant2\pi$ 可认为是均匀的、收敛的，因此平均重力异常 $\Delta\bar{g}_{ij}$ 可由式(2.72)逐项展开表示。

$$\begin{aligned}\Delta\bar{g}_{ij} &= \frac{1}{\Delta_{ij}}\sum_{n=0}^{\infty}\sum_{m=0}^{n}\sum_{\alpha=0}^{1}\bar{g}_{nm}^{\alpha}\int_{\sigma_{ij}}\bar{Y}_{nm}^{\alpha}(\theta,\lambda)\mathrm{d}\sigma \\ &= \frac{1}{\Delta_{ij}}\sum_{n=0}^{\infty}\sum_{m=0}^{n}\sum_{\alpha=0}^{1}\int_{\theta_i}^{\theta_i+\Delta\theta}\bar{P}_{nm}(\cos\theta)\sin\theta\mathrm{d}\theta\left(\bar{A}_{nm}\int_{\lambda_j}^{\lambda_j+\Delta\lambda}\cos m\lambda\,\mathrm{d}\lambda+\bar{B}_{nm}\int_{\lambda_j}^{\lambda_j+\Delta\lambda}\sin m\lambda\,\mathrm{d}\lambda\right)\end{aligned} \tag{2.75}$$

式中，$\Delta\bar{g}_{ij}$ 是格网 σ_{ij} 的平均重力异常；格网面积是 $\Delta_{ij}=\Delta\lambda[\cos\theta_i-(\cos\theta_i+\Delta\theta)]$。

利用球谐函数的正交特性：

$$\frac{1}{4\pi}\int_{\sigma}\bar{Y}_{nm}^{\alpha}(\theta,\lambda)\bar{Y}_{kp}^{\beta}(\theta,\lambda)\mathrm{d}\sigma=\begin{cases}1(\alpha=\beta,m=p,n=k)\\0(\text{其他情况})\end{cases} \tag{2.76}$$

所以

$$\bar{g}_{nm}^{\alpha}=\frac{1}{4\pi}\int_{\sigma}\bar{Y}_{nm}^{\alpha}(\theta,\lambda)\Delta g(\theta,\lambda)\mathrm{d}\sigma \tag{2.77}$$

对于等间隔规则格网离散点重力异常，由上式可得点值数值积分离散公式：

$$\bar{g}_{nm}^{\alpha}=\frac{1}{4\pi}\sum_{i=0}^{N-1}\sum_{j=0}^{2N-1}\bar{Y}_{nm}^{\alpha}(\theta_i,\lambda_j)\Delta g_{ij}\Delta_{ij} \tag{2.78}$$

如果数据是格网平均重力异常，则有

$$\bar{g}_{nm}^{\alpha}=\frac{\mu_n}{4\pi}\sum_{i=0}^{N-1}\sum_{j=0}^{2N-1}\Delta\bar{g}_{ij}\int_{\sigma_{ij}}\bar{Y}_{nm}^{\alpha}(\theta,\lambda)\mathrm{d}\sigma \tag{2.79}$$

式中，μ_n 为改进离散误差的平滑因子，

$$\mu_n=\begin{cases}1/\beta_n^2 & 0\leqslant n\leqslant N/3\\1/\beta_n & N/3<n<N\\1 & n>N\end{cases} \tag{2.80}$$

β_n 通常可以由 Pellinen 公式和 Meissl 公式计算，Meissl 公式为

$$\beta_n=\frac{1}{1-\cos\psi_0}\cdot\frac{1}{2n+1}[P_{n-1}(\cos\psi_0)-P_{n+1}(\cos\psi_0)] \tag{2.81}$$

Pellinen 公式为

$$\beta_n=\frac{\cos\psi_0}{2}\frac{P_{nm}(\cos\psi_0)}{n(n+1)} \tag{2.82}$$

式中，ψ_0 是与格网等面积球冠的角半径，且

$$\cos\psi_0=1-(\cos\theta_N-\cos\theta_S)\Delta\lambda/2\pi \tag{2.83}$$

式中，θ_N 和 θ_S 分别为格网上下底的极余纬。

第3章　多源重力数据分析与精化

§3.1　引言

由于全球地表重力测量数据的分布非常有限，一度阻碍了重力场模型的发展。随着卫星观测技术在重力场探测中的应用，使构建准确可靠的全球重力场模型成为可能，并极大地推动了这一研究领域的发展。最早在20世纪60年代，人们利用观测人造卫星轨道对参考（正常）轨道的摄动，根据卫星轨道摄动理论求解引力位展开系数，构建了早期的低阶重力场模型，这一技术至今还在应用和发展；20世纪70年代开始出现利用卫星的星载雷达测定海面大地高的技术，无潮平均静态海面形状起伏是地球重力场和海水平均流动作用的结果，近似于大地水准面起伏（不考虑海面地形影响），可看成是一种重力场观测数据，由于海洋占全球面积71%，卫星测高的高空间采样率，使构建比较准确的中、短波重力场模型成为可能；从20世纪80年代到20世纪90年代，联合地面重力数据和卫星轨道跟踪数据导出的低阶位系数以及卫星测高数据构建高阶重力场模型的研究得到迅速发展，先后推出了多种系列高阶模型，其中OSU91（360阶）和EGM96（360阶）两个模型先后得到了国际上普遍应用，是具有分米级精度的全球重力场模型的代表。卫星轨道跟踪技术和卫星测高技术及地面重力测量是这一代产品的物质技术基础，这两种卫星重力技术对发展重力场模型起到了重大作用，但由于这两种技术本身存在的难以克服的缺陷，要在分米级精度水平上再提高一个水平已很困难。基于这一认识，早在这两种卫星重力技术出现的初期就已经酝酿了另外两种卫星重力技术，即卫星跟踪卫星（SST）和卫星重力梯度测量（SGG），其共同特点是在近于真空的卫星轨道空间直接测定、获取重力场信息，而不是通过地面对卫星轨道的观测或卫星对海洋的观测带遥感性质的间接获取重力场信息。SST和SGG经过近30年的理论和技术预研，进入21世纪，随着CHAMP、GRACE和GOCE重力卫星的成功发射，现在迎来了第三代卫星重力数据，获得近地空间（250～500 km高度）反映重力场精细结构的重力观测，弥补了极地地区和大陆重力观测的空白，短波分辨率可达100 km左右，并可大大改善重力场中、长波分量的精度。

建立重力场模型的方法是对全球重力观测数据（地面重力观测或卫星观测数据推算）进行调和分析，模型的精度除了取决于模型构建理论外，主要受限于构建模型输入数据的精度。现代地面重力测量精度一般可达到±(10～20) μGal，但输入数据通常取等间隔格网平均值，其精度取决于观测点的密度和分布以及内插算法；对于卫星测高数据，需要考虑参考基准和框架的统一，近岸卫星测高数据质量和分布需要进一步改善；对于重力卫星观测，其观测值分布于卫星轨道界面，需要研究重力数据向下延拓的适定性。本章将对上述相关重力测量技术及数据精化问题进行研究。

§3.2 陆地重力测量

野外陆地重力测量是恢复和研究大陆重力场细部结构的基础，但由于各种因素的制约，要获取全球陆地高分辨率重力测量数据，还是一项长期而艰巨的任务。全球陆地表面重力测量的分布，由于受限于各国的自然环境和经济发展水平，具有很大的不均匀性，同时由于种种原因，重力数据的共享与交换目前也存在困难。由于地面重力测量可提供确定重力场精细结构所需的区域和局部重力信息，是精化重力场模型短波段频谱主要信息源，因此陆地重力数据的缺乏和分布不均匀，阻碍了高阶高精度重力位模型的发展进程。

陆地重力测量有两种方式：一种是绝对重力测量；另一种是相对重力测量。

绝对重力测量是用仪器直接测出地面上某点的绝对重力值。地球表面上的绝对重力值在 978～983 Gal 之间；相对重力测量，是用仪器测出地面上两点之间的重力差值。地球表面上的最大重力差约在 5 000 mGal 的量级。进行绝对重力测量，测量仪器复杂、体积大，附属设备多，外界观测条件要求高，观测时间长，而相对重力测量的仪器体积小，携带方便，操作简单，因此在陆地进行重力测量，一般先用绝对重力仪测定几个重力基准点，再以重力基准点为控制点，采用相对重力测量的方法按逐级控制、分级布设的原则测量各等级的重力点。随着电子仪器制造工艺的提高，便携式绝对重力仪现已出现，例如 A-10，但对于个人操作而言，这个仪器仍旧太大。图 3.1 为一些常用的重力仪器。

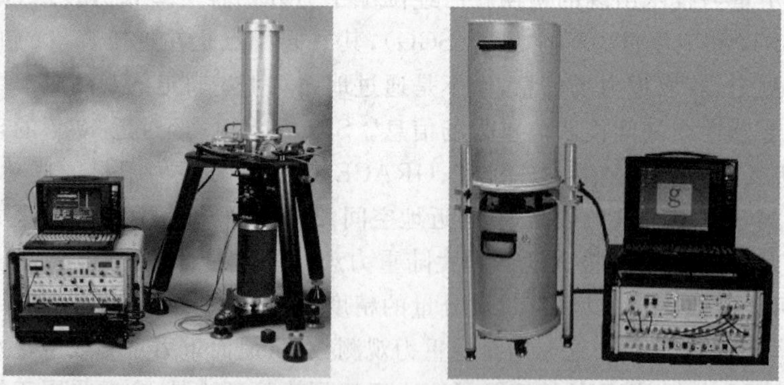

图 3.1 FG-5 绝对重力仪(左)与 A-10 便携式绝对重力仪(右)

与绝对重力测量相比，相对重力测量在常规、动态测量、省时、省力方面要占优势。图 3.2 分别为拉科斯特 LCR 相对重力仪和航空相对重力仪。

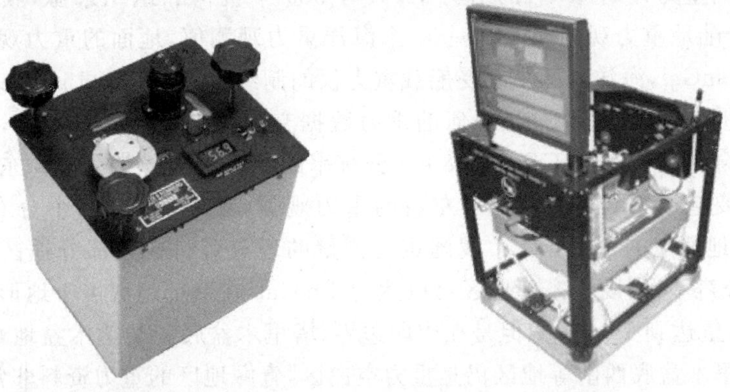

图 3.2　LCR 相对重力仪(左)与航空相对重力仪(右)

20 世纪 60 年代末发展起来的超导重力仪，其原理与弹簧式重力仪等弹性重力仪器基本相同，是利用铌、铝、铅等金属的超导态的特性而研制的重力仪。现今，只有美国 GWR 仪器公司研制并生产 GWR-T 型超导重力仪，如图 3.3 所示。

图 3.3　美国 GWR 超导重力仪

就目前所能了解的情况，地面重力数据的分布极不均匀，文献(Lemoine, et al, 1998)对此作了一些评述，为统一起见，海洋重力观测与航空重力观测也一并给出，但由于其不同于陆地地面的观测方式，本书在后续内容中单独给出各自的相关论述。

北美的重力观测不仅精度高，而且密度大。美国 NIMA 提供的重力数据可以达到 $2'\times2'$ 的分辨率，数据精度在 1～10 mGal，其中相当一部分精度可达 1～3 mGal；加拿大的重力覆盖远远不及美国，主要在北部的偏远地区有空白区；墨西哥重力覆盖也是比较稀疏，数据密度最高区域位于德克萨斯的边界位置，墨西哥南部存在大量重力空白区。

南美的重力数据由于许多机构多年的努力，可以提供 350 000 个左右的高精度陆地重力观测和 481 000 海洋重力测量，这些数据来自于大学、石油公司及一些外国机构，其中陆地布格重力异常的精度在 1～8 mGal 之间，海洋自由空间重力异常的精度达 5～15 mGal。在欧洲地区，重力异常数据无论是数量还是质量都是优秀的，从 220 多个独立的重力测量机构，可以收集超过 710 000 点的重力观测，数据观测时间最早可追溯到 1951 年。

在非洲重力计划 AGP 的努力下，共有 389 个机构和组织来源，收集了大约 770 000 个陆地重力观测和 1 600 000 个海洋重力观测值，地面的重力观测数据精度在 1～5 mGal，海洋船测结果受船载重力仪的制约，精度在 3～15 mGal。

在亚洲地区，苏联不参与任何的重力数据交换计划，直到 1995 年，NIMA 才通过国际合作项目 NCAGP 得到 8 km 分辨率的布格重力异常分布。东南亚的重力数据主要包括大约 675 000 个左右的重力观测，其中 500 000 个分布于海洋，175 000是地面点的重力异常。我国重力测量的现有资料在大部分地区可以达到 $5'\times5'$的分辨率，精度在东部地区可以达到 4 mGal，在西部地区由于地形复杂等原因，精度可望达到 19 mGal，但是在中印边界、塔里木盆底和柴达木盆地之间、新疆北部和塔里木盆底西南等地区仍是重力空白区，青藏地区的重力资料非常稀疏。

澳大利亚的重力数据集提供了重力观测值、高程值和自由空间重力异常，这些结果包括 383 个陆地数据来源和 2 个海洋数据来源，大约有 670 000 个独立观测。

格陵兰岛在 1991 年前是北半球最大的重力空白区，自格陵兰航空地球物理计划 GAP 执行以来，格陵兰岛的重力观测数据不断积累增加，包括大约 31 000 个的航空重力数据值(30 s 的采样间隔)和 36 000 个地面重力观测，航空重力数据的 RMS 为 7.63 mGal。

对于地面测量的重力观测数据，在经过一些仪器改正的预处理之后，需要进一步的计算和精化处理，最终得到所需要的格网平均重力异常。这里包括两个步骤：一是利用重力观测计算离散点的重力异常；二是基于离散点的重力异常计算得到平均重力异常。

对于离散点的重力异常确定，首先需要将地面的重力观测值统一到同一个重力基准，引入所选参考椭球的参数，计算参考椭球表面的正常重力。这里测站的正常高通常由正高代替，同时考虑大气改正等，由 § 2.3 的公式即可确定重力异常点值分布。

利用上述的重力异常计算格网平均重力异常，通常利用最小二乘配置法，基本的公式如下：

$$\Delta\bar{g}=C_{\Delta\bar{g}\Delta g}\cdot(C_{\Delta g\Delta g}+C_n)^{-1}\cdot L+RES(mean) \tag{3.1}$$

式中，$\Delta\bar{g}$ 为平均重力异常；$C_{\Delta\bar{g}\Delta g}=\dfrac{1}{ab}\iint C\sqrt{(x-x_i)^2+(y-y_i)^2}\,\mathrm{d}x\mathrm{d}y$；$C_{\Delta g\Delta g}=\dfrac{1}{a^2b^2}\iiiint C(\sqrt{(x-x_i)^2+(y-y_i)^2})\,\mathrm{d}x\mathrm{d}y\mathrm{d}x'\mathrm{d}y'$；$C_n$ 为点重力异常的噪声协方差矩阵；$L=\Delta g-\Delta g(SH)-\Delta g_{\mathrm{RTM}}-\Delta g(mean)$，$\Delta g$ 为点重力异常，$\Delta g(SH)$ 为球谐模型重力异常，Δg_{RTM} 为重力异常的残差地形模型 RTM(residual topgraphy model) 影响，$\Delta g(mean)$ 为计算区域点重力异常的归算平均值；$RES(mean) = \Delta\bar{g}(SH) + \Delta\bar{g}_{\mathrm{RTM}} + \Delta g(mean)$（上划线表示对应量的平均值）。

利用式(3.1)即可由离散点重力异常基于最小二乘配置得到平均重力异常。平均重力异常和所有的点重力异常的协方差由 $C_{\Delta\bar{g}\Delta g}$ 确定，式中的(x_i, y_i)是边界长度为 a、b 的区域内重力异常点的坐标，更多详细的推导见文献（Heiskanen et al, 1967）。

§3.3　海洋重力测量

全球海洋面积约占地球表面积的 70.8%，海洋重力测量是地球重力场研究的重要组成部分，具有和陆地重力测量学研究相同的研究目的和作用。海洋重力测量是在陆地重力测量基础上发展起来的，因此陆地重力测量的很多手段和方法可应用于海洋重力测量。相比于陆地重力测量，海洋重力测量最大的不同在于安置重力测量仪器的基础不像陆地重力测量那样是稳固的，而是运动的，因此海洋重力测量在消除各种外界因素（温度、气压、仪器等）的影响之后，还需要考虑测量由于运动带来的扰动，这些扰动的影响不仅大大超过重力测量的观测误差，其数值本身也很大，达到几十伽，必须要求在重力观测中予以消除。

海洋重力测量经过几十年的发展，已经取得了相当大的进步，新型的观测仪器和定位手段已经使当今的海洋重力测量精度提高到了±(1～2) mGal，甚至更高的水平。但是我们也看到，海洋重力测量的精度即使是当今的最高水平也难于与陆地重力测量相媲美，与测量环境和定位过程相关的某些不确定因素仍然制约着海洋重力测量工作的进展。

海洋重力测量通常包括两种途径。第一种是前面提到的海底重力测量。首先将仪器沉入海底，利用遥控装置在海面上进行观测，测量工作方式与陆地相同。水下重力仪主要由重力仪、升降装置、船载遥控与显示系统、连接电缆等部分组成。海底重力仪需满足以下要求：

(1)有防压和防水的外箱。

(2)有用来固定位置的宽大底座（提高稳定性）。

(3)通过遥控实现锁紧、松开和置平。

(4)具有遥控传感器系统、读数系统和存储系统。

(5)具有强阻尼和在某些情况下对由于水流运动而增大的海底振动进行补偿的附加装置。

当重力仪在海底固定以后，通过遥控设备可进行与陆地操作相似的测量。海底重力测量的精度与海洋和海底状态有关。在通常条件下，如果能有效地控制零点漂移（通过联测到港口上的测站来控制），则可取得±(0.02～0.2) mGal 的精度。海底重力测量的施测速度视海水深度(不大于200 m)和点间距(几百米到几公里)而定,一般每天能测10～20个点。海底重力测量由于安置仪器的基础是稳固的,所以几乎不受海上各种特殊因素的影响。但是,这种方法要求解决遥控、遥测以及自动置平等一系列复杂技术难题,而且观测工作既费时又烦琐,且只能在浅海地区作业,因此已逐渐被淘汰。

第二种方法是船载重力测量,是将仪器安置在海面行驶的船上或潜水艇里,沿测量剖面获取高密度连续的重力观测值。这种方法使用的仪器简单,测量快速、便捷,但为了消除环境扰动的影响,必须附加一些特殊的设备。虽然仪器放在潜水艇里比海面的船上受到的干扰小,但是由于其定位观测等不如后者方便,所以目前海面重力测量得到较大和快速发展。

在海面重力测量中,由于仪器安置在运动载体上,受到的扰动影响主要包括6个方面:

(1)水平加速度影响。

(2)垂直加速度影响。

(3)周期性水平加速度影响。

(4)周期性垂直加速度影响。

(5)旋转影响。

(6)厄特弗斯效应影响。

以下简单分析上述4种主要扰动加速度:

1.水平加速度影响

测量船在工作时,由于波浪等因素的影响,使重力仪受到水平方向上加速度的干扰。针对这种情况,重力仪在设计时一般都采取了稳定水平位置的措施,使仪器中感应重力的部件只能在垂直方向移动而不能在水平方向移动。这样,仪器本身对水平加速度的直接影响不敏感,因此在实施海洋重力测量时可不考虑该项影响。但由于目前重力仪一般安装在陀螺平台稳定系统上工作,水平加速度通过稳定系统作用在重力仪上的间接影响则必须考虑。

海洋重力仪之所以要安装在陀螺平台系统上,是因为要排除重力仪倾斜的影响。在陆地上测量重力时必须先置平重力仪,这样才能测出测点重力方向的重力值。同样,在海洋上测量重力值也必须使重力仪的垂线与当地的重力方向一致。但在海洋中航行的测量船无法满足这一要求,船在风浪中不停地摆动,导致重力仪不断地向各个方向倾斜,使重力测定失效,必须借助于各类稳定系统才能保证重力仪水平。

2.垂直加速度影响

海洋重力测量是测量海面某一点的重力加速度。一般情况下,海面重力加速度的变化很小,通常在几十毫伽范围内变化。测量船受到波浪影响而在垂直方向上所产生的干扰加速度却比所要测的实际重力加速度变化大得多。海洋中平静海况时波浪产生垂直加速度在 15 Gal 左右，恶劣海况时可高达 80 Gal，而在特别恶劣海况时可高达 200 Gal，况且这种附加的垂直加速度符号有正有负，重力仪本身无法分离测点的实际重力加速度和附加的垂直加速度。

由于波浪等因素引起的垂直加速度频率非常高，因此海洋重力仪总是使用强阻尼的方法来抑制垂直方向干扰加速度的影响。一般采用磁场、空气、粘滞性液体等物理方式，将重力仪传感器置于强阻尼中。实测时的海况越恶劣，对它施加的阻尼越大，这样就使得重力仪传感器对频率高的干扰加速度不敏感，而只感应频率低的重力加速度变化。由于强阻尼的原因，重力仪所反映出的重力变化会有一个滞后的过程，因此，海洋重力仪测得的重力值并非测定时刻测量船所在位置的重力值，这种滞后效应可通过根据海况选择确定滞后时间常数（一般为 3～5 min）加以顾及。

另外，对于波浪影响产生的周期性的垂直加速度，还可以通过对连续的重力观测值在一定周期的时段内取平均，以及设计出各种数字滤波器来进一步消除。这些计算均由重力仪自身所带电子计算机来完成。

3. 交叉耦合效应影响

当测量船受到的水平加速度和垂直加速度出现频率相同而相位不同时，安装在稳定平台上的摆杆式（旋转型）重力仪将产生交叉耦合效应（简称 CC 效应）。

交叉耦合效应所产生的误差在一个波浪周期内不能被消除。摆杆式海洋重力仪通常配备专用的 CC 改正计算机，在稳定平台或重力仪外壳上装有水平加速度计，实时测量出水平加速度并由计算机即时计算合成为交叉耦合加速度，直接对重力仪读数进行 CC 改正，不需要另行计算。

水平加速度、垂直加速度、交叉耦合效应三者的影响都是靠仪器本身的计算或增加附加装置来消除或削弱的，不需另作后处理改正。除此以外，还有一项影响无法通过采用上述方法来消除，而必须在处理重力资料时加以计算，这就是厄特弗斯改正。该项改正值的计算精度是影响海洋重力测量资料精度的最主要因素。

4. 厄特弗斯效应影响

当测量船在同一条东西向的测线上测量重力时，由东向西航行时所测得的重力值总是大于由西向东所测得的重力值，这是由于众所周知的科里奥利力（科氏力）附加作用于重力仪造成的。测量船向东航行时的速度加在地球自转速度上使离心力增大，于是所测重力比实际重力小；测量船向西航行时情况则相反，所测重力比实际重力大。测量船在自转的地球表面上航行，科氏力对于安装在测量船上的重力仪所施加的影响就称为厄特弗斯效应。

以上讨论了客观存在的各种因素对海洋重力测量的影响。除此以外，测量时的操船技术也对测量成果有较大的影响。实施海洋重力测量时应尽量使测量船保持匀速直线航行，当发现实际航线偏离计划航线时，只能作缓慢修正，否则会造成航向航速不稳，导致资料整理时出现困难。海况较差时最好使用人工舵认真操纵，避免自动舵受风浪影响产生较大的航向变化，这对于没有转弯补偿装置的摆杆型重力仪来说尤为重要。

对于这些扰动影响，通常按照扰动加速度的性质、重力仪的结构、运载体的大小以及海洋或大气的情况，在海洋重力仪中采取一些措施或增加一些设备来消除或改正各种扰动加速度的影响，并采用自动记录。与此同时，精密的导航定位设备，测定船只的位置、航向和航速是必不可少的。使用现有的海洋重力仪系统，在良好的导航条件(GPS或综合导航系统)下，海洋重力测量可获得 1～2 km 的重力场分辨率，观测精度一般为±(1～2) mGal，最好的情况可达±0.5 mGal。

海洋重力测量除了受上述几种扰动加速度和效应的影响以外，和陆地重力测量比较，还有以下几方面的差异：

(1)陆地重力测量是测点形式的静态低采样率离散点测量，可按需要布设测点以期达到均匀布点的要求。海洋重力测量是以测线形式的动态高采样率测量，在测线与测线之间无测点，不可能满足均匀布点的要求。

(2)陆地重力测量可以在测点上建立固定的标志，在 GPS 定位出现以前重力点的位置测量和重力测量一般分别施测。海洋重力测量无法在每个测点上建立固定的标志，所以重力测量与测点定位必须同步进行。

(3)陆地重力测量可以根据需要在同一测点上进行任意多次多余观测，测量误差仅仅是单一的重力观测误差，不包含其他误差；在平差时，可以根据多余观测来求得重力网中各个测点的最或然值，并估算出各点的精度。海洋重力测量无法在同一测点上进行第二次观测，只有在主副测线的相交处才产生一次多余观测，而且由于定位误差的影响，理论上的测线交点并不在实地重合，所以交叉点的不符值中除包含重力测量误差以外，还包含由于定位误差引起的重力不符值，而且往往后者大于前者；目前使用的海洋重力仪本身的测量精度约为 1 mGal，而在近海进行海洋重力测量时，交叉点重力不符值的中误差可达±3 mGal，远洋测量时可达±5 mGal；当使用高精度的差分 GPS 系统进行定位时，交点不符值将明显减小。此外，海洋重力测量只能根据测线交叉点不符值来估算整个测网的精度，而不能较精确地确定每个测点的精度。

海洋重力测量数据的应用也涉及重力归算问题，一般性归算包括两项改正：

1.海深改正

对于在海水面上的重力观测值，如果需要考虑海水质量对观测结果的影响，则要在这个重力值中加上另一个改正数，此改正数等于厚度为海面观测点的海水深度 H，密度为地壳平均密度和海水密度之差的一个无限平面厚层质量的引力影响，可按层间改正公式计算。

$$\delta g_H = +0.068H \tag{3.2}$$

2.深度改正

若重力值是在潜水艇里观测得到，则必须将此重力观测值归算到海水面上。这里的改正包括两部分：第一部分是潜艇距离水面有一定深度引起的空间重力变化，可用空间改正公式计算得到；第二部分是由于海水质量的引力对重力观测的影响。当观测点位于潜艇上时，由于观测点以上的海水层质量的引力使其观测的重力值变小，当观测点上移至海水面时，海水层质量又在观测点下方，它使得海水面的重力观测结果增大，因此第二部分的改正是海水层质体引力的2倍，此改正采用层间改正公式计算。综合上面两项改正得到对于深度为h的潜艇重力观测值的深度改正为

$$\delta g_h = -0.1726h \tag{3.3}$$

海洋重力数据的采集主要依靠远洋航船、有海洋采油的大型石油公司和一些潜艇的重力测量。在近海岸地区，一些大学和科研机构也进行过较大规模的测量工作。

为了提高海洋重力测量成果的质量，多年来世界各国海洋重力测量工作者曾就海洋重力观测数据处理展开了大量的研究工作。Strang van Hees(1983)在处理北海地区的海洋重力观测资料时，最早提出应用最小二乘配置法进行交叉点平差。Prince(1984)提出将测量航迹线分为若干个直线段，并通过测线交叉点平差方法计算各个线段的系统差改正数。Wessel 等(1988)在全面分析和评价全球海洋重力测量数据精度的基础上，提出利用交叉点不符值信息推算不同航次的零点飘移改正数。为了编制日本周边地区的海洋重力异常图，Adiaout 等(1997)收集并整理了该地区多年的海洋重力测量资料，在资料处理过程中，作者使用了所谓加约束条件的交叉点平差方法，来计算零点飘移和偏差改正数。国内黄谟涛等(1995)从分析引起交叉点不符值的物理和几何因素出发，提出了同时顾及重力测点误差直接影响和间接影响的联合平差方案。黄谟涛等(1999)在更广泛的意义上进一步讨论了海洋重力测量中的交叉点平差问题，提出了自检校测线网平差方法。

§3.4　航空重力测量

除了传统陆地和海洋的近地重力观测外，对于一些交通无法到达人迹罕至的地区，例如冰川、沙漠内部、原始森林和南北极地区，进行重力测量的另一手段就是航空重力测量。航空重力测量和海洋重力测量甚为相似，由于重力仪器安置在飞机上，安置的底座受到各种扰动加速度的影响要远远大于海洋船测，这导致一方面消除这些扰动加速度的难度加大，另一方面使得航空重力测量的精度也受到限制。

航空重力测量始于20世纪50年代末期，受船载重力测量的启发，将海上重力

仪固定在固定翼飞行器上，在此阶段航空重力测量所搭载的仪器设备还有摄影测量照相机和多普勒定位雷达，以及用于测量高度变化的沸点测高器。由于在控制飞行的稳定性和精确测定飞行器的垂直运动等方面受到限制，获得的精度量级仅为 10^{-4} m/s^{-2}。

20 世纪 60 年代，美国军方采用直升机和 Lacoste & Romberg 重力仪做了大量实验，飞行器仍然采用摄影测量和多普勒定位，但是垂直加速度采用了多普勒雷达和激光测高，精度有所提高。此时航空重力测量逐步让人意识到它的商业价值，特别是石油和工业界，已经开始资助相关实验。

20 世纪 70 年代航空重力测量转入商业实验，仪器设备有了进一步的提高，定位摒弃了摄影测量方法并尝试使用雷达跟踪，垂直加速度的测定尝试使用气压测高计。虽然精度并没有本质上的提高，但是在石油和采矿工业等领域的应用还是证明了航空重力测量应用于勘探的可行性，并于 20 世纪 80 年代初用于勘察活动。

由于没有测定飞机垂直扰动加速度优于 10^{-4} m/s^{-2} 的导航技术，20 世纪 80 年代航空重力测量在精度上依然没有能够提高，但是在仪器上还是有很大改进，定位上开始采用 GPS，垂直加速度的改正除了采用传统的激光测高仪和气压测高仪，还使用了雷达测高仪。

随着 20 世纪 80 年代末期高精度的差分 GPS 技术的发展，使得以毫伽精度分离传感器的重力加速度和非重力加速度成为可能，于是航空重力测量在 20 世纪 90 年代初就焕发了新的活力。在 1990 年左右，德国慕尼黑国防军工大学、美国 Carson 公司、美国海军科学研究所（NRL）和美国哥伦比亚大学分别基于厘米级 DGPS 动态定位技术，进行的航空重力测量实验使重力异常达到了 1～3 mGal 的精度和 5～20 km 的空间分辨率，几乎可以满足石油勘探的精度要求。

我国航空重力测量起步很晚，在 20 世纪 80 年代末才开始研究。1988 年，中国科学院测地所采用国产第三代重力仪 CHZ，成功地在直升机上进行了首次空中悬停重力测量试验，测得的重力平均值经归算后与地面重力值的偏差为 −0.4 mGal，中误差为 ±2.3 mGal，但未能投入使用。

2002 年 11 月，由总参西安测绘研究所等单位研制的我国首台航空重力测量系统 CHAGS 通过鉴定。该系统由 LCR 航空重力仪、GPS 接收机、高度传感器、姿态传感器、数据采集等部件组成。系统于 2002 年 2 月首次在汉中进行测试，由于该地区没有高精度的地面重力测量数据，因此没有进行外部精度评估，内部符合精度为 5 mGal。2002 年 3～4 月在山西大同地区进行了 3 次飞行试验，测定山区平均重力异常的内符合精度为 3.2 mGal，分辨率为 10 km，外部精度优于 5 mGal。在 2003 年 11 月采用国产某新型航测机又在哈尔滨进行了试验，试验结果表明，交叉点重力异常不符值的标准差为 1.9 mCal，相应的半波长分辨率约为 9 km。

该系统只能基本满足用于确定局部大地水准面的要求，还不能应用于地质调查、资源勘探等，因为石油勘探需要波长分辨率为 1～10 km，精度优于 1 mGal 的重力数据。

从 20 世纪 90 年代开始航空重力测量进入了朝气蓬勃的发展，逐步实现了所预言的“机翼上的大地水准面”，航空重力测量理论、方法和应用的研究相当活跃，已成为地球重力场研究中最为热门的领域之一。

按照航空重力测量的发展和技术实现的难易程度，航空重力测量可以分为航空标量重力测量、航空矢量重力测量和航空重力梯度测量。

航空标量重力测量只需要测量重力扰动矢量垂直分量的大小，是目前通常采用的方法。其基本原理是利用航空标量重力测量测得的广大地区的重力异常数据，按维宁-曼尼兹积分变换法计算垂线偏差，也可以得到重力扰动的水平分量。其缺点在于维宁-曼尼兹公式理论上要求全球重力覆盖，但是易于实现。目前航空标量重力测量已经进入实用阶段，通常航空重力测量指的就是标量重力测量。

航空矢量重力测量是直接利用观测仪器同时获取重力扰动矢量的 3 个分量，与标量重力测量相比，其对稳定平台的姿态保持精度提出了更高的要求，技术难度更大。

航空重力梯度测量，是指用机载重力梯度仪测定异常位的二阶梯度，或导出异常重力矢量，或给出异常重力场的空间表达。重力梯度测量比前两种方法可提供更多高频重力信息，但技术难度大。下面分别介绍这 3 种航空重力测量方法的研究进展。

1. 航空标量重力测量

航空标量重力测量目前广泛使用的重力仪是美国的 LCR 重力仪、Bell 重力仪和德国的 KSS-31 重力仪。美国 LaCoste & Romberg 公司经过 9 年的精心设计，于 2001 年推出了新一代动态重力仪——航空/海洋重力仪Ⅱ(air-sea gravity system Ⅱ TM)，重力仪代表了当今世界海空重力仪的最高水平。其实验室静态重复性达到 0.05 mGal，动态重复性达到 0.25 mGal，漂移率小于 3 mGal。此时，平台稳定性已经成为航空重力测量系统的精度和分辨率进一步提高的主要障碍。

在稳定平台方面，20 世纪 90 年代后期除了传统的双轴阻尼平台，又出现了基于三轴平台惯导系统也称舒勒调谐平台(gimbaled inertial navigation system，GINS)、捷联惯导系统(strapdown inertial navigation system，SINS)以及三轴加速度计的测量技术。三轴平台惯导系统主要由俄罗斯莫斯科重力测量技术公司和加拿大 Sander 公司研究开发，它们分别研制的具有代表性的 AIRGrav 和 GT-1A 系统的精度均达到优于 2 km 的分辨率和 1 mGal 的重力异常，达到了商业实用水平，投入了石油、天然气等资源的勘探生产，与传统的二轴阻尼平台相比，主要优点是姿态更加稳定，受水平加速度的影响更小。捷联惯导系统也可用于航空矢量重力测量，而三轴加速度计用于梯度测量。

2.航空矢量重力测量

航空矢量重力测量系统是将惯性导航系统(INS)取代重力仪,由于惯性导航系统精确定位的潜力受到异常重力场的限制,反过来看,如果准确知道运动学位置或速度且系统的误差很小,则可从 INS 恢复三维异常重力场。测量矢量重力的主要困难来自陀螺仪的误差,陀螺仪提供系统在惯性空间内的定向信息,定向的要求苛刻,因为 1″的水平误差可产生 5 mGal 的重力误差。

稳定平台是捷联惯导系统,该系统是将稳定平台固定在飞机机体上,形成捷联式惯性导航系统(SINS),再将其与 GPS 结合。采用该技术进行矢量测量的两个代表分别是加拿大的 Calgary 大学和德国 GFZ,其中 Calgary 大学的 SINS/DGPS 系统的测量精度为 1.2～2.5 mGal,分辨率为 2.0～1.4 km,GFZ 的 SAGS/GPS 系统兼有标量和矢量测量功能。

3.航空重力梯度测量

重力梯度仪 GGI 的核心部件是一个加速度计组合装置,4 个加速度计等间距地安放在一个圆盘的边缘上,加速度计的敏感轴与圆周相切,圆盘绕垂直轴旋转,4 个加速度计分成两对,各在一条直径上,加速度计对安装、定向要精确,灵敏度和频率响应要匹配。它们感受运动平台的加速度大小相等、方向相反,因而互相抵消。该加速度计组合装置可以输出两个梯度张量元素,全梯度张量包含 5 个独立的张量元素,因此其他的张量元素需要借助其他方法得到。进而研制了三轴加速度计,即采用 3 个上述 GGI 对称的安置,由此可测得到全部 9 个张量元素。

美国 Lockheed Martin 公司(原 Bell Geospace 公司)在 1975 年至 1990 年十几年的时间里研制成 GGI 并应用于潜艇导航和石油普查。澳大利亚引进该技术后做了近十年的研发,推出新的航空重力梯度仪 FALCON,1999 年至 2004 年间共生产了 4 台 FALCON。2002 年 Lockheed Martin 公司从军方得到用于潜艇导航的全张量梯度测量技术,经改造后研制成航空和船载均可使用的 Air-FTG。

4.其他重力梯度仪

加拿大 Gedex 公司和英国 ARKeX 公司,根据低温超导原理分别设计了精度更高、频段更宽的重力梯度仪,在 2005 年计划用一两年的时间进行实验,目前尚无实验结果相关资料。

此外,美、俄等国的科学家仍在致力于探索其他先进重力测量方案,其中利用原子干涉现象测量重力的方案特别引人注意。诺贝尔物理学奖获得者、美籍华裔物理学家朱棣文,利用原子喷泉构成的原子干涉仪来测量重力 g,可分辨 0.1 μGal 的重力变化,美国科学家正试图使该技术小型化。

航空重力测量数据处理主要研究滤波技术和向下延拓算法。航空重力测量数据滤波处理一般采用数字滤波器,由于小波变换的出现和应用,用连续小波函数可以代替数字滤波器进行滤波处理,实验结果表明(柳林涛 等,2004),用小波滤波器进行航空重力测量的滤波处理是可行而有效的。相对于传统的数字滤波器，连续小波函数滤波器的优点体现在：易于构造，滤波尺度易于调整，便于不同滤波器滤波结果的尺度匹配，而且可适用于任何采样率的观测数据。孙中苗等(2004)指出采用FIR低通滤波是最合适的方法，同时讨论了低通滤波参数的选择问题。国外提出了利用自适应滤波估算重力扰动，但这种方法尚未被推广。在航空重力数据的处理过程中，航空重力数据的向下延拓非常重要。国内学者(王兴涛 等，2005)指出的各种向下延拓方法中，正则化算法的精度最好。与最小二乘法相比，正则化算法的精度提高了近一倍，说明在解算病态方程时，引入正则化参数可有效地抑制观测误差对延拓结果的影响。但是，由于正则化法的计算结果是有偏估计，如果正则化参数选择不当，可能引起较大的系统偏差。此外，由于正则化算法对观测噪声和信号的高频分量均有抑制作用，在向下延拓中应当充分考虑地形的影响，以提高向下延拓结果的精度。

航空重力观测属于动态测量技术，观测的结果不是某一瞬间的重力观测值，只能得到一段时间内的平均值。在取平均的观测时段时间内，飞机飞过的距离较长，若在长距离中取重力平均值，则有较多短波信号被平滑，因此在航空重力仪中通常采用一种快速读数方法解决此问题。对于飞行中的重力仪，所受扰动加速度与海洋重力测量相似，区别在于扰动量级较后者更大。由于飞机的航速较大，因此厄特弗斯效应要比海洋上大得多，有几千毫伽的量级。为了精确地求得厄特弗斯效应改正，精密的导航定位设备是必需的。

对于航测重力结果，虽然经过了仪器改正、厄特弗斯改正等，在形成用户数据产品之前，仍需要作某些后续归算，例如归算到海水面上。归算方法是先求得航线的平均高度 H，然后利用空间改正公式对重力观测进行改正，得到海水面上的重力观测值。

$$g_0 = g + 0.3086H \tag{3.4}$$

需要注意的是，用上式求得的重力值并不等于航空重力点在海水面投影点上的重力值，而是代表航空重力点下某一面积内的重力平均值。

对于航空标量重力测量，通过采用不同的方法测出传感器的加速度和载体运动的加速度，对两者之差做一些改正后即可得到重力异常。在飞机起飞前，首先利用陆地重力仪将已知重力点的重力值联测到机场的重力基准点上，并以此作为基准重力加速度值，然后依据航空重力测量系统测得的重力差推算空中点的重力加速度值。航空标量重力测量实用数学模型：

$$\Delta g_H = g_b + \delta_g^* - A_v - A_E + A_f - A_T - \gamma_0 \tag{3.5}$$

式中，Δg_H 为高程 H 处的空间点的重力异常；g_b 为地面重力基准点的重力值；δ_g^* 为机载重力仪实测的相对于 g_b 的重力变化；A_v 为飞机垂直扰动加速度改正；A_E 为厄特弗斯改正；A_f 为空间改正；A_T 为平台非水平加速度改正；γ_0 为观测点在参考椭球面上的正常重力值。

航空重力测量解决了许多重力空白区的填充问题，最为成功的经验是1991年至1992年的格陵兰航空地球物理项目中的航空重力测量。这次测量任务的实施飞行高度是4.1 km，地面的空间分辨率大约15～20 km，交叉点的精度RMS在1991年测量是4.6 mGal，1992年达到了3.4 mGal。利用两台不同的重力仪器(Lacoste & Romberg的S系统和Bell BGM系列)测量得到超过200 000 km的数据。

如果想利用航空重力观测获得更高精度的重力测量结果，则对飞机的飞行要求很高。例如：更长的航线，飞行保持一条直线，更低的飞行高度，更低的飞行速度，更少的湍流、紊流影响，同时要求飞行航线间距更接近于测量系统的分辨率。由于动态GPS测量是现代航空重力测量的关键性技术，因此对于GPS卫星信号的覆盖面要求较高。对于航空重力异常数据的向下延拓处理，目前认为最佳方法是最小二乘配置法，因为该方法可以得到航空重力和地面重力测量数据融合的最优估计。

§3.5 卫星重力观测

随着新一代卫星重力探测计划(CHAMP、GRACE和GOCE任务)的成功实现，标志着地球重力场测量技术发展的一个新里程碑。

卫星重力探测技术几乎与人造卫星技术同时出现于20世纪50年代末60年代初，最早采用天文光学经纬仪摄影交会的方法跟踪测量卫星的轨道摄动，20世纪70年代开始发展起来的地面站对卫星的激光测距(SLR)跟踪很快取代了普通光学观测，由轨道摄动观测量反算扰动重力场参数，建立了早期低阶(＜24阶)全球重力场模型系列，满足了当时人造卫星定轨和建立全球地心大地坐标系的迫切需求，这一时期的卫星重力模型用于确定全球大地水准面的精度为米级水平。

20世纪70年代末开始出现卫星对海面的雷达测高技术，发展到今天，测高精度由最初的米级提高到厘米级，将平均海面近似看成大地水准面，由此确定海洋重力场，分辨率可高达5～10 km。同时，SLR的测距精度也达到了厘米级，这一时期(到20世纪末)联合SLR、卫星测高和地面重力数据，先后建立了180阶和360阶(相当于50 km分辨率)高阶重力场模型系列，其中公认精度最高的模型是EGM 96，相应大地水准面的精度为分米级或亚米级，重力异常的精度为几毫伽量级。由于这一代技术本身固有的局限性，已接近其精度潜力的极限。这一代卫星重力技术提供的重力场模型已在多个涉及静态重力场信息需求的相关地学领域得到相当广泛的应用，特别是在物理海洋学和海洋地球物理学领域。由于卫星测高提供了高分辨率厘米级精度平均海面、约1～2 dm级精度的海洋大地水准面和2～3 mGal精度的海洋重力异常，由此可确定具有相应精度的全球海洋海面地形和对应的大尺度海洋环流系统，以及中尺度海洋动力现象（涡），这是海洋现场观测技术很难获得的结果；利用此精度水平的海洋重力场信息，不仅为海洋板块边界划分提供了独立于其他地球物理方法的解释，而且新发现了不少海底岩石圈构造（如断层）和海底地形构造（如海山），还用海洋重力数据反演绘制了据称分辨率可达 10 km的海底地形图。尽管如此，当时的卫星重力技术所能提供的全球重力场参数，以 EGM 96 模型为例，其中、长波频段（500～4 000 km）全球平均精度约为 0.5～10.0 cm（Lemoine et al. 1998）。这就表明这一代卫星重力技术不可能分辨时间尺度在五年以下的全球重力变化。这一时间分辨率和精度水平上的局限性，不仅不能满足相关学科对静态地球物理问题做重力效应解释的需求，更难于甚至不可能满足对地球动力学全球变化做重力场响应分析的需求。

新一代卫星重力技术则突破了第二代技术的局限性，这是由于它实现了全新的重力探测模式。其特点之一是其测量信号不经过大气对流层，卫星处于大气层的暖层（F 层）与散逸层（G 层）之间，那里的大气密度只有海平面的百亿分之一，信号传播几乎不存在大气延迟误差的影响；特点之二是其卫星轨道都是偏心率很小的近极近圆轨道，轨道构成几乎包围整个地球的交叉（菱形）格网，可实现全弧段的连续高采样率的 SST 跟踪测量或 SGG 逐点测量，这是与少数地面站 SLR 跟踪卫星短弧轨道的最大区别，也是其获得高精度的最大优势。不仅恢复静态中、长波（＞500 km）重力场的期望精度可达到厘米级或更优，其中 GRACE 卫星 LL-SST 测量可分辨 10 天时间尺度的长波时变重力场，测定大地水准面年变化的精度为每年 0.01 mm，GOCE 任务恢复全球重力场的分辨率约为 100 km，期望精度为 1 cm。新一代卫星重力测量精度水平比前一代提高了 1～2 个量级，尤其是具备了测定高时间分辨率（10～30 天）时变重力场的能力，是地球重力场测量跨时代的重大进展。

这一进展将对相关地球学科的发展产生深远影响，对推动相关学科的交叉研究带来范围广泛的“冲击”效应和机遇，也将是大地测量学科发展继 GPS 之后的又一次有革命意义的新跨越，特别是将推动物理大地测量学基础理论体系的扩展，并进一步增强其参与和支持解决当今地球科学面临的重大问题的能力。

本节将首先简要介绍卫星测高的基本原理，重点讨论多颗多代测高卫星的数据精化与预处理技术，给出海洋重力异常的计算流程；对于 3 颗重力卫星 CHAMP、GRACE 和 GOCE，介绍各自测量原理，讨论数据精化处理方法，研究利用卫星重力数据恢复地球重力场的实用数据处理技术。

3.5.1　卫星测高观测

卫星测高的概念最早是在 1969 年 Williamstown 召开的固体地球和海洋物理大会上由美国著名大地测量学者考拉（W. M. Kaula）首次提出。它以卫星为载体，借助于空间、电子和微波、激光等高新技术测量全球海面高。经过近四十年的不断发展，卫星测高已由最初的单一目的——从空中采用遥测方法确定海面高，发展到成为大地测量工作者和海洋、地球物理研究人员用来研究全球海平面及其变化、地球重力场、海底地形、海洋岩石圈、海洋环流等相关领域的主要手段和信息源，在地球物理学、大地测量学和海洋学等领域得到了广泛应用。

自1973年美国宇航局(NASA)发射天空实验室卫星(SKYLAB)首次进行海洋卫星雷达测高实验开始，30多年来国际上先后陆续发射了多颗多代测高卫星，包括：美国宇航局(NASA)等部门发射的地球动力卫星GEOS-3(1975年)、海洋卫星SEASAT(1978年)、大地测量卫星GEOSAT(1985年)；欧洲空间局(ESA)发射的遥感卫星ERS-1(1991年)和ERS-2(1994年)；NASA和法国空间研究中心(CNES)合作发射的TOPEX/POSEIDON(T/P,1992年)；1998年美国又发射了GEOSAT后续测高卫星GFO(GEOSAT follow-on)；21世纪初，为了延续各测高任务，T/P的后续卫星JASON-1和ERS的后续环境卫星ENVISAT-1(environmental satellite)分别于2001年12月和2002年3月成功发射；冰、云和地面高程卫星ICESAT(ice, cloud and land elevation satellite)是第一颗近极轨观测的激光雷达高度计卫星，于2003年1月13日成功发射。到目前为止，共有4颗微波雷达高度计卫星(ERS-2、GFO、JASON-1和ENVISAT-1)和一颗激光雷达高度计卫星(ICESAT)同时运行。鉴于卫星测高技术取得巨大成就和其广阔的应用前景，同时为了延续对全球环境的监测，更多新的卫星测高计划，包括JASON-2、Cryosat、AltiKa、NPOESS和Sentinel3等将会陆续发射。此外，像Wittex、GPS测高和WSOA等多种概念性测高卫星也正在研制和付诸实施之中。

近四十年来，卫星测高技术在历经试验、改进和完善的过程中，技术和性能日趋成熟，测高精度由最初的米级提高到目前的厘米级，分辨率由原来的上百公里提高到现在的几公里，并且观测对象也由最初的海洋扩展到冰面、陆地沙漠等全球区域的覆盖。卫星测高在全球范围内全天候地不断重复、准确地提供海洋、冰面等表面高度的观测值，改变了人类对地球特别是海洋的认识和观测方式，使我们有能力并且系统地进行与之相关的各种研究。现在，这些测高任务已成为国际海洋和气象计划的组成部分，例如世界海洋环流实验(world ocean circulation experiment, WOCE)、气候变化及预测(world climate variability and predictability, WCRP)、全球海洋观测系统(global ocean observation system, GOOS)，以及其他观测厄尔尼诺(El Niño)现象的热带海洋-全球大气(tropical ocean-global atmosphere, TOGA)和全球海洋数据同化实验(global ocean data assimilation experiment, GODAE)等海洋计划都在利用卫星测高数据。在上述计划中，卫星测高数据与这些计划观测数据的融合处理，可以获取更多的相关信息，大大拓展了原有计划的研究领域。目前，卫星测高已成为全球气候观测系统(global climate observing system, GCOS)和全球大地测量观测系统(global geodetic observing system, GGOS)的一个重要组成部分。

1.卫星测高原理

卫星测高的基本原理是利用星载微波测距雷达或激光测距仪测定卫星至海面或冰面之间的垂直距离 h_a，以及由卫星定轨提供的测距时刻卫星在轨坐标（B_s，L_s，H_s），由此可简单计算卫星海面星下点的大地高 $h=H_s-h_a$，简称海面高，其原理示意图见图3.4。星载微波测距雷达又称卫星测高仪或高度计，通常由微波发射机、回波接收机、计时系统和数据采集系统组成，其测距观测值经各种误差改正，得到的是瞬时海面星下点的海面高。卫星测高以一定重复周期采集海面数据，由此可按一定的时间尺度（几年或十几年）和分辨率（几公里或十几公里）确定稳态意义上的全球平均海面高模型。

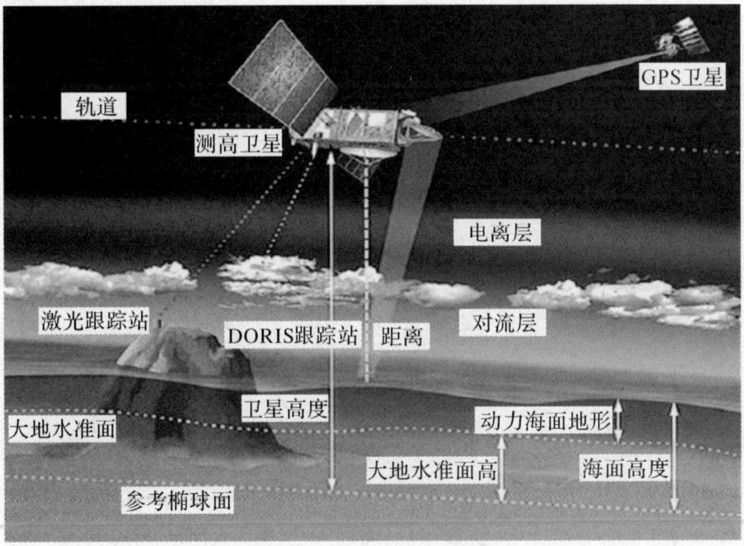

图3.4　卫星测高示意图

卫星作为一个运动平台，其上的雷达测距仪沿垂线方向向地面发射微波脉冲，并接受从地面（海面）反射回来的信号，卫星上的计时系统同时记录雷达信号往返传播时间 Δt，已知光速值 c，则雷达天线相位中心到瞬时海面的垂直距离 h_a 为

$$h_a=c\times\frac{\Delta t}{2} \tag{3.6}$$

由于卫星发射的雷达波束宽角 $\varepsilon=1.5°\sim3.0°$，所以到达海面的波迹半径约为3～5 km。因此，测高仪测得的距离 h_a 相当于卫星天线相位中心到这个半径为3～5 km圆形面积内海面的平均距离。由于 H_s 的计算要用卫星星历坐标 $X_s=(x_s,y_s,z_s)$ 反算，工作量较大，通常根据图3.5的几何关系和椭球大地测量学公式计算 h_0'。为确定全球平均海面高模型，需对瞬时海面观测值 h_a 施加地球改正和误差

改正，并消除各种周期性高频噪声影响，其中包括潮汐改正、电离层和对流层折射改正、测距仪偏差改正、海况电磁偏差改正等，特别要消除径向轨道误差影响，要消除的高频噪声包括瞬时海面非潮汐时变分量、海况（风浪和大气压等）影响等，这些计算工作由观测数据预处理完成。

卫星测高的基本观测方程为：

$$h_a=\left[r_s-r_p+\frac{r_p}{8}\left(1-\frac{r_p}{r_s}\right)e^4\sin^2 2B\right]-(N+\zeta_s)+\varepsilon_h \tag{3.7}$$

式中，e 为椭球第一偏心率；r_s 为卫星的地心距（等于 $|X_s|$）；r_p 为卫星星下点 P 的地心距；B 为大地纬度；N 为大地水准面高；ζ_s 为稳态海面地形（平均海面相对大地水准面的起伏）；ε_h 为观测随机噪声。其相对关系如图 3.5 所示。

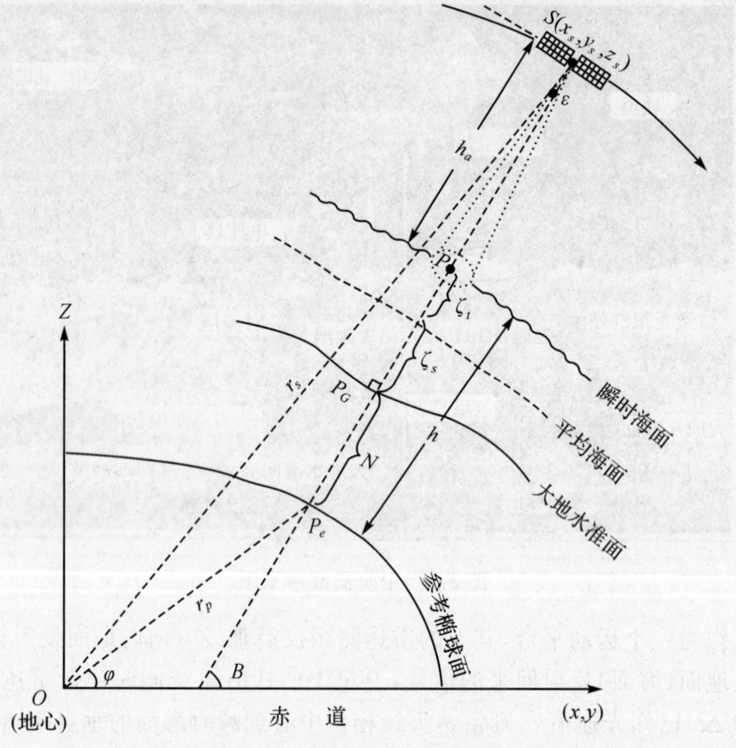

图 3.5 卫星测高几何原理图

式(3.7)可写成以下形式：

$$h_a=h_a^c-(N+\zeta_s)+\varepsilon_h \tag{3.8}$$

式中，h_a^c 表示式(3.7)中右边第一括号中各项的计算值；N 和 ζ_s 为待求量，均可按球谐展开参数化，并利用 N 和 ζ_s 的先验模型按最小二乘法整体解算待求参数。

2. 卫星测高数据精化

1)测高卫星简介与数据精化预处理

——GEOSAT

美国海军于1985年3月12日发射了大地测量卫星GEOSAT,其轨道高度约800 km,轨道倾角108°,其示意图见图3.6。在其运行的5年期间,完成了18个月的大地测量任务(geodetic mission,GM)和其后的精确重复观测任务(exact repeat mission,ERM)。前者利用漂移轨道获取了高分辨率的海面高数据,后者基于17天周期的重复轨道获取高质量的重复观测数据。两种任务的结合,使得首次实现了对海洋的高分辨率、重复性、长时间周期的高精度观测,标志着卫星测高技术进入成熟阶段。

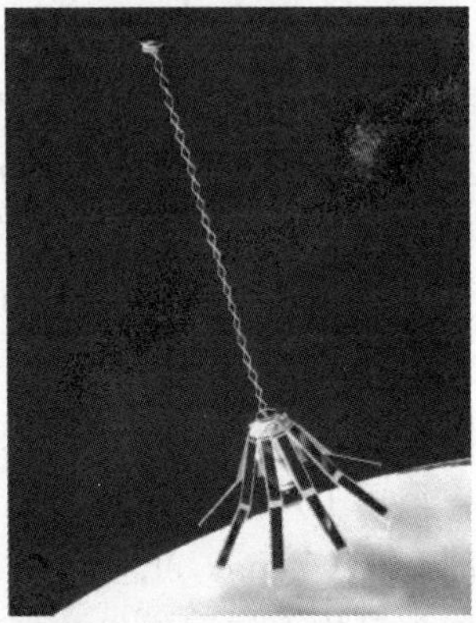

图3.6 GEOSAT卫星示意图

最初GEOSAT资料所用的轨道是由美国海军海面武器中心(NSWC)利用美国国防制图局(DMA)46个跟踪站的数据计算得到的,精度在60 cm左右,径向精度更差,可达2～3 m。后来由NASA用改进的重力场模型GEM-T2替代了原GEM-10模型重新解算,使局部地区可达10～25 cm。1997年公布的经过最新处理的GEOSAT测高数据,由于采用了1993年多普勒跟踪数据和利用当时最新的JGM3重力位模型改进了卫星的轨道,使径向轨道误差提高到10 cm的水平。

最新公布的GEOSAT数据是美国NOAA于1997年发布JGM3-GDR最新测高数据,其交叉点的中误差只有13 cm,总体的轨道精度优于10 cm,由于全部的GM和ERM数据的轨道计算基于精度较高的JGM3重力场模型,并且提高了各项地球物理方面的改正精度(NOAA,1997),测高数据质量较以前的版本有了很大的提高。

GEOSAT数据的精化预处理包括依据编辑准则的数据剔除和各项地球物理改正。

数据编辑标准是在参考NOAA提供的用户手册的基础上,借鉴国际目前通用的标准和经验,给出具体编辑、删除标准,如下:

(1)参考标志位2、3、4、5、6、7、8。

(2)删除陆地/海冰的数据(标志位为0且海平面高观测值为0)。

(3)海平面高观测值标准差$\sigma_H>10$ cm或$\sigma_H<0$ cm。

(4)有效波高SWH>1 000 cm或<－50 cm。

(5)有效波高标准差$\sigma_{SWH}<100$ cm。

(6)卫星姿态角大于1.3°。

(7)海洋潮汐改正绝对值大于 100 cm。

(8)每秒 10 个海面高与每秒海面高平均值间最大差值 $\Delta h_{max} \geqslant 100$ cm。

(9)改正后的海面高与 OSU MSS 95 平均海面高的差值绝对值 $\Delta H \geqslant 1\,000$ cm。

对经过编辑的测高记录中的海平面高应作以下地球物理改正,有:

$$H_{corrected} = H - WET\_NCEP - DRY\_NCEP - IONO - O\_TID - S\_TID - L\_TID - SSB - IB - glo\_ib - hcal - uso \quad (3.9)$$

其中包括:基于 NCEP/NCAR 模型的对流层干湿项改正(DRY_NCEP、WET_NCEP)、电离层改正(IONO)、海洋潮汐影响(O_TID)、固体地球潮汐影响(S_TID)、负荷潮改正(L_TID)、海况偏差改正(SSB)、逆气压改正(IB)、全球逆气压影响(glo_ib)、电磁偏差改正(hcal)和振荡器钟漂影响(uso)。各项地球物理改正均采用了用户手册所给出的值(NOAA,1997),但电磁偏差改正采用了有效波高的 2%(Cheney,et. al,1987;Denker,et al,1990)。另外,逆气压改正公式以一个周期的平均大气压值代替标准大气压(Rapp,1994)。

$$\overline{IB} = -10.1(P - \overline{P}) \quad (3.10)$$

$$P(mbar) = \frac{-DRY\_NCEP(mm)}{2.277 \times [1.0 + 0.0026 \cdot \cos(2.0 \cdot LAT)]} \quad (3.11)$$

式中,$\overline{P}$为一个周期的平均大气压。

经过上述处理过程,剔除符合标准的各种伪观测值(总剔除率约为总数据量的 15%),测高数据中绝大部分观测粗差也被排除,各项环境偏差(如潮汐、大气等影响)得到改正,此数据集已可满足较高精度要求的应用。

——ERS-1/2

ERS 系列是欧空局研制和发射的地球遥感卫星,利用搭载的多个传感器,主要实现地球大气和海洋的监测。ERS-1 发射于 1991 年 7 月 17 日,轨道高度约 785 km,轨道倾角 98.52°,载有一个主动式微波雷达测高仪(包括一个 SAR 和一个风速扫描仪)和一个被动式沿轨迹方向雷达仪(包括一个用于测量海面温度的带有微波探测器的红外雷达仪),以及两个地面跟踪系统(SLR 和 PRARE)。其形状如图 3.7 所示。在 9 年的任务执行期间,共进行过 3 次变轨:第一次是 3 天的重复轨道,主要用于卫星姿态校正和海冰观测;第二次为 35 天重复周期轨道,主要用于多学科任务的海洋观测;第三次为 168 天的重复周期轨道,主要是大地测量应用。

ERS-2 是 ERS-1 的后续卫星,发射于 1995 年 4 月,其轨道高度、倾角以及星载设备的基本参数与 ERS-1 一致。在 1995 年 8 月到 1996 年 6 月期间,ERS-2 与 ERS-1 构成了一前一后的并具有相同轨道(35 天)的卫星观测系统,飞过地面同一轨道之间相差 1 天。

ERS-1/2 数据的精化与 GEOSAT 基本相似,其编辑方法在采用 ESA 所提供的数据编辑标准的基础上,参照国外(Y. M. WANG,R. H. Rapp 等人)的标准,综合 JPL 和其他国际同行所作的一些方法，并根据需要做了若干改进，具体删除标准为：

(1)机动标志(manoeuvre flag)。

(2)辐射计陆地标志。

(3)冰标志。

(4)海面高 $H>100$ m 或 $H<-130$ m。

(5)每秒观测值个数小于 10。

(6)20 个海面高观测值标准差 $\sigma_H>450$ cm 或 $\sigma_H<0$ cm。

(7)干对流层改正大于－1 900 mm 或小于－2 500 mm。

(8)辐射计湿对流层改正大于－1 mm 或小于－500 mm。

(9)电离层改正大于－1 mm 或小于－200 mm。

(10)有效波高大于 10 m 或小于 0 m。

(11)反向散射计改正大于 30 dB 或小于 6 dB。

(12)海潮改正大于 5 000 mm 或小于－5 000 mm。

(13)固体潮改正大于 1 000 mm 或小于－1 000 mm。

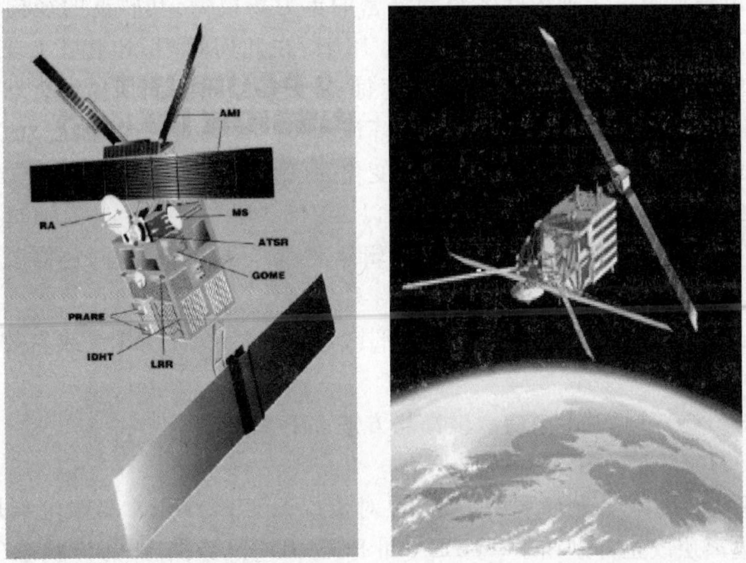

图 3.7　ERS 系列卫星示意图(左 ERS-1，右 ERS-2)

ERS-1/2 有效观测值的各项地球物理及环境改正与 GEOSAT 数据相似，以 CERSAT 用户手册为基础，标准逆气压改正中以每个周期的平均大气压值($\overline{P}$)代替标准大气压，最终形成干净的原始测高数据源。

——TOPEX/POSEIDEN

图 3.8　TOPEX/POSEIDON 卫星示意图

TOPEX/POSEIDON（简称 T/P）卫星由美国宇航局和法国空间局联合研制，发射于 1992 年 8 月 10 日，卫星轨道 1 336 km，轨道倾角 66°，重复周期为 10 天，其主要目的在于观测和认识海洋环流。图 3.8 为其示意图。

T/P 卫星携带了两个雷达高度计，一个是 TOPEX 高度计，即 NASA 的雷达高度计（NASA radar altimeter，NRA），另一个是固态雷达高度计（solid radar altimeter，SSALT），又称 POSEIDON-1。除此以外，高度计还搭载了新的精密轨道确定系统，包括全球定位系统、多普勒轨道跟踪和无线电定位定轨系统（Doppler orbit and radio positioning integrated by satellite，DORIS）。特别需要指出的是，T/P 卫星是首个成功实现动态 GPS 连续跟踪的测高卫星，由于采用了多种跟踪系统和精密的重力场模型，其轨道的径向精度可达 3～4 cm。卫星任务结束于 2006 年 1 月 18 日，在此期间，T/P 卫星实现了海洋长达 13 年的动态监测，以前所未有的精度每 10 天一个重复周期提供全球海洋动力地形和海面高度，对全球海盆尺度大洋环流和中尺度动力现象（涡流）的研究做出了重大贡献，特别有利于当今全球气候变化的研究。

TOPEX/POSEIDON 数据的编辑，以 AVISO 用户手册给出的编辑准则为基础，并结合 OSU（Rapp et al，1994）的编辑标准，除常规标准以外，还修改和增加了以下内容：

（1）改正的海面高与 OSU MSS95 平均海面高之差 $\Delta H > 1$ m 或有效波高等于或大于 9 m。

（2）3 m $\leqslant \Delta H \leqslant$ 5 m，且有效波高均方差大于 4 m。

（3）$\Delta H \geqslant 5$ m。

地球物理及环境改正采用了干、湿对流层改正；TOPEX 双频电离层改正和 DORIS 电离层改正分别用于 TOPEX 和 POSEIDON 数据中；海洋状态（K1）改正以及海潮（CSR3.0）、固体潮和极潮改正；逆气压改正采用了以每个周期平均大气压计算的改正数。

——GFO

GFO（GEOSAT follow-on）是 GEOSAT 的后续卫星，发射于 1998 年 2 月 10 日，其轨道高度为 880 km，轨道倾角 108°，重复轨道周期为 17 天，与 GEOSAT 的 ERM 任务一致。GFO 的主要星载仪器就是雷达高度计，属于专门为测高目的设计的卫星，主要任务是大大提高对海洋环流、冰盖地形和气候变化的认识。见其示意图3.9。

——JASON-1

作为T/P卫星的后续计划，美国宇航局和法国空间局联合于2001年12月7日发射了JASON-1测高卫星。该卫星的示意图为图3.10，其主要特征（卫星轨道、仪器和观测精度等）与T/P卫星基本一致，但其搭载了更多的传感器，主要有POSEIDON-2高度计、微波辐射计（JASON-1 microwave radiometer，JMR）、DORIS系统、TRSR（turbo rogue space receiver）定位系统、激光后向反射棱镜阵列LRA（laser retroreflector array）。其中，JMR用来测量大气中水汽的扰动，另外3个为定位系统，POSEIDON-2为主要观测仪器，用来观测海面高度，以10天重复周期提供全球海洋90%以上大尺度范围的海面高及其时变信息。

图3.9 GFO卫星示意图

图3.10 JASON-1卫星示意图

JASON-1数据的编辑首先根据手册的编辑准则，删除质量较差、有缺损或标志误读数据，进而实施下列限差准则作进一步精化。

(1)Ku波段1 Hz有效距离点数>10。

(2)Ku波段1 Hz距离标准差0 mm<σ_R<200 mm。

(3)卫星高度减观测距离满足−130 000 mm<(altitude−range_ku)<100 000 mm。

(4)对流层干项改正满足−2 500 mm<model_dry_tropo_corr<−19 000 mm。

(5)对流层辐射计湿项改正满足−500 mm<rad_wet_tropo_corr<−1 mm。

(6)高度计电离层改正满足−400 mm<iono_corr_alt_k<40 mm。

(7)Ku波段海况偏差改正满足−500 mm<sea_state_bias_ku<0 mm。

(8)海洋潮汐改正满足−5 000 mm<ocean_tide_sol1<5 000 mm。

(9)固体潮汐改正满足−1 000 mm<solid_earth_tide<1 000 mm。

(10)极潮改正满足−150 mm<pole_tide<150 mm。

(11)Ku波段有效波高满足0 mm<swh_ku<1 100 mm。

(12)后向散射系数满足7 dB<sig0_ku<30 dB。

(13)高度计风速满足$-0.2\ deg^2$＜off_nadir_angle_ku_wvf＜$0.16\ deg^2$。

(14)由波形计算的指向角误差 0 m/s＜altimeter wind speed＜30 m/s。

根据 JASON-1 的 2005 年年报(CNES),其微波辐射计改正存在异常变化的影响,加海况偏差改正后误差变大。因此,编辑后的地球物理改正包括对流层干分量改正,ECMWF 模型湿分量改正,双频电离层改正,海潮改正,负荷潮改正,固体潮改正,极潮改正以及逆气压改正。

——ENVISAT-1

图 3.11　ENVISAT-1 卫星示意图

ENVISAT-1 属于 ERS-1/2 的后续卫星,见图 3.11,由 ESA 研制并发射于 2002 年 3 月 1 日,其轨道与 ERS-2 相似,轨道重复周期为 35 天,轨道高度约 800 km,轨道倾角 98.55°。ENVISAT-1 属极轨对地观测卫星系列之一(ESA polar platform),总共携带了 10 种不同传感器,主要有第二代雷达高度计(radar altimeter2,RA2)、微波辐射计(microwave radiometer,MWR)、DORIS 系统和 LRA 系统。利用 ENVISAT 卫星提供的数据可生成海洋、海岸、极地冰冠和陆地的高质量图像,为科学家提供更高分辨率的图像来研究海洋的变化。它还可以用于研究地球大气层及大气密度、用于监测环境,即对地球表面和大气层进行连续的观测,供制图、资源勘查、气象及灾害预警之用,特别是用于研究全球气候变化。

ENVISAT-1 的数据精化主要有 4 个步骤:第一步是根据数据的标志位进行判定;第二步是根据一定的参数,对各观测值使用阀值编辑;第三步使用三次样条函数对 ENVISAT-1 海面高 SSH 进行平差,以探测残存的伪观测值;第四步在整个弧段中,剔除当 SSH－MSS 的平均值和标准偏差没有达到期望值的观测值。具体如下:

(1)标志位判断。在 ENVISAT 数据中,使用了 3 个标记:陆/海辐射计标记、冰标记和 S 波段异常标记。

◆测高仪陆地标志。

◆辐射计陆地标志。

◆冰面标志,即当纬度大于 50°,且下列 3 个条件满足其一者:①每秒观测值个数小于 17 个;②对流层湿分量改正的模型值与辐射计改正值之差的绝对值大于 10 cm;③1 Hz 的 Ku 波段峰值大于 2。

◆S 波段异常值,即 Ku 波段与 S 波段的后向散射系数差值的绝对值大于5 dB。

(2)阀值编辑。基于 TOPEX 经验,相对于 MSS 的可变性以及 18 Hz 距离标准偏差，为 ENVISAT 数据质量评估每个参数选定最小和最大阀值，列出如下：

−130	<海面高 SSH(m)	<100
−2	<相对于平均海面 MSS 的变化(m)	<2
10	<18 Hz 有效点数	<−
0	<18 Hz 距离标准偏差(m)	<0.25
−0.200	<偏离星下点角(deg^2)	<0.160
−2.500	<干对流层改正(m)	<−1.900
−2.000	<逆气压改正(m)	<2.000
−0.500	<MWR 湿对流层改正(m)	<0.001
−0.200	<双频对流层改正(m)	<−0.001
0.0	<有效波高(m)	<11.0
−0.5	<海况偏差(m)	<0
7	<后向散射系数(dB)	<30
−5	<海洋潮高(m)	<5
−0.500	<长期潮高(m)	<0.500
−1.000	<固体朝(m)	<1.000
−5.000	<极潮(m)	<5.000
0.000	<RA2 风速(m/s)	<30.000

参考 ENVISAT-1 的 2005 年年报(CNES)，其微波辐射计湿分量改正存在异常变化，故地球物理改正包括对流层干分量改正、ECMWF 模型湿分量改正、双频电离层改正、海况偏差改正、海潮改正、固体潮改正、极潮改正以及逆气压改正，并对其钟漂(USO)进行改正(Martini，2003)。

USO 改正采用 ESA 网站发布的数据，其格式为 1 Hz 估计一个改正。为了计算方便，且由于每天的改正差值不大(不到 1 mm)，故将其数据合并为一天估计一个改正参数。其中，时间为相对 ENVISAT-1 的参考时间 2000 年 1 月 1 日的天数。

除了上述编辑之外，还需要根据各个弧段之间的海面异常 SLA 进行统计分析，进一步提高数据质量和精度。

——ICESAT

由于卫星轨道倾角的限制，在两极仍有大的空白地区无卫星观测。鉴于此，NASA 于 2003 年 1 月 13 日发射的一颗近极轨观测卫星 ICESAT，卫星轨道高度大约为 600 km，轨道倾角为 94°，卫星观测数据可覆盖地球表面，包括南极大陆的大部分地区，见其示意图 3.12。ICESAT 上搭载了地学激光测高系统(geoscience laser altimeter system，GLAS)，这个系统是由美国宇航局的戈达德宇航中心(Goddard space flight center，GSFC)研制，主要用来测量冰盖高程、冰床质量平衡、云、浮尘高度、地貌以及植被特征等。GLAS 使用的是 Nd-YAG 激光器，每秒发射 40 次波长分别为 1 064 nm 和 532 nm 的脉冲，前者用于地面测高，后者用于大气后向散射测量。ICESAT 的观测数据为全球极地冰盖和高原冰川的研究提供了宝贵的资料。

图 3.12　ICESAT 卫星示意图

GLAS 测高基本原理与雷达高度计相同，但 GLAS 是光学遥感器，工作频段是可见光（蓝光）和近红外光，而雷达高度计是微波遥感器，工作频段是微波频段，如 Ku 频段，所以 GLAS 工作频率比雷达高度计要高得多（10 000～100 000 倍）。GLAS 如同雷达高度计，采用星下点指向方式，即先由激光发送器向星下点方向发送窄脉冲，后经地面或大气分子散射后的返回脉冲，由 GLAS 接收望远镜（口径 1 m）送至光电倍增管接收，再对返回脉冲的时延以及其他特征进行后处理，得到所需要的测量高程。GLAS 激光测高需要的改正包括：

(1)对流层延迟。距离改正主要是依靠光斑位置的表面气压来确定，同时也依据温度以及沿着光线方向的水蒸气的分布来确定。表面气压的影响大概是 2 mm/mb。从国际环境预测实验所可以获得表面气压精度高于 5 mb，由此可以得出一个精度优于 1 cm 的对流层延迟误差模型，用于内插位置和时延。这项改正为 Δh_{trop}。

(2)固体潮和海潮改正。海面高的这项改正和 T/P 使用的海洋潮汐改正一致，这些改正基于 CSR3.0 全球海洋潮模型。改正包括所有的潮汐影响和地壳回弹，用 Δh_{tides} 表示。

(3)距离偏差改正 ρ_c。

因此，高度计所测得的海面高 h 通过一系列的改正得到一个修正高 h_c。

$$h_c = h - \Delta h_{\text{trop}} - \Delta h_{\text{tides}} - \rho_c \tag{3.12}$$

激光指向受到安装在卫星固定轴发射光学装备的影响，温度等其他因素也会影响激光指向的稳定性。此外，激光发射前的姿态控制点火也能引起激光指向的测量误差。这种误差必须经过适当的有效性试验来修正。激光指向预先用一个单位矢量 u_p 来描述，作为设计激光方向。在卫星固定轴上，正确的激光测高矢量为

$$\boldsymbol{h}_c = \boldsymbol{h}_c \boldsymbol{u}_p \tag{3.13}$$

单位矢量 $\boldsymbol{u}_p$ 可以用固定轴元素来表达，$\boldsymbol{h}_c$ 为 t_m 时刻空固系下的瞬时矢量。

$$\boldsymbol{u}_p = C_x \boldsymbol{u}_x + C_y \boldsymbol{u}_y + C_z \boldsymbol{u}_z \tag{3.14}$$

式中，$\boldsymbol{u}_x$、$\boldsymbol{u}_y$、$\boldsymbol{u}_z$ 是空固系下 x、y、z 的分量，相应的系数 C_x、C_y、C_z 为卫星设计的激光光束方向的余弦。

为了便于多源测高数据的联合处理，各种测高数据在经过以上编辑、剔除和改正后，将各种测高原始数据文件统一为具有相同格式、相同记录项的标准数据文件，形成精化后的全球海面高数据。经过下文的基准统一、共线平差、交叉点平差和波形重构等的进一步改正，最终形成全球统一基准的高精度、高分辨率的海面高数据集。

2)测高数据参考基准和框架的统一

不同的测高卫星，由于椭球参数、椭球定位和定向存在一定的差别，因此不同的测高卫星数据所属的坐标系不同，特别是地面对不同卫星跟踪定轨技术模式、精度、跟踪站分布等不同，由此产生不同卫星测高数据之间的系统差；此外，不同测高卫星的卫星轨道误差、测高仪偏差以及各种地球物理改正误差存在差别，加之不同测高卫星运行时间不重叠，不同时间海面高的时变效应影响不同，因此由不同的测高数据确定的平均海面之间存在一定的系统偏差。由上述两种因素造成的测高海面高的系统偏差称为参考基准和参考框架偏差。当对两种或两种以上测高卫星的海面高数据联合处理时，首先应统一测高数据的基准，消除参考框架偏差。

——不同参考椭球基准的统一

在现有的测高卫星中，因为 T/P 卫星的精度迄今被公认为最高，所以在数据处理中，一般都把其他测高卫星的海面高转换到确定 T/P 卫星海面高所采用的参考椭球和参考框架中。每颗测高卫星的参考椭球都是已知的，那么，对于选定的测高卫星来说，由于参考椭球的不一致引起的海面高变化都能在比较各卫星海面高之前得到。表 3.1 为各测高卫星所用参考椭球参数。

表 3.1　各测高卫星所用参考椭球参数

	长半轴/m	扁率(1/f)
GEOSAT	6 378 136.3	298.257
ERS-1/2	6 378 137	298.257 223 563
T/P	6 378 136.3	298.257
JASON-1	6 378 136.3	298.257
ENVISAT-1	6 378 137	298.257 222 101

令参考椭球不一致引起的海面高变化为 dh,则有

$$dh=-W da+\frac{a}{W}(1-f)\sin^2 B df \tag{3.15}$$

式中,a 是参考椭球的长半轴;f 是参考椭球的扁率;B 是大地纬度;$W=\sqrt{1-e^2\sin^2 B}$,e 为椭球的第一偏心率;da、df 分别为椭球的长半轴差和扁率差,$da=a_0-a$,$df=f_0-f$,a_0 和 f_0 是统一椭球参数。

——参考框架的转换

不同任务测高卫星的 SSH 在进行时间平均后,获得的时间平均 SSH 之间可能存在系统性偏差或 SSH 长波部分的差异。如前所述,这是由于残余的轨道误差、海洋时变、测高仪的偏差、各种物理改正误差和参考框架的不一致性等引起的,这种系统误差可以用一个四参数描述,它们分别为原点的 3 个平移参数(Δx、Δy、Δz)和一个偏差因子参数 b(Rapp et. al,1994)。如为了将 ERS-1 的海面高统一到 TOPEX/POSEIDON 的框架(参考椭球已经统一),转换模型如下:

$$H_{T/P}=H_{ERS}+\Delta x\cos B\cos L+\Delta y\cos B\sin L+\Delta z\sin B+b \tag{3.16}$$

式中,$H_{T/P}$为 T/P 卫星框架下的海面高;H_{ERS}为相应点上的 ERS 框架下平均海平面高。利用最小二乘法可解算 4 个转换参数 Δx、Δy、Δz 和 b 的估值。

观测方程为

$$H_{T/P}-H_{ERS}+v=\Delta x\cos B\cos L+\Delta y\cos B\sin L+\Delta z\sin B+b \tag{3.17}$$

式中,v 为残差。YI Yuchan(1995)利用最小二乘法分别计算了 ERS-1/35、ERS-1/168、GEOSAT 的海面高与 TOPEX/POSEIDON 的海面高之间的 4 个转换参数,它们之间的关系为(姜卫平,2002):

ERS-1/35 SSH (TOPEX frame) =

ERS-1/35 SSH (ERS-1 frame)+(−2.38 cm)cos Bcos L+
(3.40 cm)cos Bsin L+(3.31 cm)sin B+(−5.41 cm)　　(3.18)

ERS-1/168 SSH (TOPEX frame)=

ERS-1/168 SSH (ERS-1 frame)+(−2.38 cm)cos Bcos L+
(1.97 cm)cos Bsin L+(5.37 cm)sin B+(−6.15 cm)　　(3.19)

GEOSAT SSH (TOPEX frame)=

GEOSAT SSH (GEOSAT frame)+(−0.31 cm)cos Bcos$L$+
(8.96 cm)cos Bsin L+(7.74 cm)sin B+(−28.24 cm)　　(3.20)

利用上式可以将不同任务测高卫星的 SSH 数据的参考框架统一到 TOPEX/POSEIDON 框架。

3)测高数据的平差方法

在不同任务的测高卫星数据经过参考椭球统一和四参数转换统一到 T/P 数据的基准后,还应进行多种测高数据联合交叉点平差和共线平差,其目的不仅是进

一步削弱残余的轨道误差、海洋时变、各种物理改正误差对 SSH 的影响，还有进一步统一测高数据的基准的作用。

——交差点平差

交叉点平差可分为区域平差和全球平差，对区域交叉点平差，给出以下径向轨道误差模型(Wagner，1985；Rummel，1993)：

$$\begin{cases} \Delta r = x_0 + x_1 \sin \mu + x_2 \cos \mu, & \text{长　弧} \\ \Delta r = x_0 + x_1 \mu, & \text{中长弧} \\ \Delta r = x_0, & \text{短　弧} \end{cases} \tag{3.21}$$

式中，x_0、x_1 和 x_2 为与轨道长半径 a、偏心率 e 和平近点角 M 的摄动 Δa、Δe 和 ΔM 有关的参数，在区域范围内假定是常数，是交叉点平差的待估参数；μ 为相对一个参考时间的关于 M 的时间变量，由观测时间确定。在实用中通常采用适于中长弧的模型，其中包括一个偏差项 x_0 和一个倾斜项 $x_1\mu$，据此可建立平差的观测方程。

将交叉点海面高的不符值作为观测量，采用式(3.21)的线性模型。对于升弧有

$$\hat{H} = H_{\text{obs}}^{\text{a}} + x_0^{\text{a}} + x_1^{\text{a}} \Delta t^{\text{a}} \tag{3.22}$$

对于降弧有

$$\hat{H} = H_{\text{obs}}^{\text{d}} + x_0^{\text{d}} + x_1^{\text{d}} \Delta t^{\text{d}} \tag{3.23}$$

式中，$\Delta t = t - t_0$，t_0 为弧段起始观测时刻，t 为观测时刻；$\hat{H}$ 为海面高的平差值；H_{obs} 为海面高的观测值，上标 a 和 d 分别表示升弧和降弧；x_0 和 x_1 是待估径向轨道误差参数。以上两式相减，得观测方程

$$\begin{aligned} l_k^{ij} &= (H_{\text{obs}}^{\text{a}})_k^i - (H_{\text{obs}}^{\text{d}})_k^j \\ &= (x_0^{\text{d}})^j - (x_0^{\text{a}})^i + (x_1^{\text{d}})^j (\Delta t^{\text{d}})^j - (x_1^{\text{a}})^i (\Delta t^{\text{a}})^i \end{aligned} \tag{3.24}$$

式中，上标 i 为升弧编号，j 为降弧编号；下标 k 为交叉点编号。上式相应的误差方程的矩阵形式为

$$\boldsymbol{V} = \boldsymbol{A} \hat{\boldsymbol{X}} - \boldsymbol{L} \tag{3.25}$$

式中，$\boldsymbol{A}$ 为系数矩阵；$\boldsymbol{L}$ 为观测值向量；$\hat{\boldsymbol{X}}$ 为未知参数向量，其最小二乘解为

$$\hat{\boldsymbol{X}} = (\boldsymbol{A}^{\text{T}} \boldsymbol{P} \boldsymbol{A})^{-1} \boldsymbol{A}^{\text{T}} \boldsymbol{P} \boldsymbol{l} \tag{3.26}$$

式中，$\boldsymbol{P}$ 为观测值的权阵。

在联合交叉点平差中，由于 T/P 数据的观测精度要高于其他卫星测高数据，因而将其全部固定，并且认为交叉点的不符值是残余的轨道误差、海洋时变、各种物理改正误差引起的。采用高阶多项式拟合轨道误差并在较小的区域内进行交叉点平差会获得更好的效果。但为了避免造成过度拟合(over-fit)可能性，采用以截距-斜率式直线方程拟合轨道，即采用两参数线性拟合，结果表明效果较好(YI

Yuchan,1995)。如要联合 3 种甚至更多种的测高数据进行处理，双星交叉点平差只能将一种数据分别与 T/P 进行，这样可能会造成其他两种（或多种）测高数据之间的不协调性，同时分别进行平差，效率也较低。为此，实际处理办法是采用多星交叉点平差一步同时进行，在平差中，一并引入模型大地水准面和海面地形等先验数据。这样，不仅提高了多星各自的径向轨道精度，而且提高了效率，确保了多种数据联合处理的统一性及协调性。

——共线平差

测高卫星的轨道设计除要求形成有一定分辨率的地面轨迹交叉点网络外，还要求形成有一定重复周期的重复轨迹，这对检核观测数据的可靠性和分析各种误差影响（主要是径向轨道误差），以及研究海面变化和提高平均海面的精度，都有非常重要的作用，是测高卫星的显著特点。重复轨道的设计要求卫星从一个初始轨道上相对地球某一初始位置出发开始运行，当卫星运行了一个确定的周期（天数）后，卫星又回到初始轨道和初始位置，在第二个周期又重复第一个周期的运动，由此形成覆盖全球的一系列重复轨迹。这样沿海面重复轨迹可获得大量的海面高重复观测，提供了海面变化的丰富信息，由此确定的平均海面将达到很高的精度。

在理想的状态下，测高卫星每一周期相对应弧的地面轨迹理论上应该吻合。然而，由于引力、电离层、仪器等种种原因影响，卫星的地面轨迹并不能精确共线，轨迹之间的最大距离可达 1 km。由此，通过固定一条轨迹为参考轨迹，来确定其他周期相对应弧的相同纬度点的经度及其海面高，即得到海平面高的异常变化。以下纬度和经度用通用符号 φ、λ 表示。

数学模型如下：

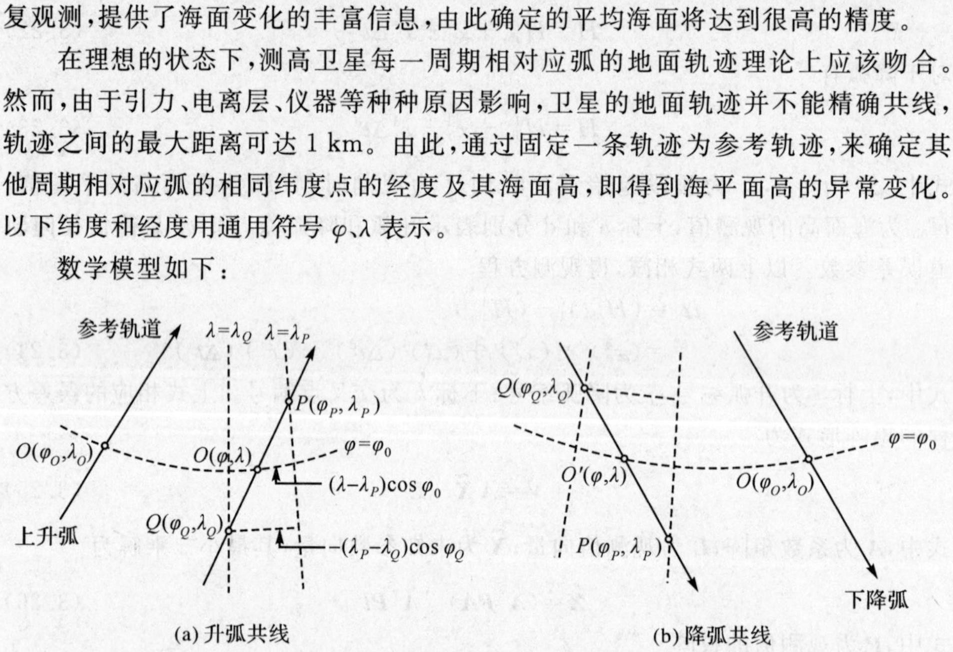

图 3.13　共线平差示意图

对于上升弧（以轨道倾角小于 90°为例），如图 3.13(a)所示，O 为参考轨道的观测点，O'为不同周期对应轨迹相同纬度点，显然，这个点一般不可能有直接卫星观测记录。因此，这个点的海面高可以通过 O'点相邻两观测点 P、Q 的记录，通过线性内插求得。与 O 相对应的 O'的经度为

$$\lambda=\lambda_P-(\varphi_P-\varphi_O)/(D_1\cdot\cos\varphi_O) \tag{3.27}$$

这里 D_1 为共线弧的斜率，可由 P、Q 两点的经、纬度确定。

$$D_1=(\varphi_P-\varphi_Q)/[(\lambda_P-\lambda_Q)\cos\varphi_Q] \tag{3.28}$$

对于下降弧，如图 3.13(b)所示，同样可以用类似方法求出，即

$$\lambda=\lambda_P-(\varphi_O-\varphi_P)/(D_2\cdot\cos\varphi_O) \tag{3.29}$$

$$D_2=(\varphi_Q-\varphi_P)/[(\lambda_P-\lambda_Q)\cos\varphi_Q] \tag{3.30}$$

轨道倾角大于 90°的情况，同理可以导出，对于上升弧和下降弧的共线方程分别为

$$\lambda=\lambda_P+(\varphi_P-\varphi_O)/(D_1\cdot\cos\varphi_O) \tag{3.31}$$

$$D_1=-(\varphi_P-\varphi_Q)/[(\lambda_P-\lambda_Q)\cos\varphi_Q] \tag{3.32}$$

$$\lambda=\lambda_P+(\varphi_O-\varphi_Q)/(D_2\cdot\cos\varphi_O) \tag{3.33}$$

$$D_2=(\varphi_P-\varphi_Q)/[(\lambda_P-\lambda_Q)\cos\varphi_Q] \tag{3.34}$$

综合以上各式，可以得到内插同纬度对应共线点海面高的统一表达式：

$$\lambda=\lambda_P-(\varphi_P-\varphi_O)/(D\cdot\cos\varphi_O) \tag{3.35}$$

$$D=(\varphi_P-\varphi_Q)/[(\lambda_P-\lambda_Q)\cos\varphi_Q] \tag{3.36}$$

与 O 相对应的 O' 的海面高为

$$h=h_Q+(h_P-h_Q)\frac{(\varphi_O-\varphi_Q)}{(\varphi_P-\varphi_Q)} \tag{3.37}$$

由于重复轨迹的共线精度为 1 km 左右，对 $2'\times2'$ 的格网分辨率(约 3.6 km)，可认为各周期同纬度点的观测值对确定相应格网点值的贡献大致是等效的，取同纬圈上各重复轨迹测高值的平均，即时间平均海面高。

共线法平差利用重复轨迹上同纬度点海面高的时间平均，可有效地消除周期短于所用共线轨迹时间跨度的时变海面高影响，例如海洋潮汐的影响，当然，其中还包括具有随机特性的时变量。所求得的平均海面可以认为至少在观测时间跨度(如几个月，几年或更长)内的稳态平均海面。

通过对各类卫星测高观测数据进行预处理精化，包括数据的编辑，统一参考椭球和参考框架，部分消除残余系统偏差，用共线法确定所有重复共线轨迹的时间平均海面高，可初步削弱轨道误差和海洋时变等残余系统误差，并可显著减小交叉点不符值。最后对所有各类测高轨迹进行近于全组合式扩大的多星组合交叉点平差，进一步削弱径向轨道误差。经过这几步即可获得整个海域各类测高卫星轨迹上的离散点精密海面高，为进一步计算垂线偏差、重力异常、海洋大地水准面和其他应用准备了高精度的卫星测高数据。

4)波形重构技术用于提高测高数据精度和覆盖率

虽然卫星测高数据可提供密集的海面观测，但对于非纯海洋面(如冰面及陆面或冰-海、海-冰、陆-海及海-陆交接面)高采样率优势受到限制。主要原因是卫星测高仪信号对于纯海洋面和非纯海洋面的反射特征不相同，非纯海洋面的反射波形

会变形；而在公布的高等级的测高数据产品中，提供波形一般只考虑纯海洋面的波形特征，并未考虑非纯海洋面的波形特征，因此造成了测高仪在陆地、陆海交界区、冰面或内陆水域观测的距离精度很差。在数据预处理时根据给定的编辑标准，大量的测高数据因此而被删除，造成了极大的数据浪费。为了弥补此缺憾，国际上众多学者开始通过利用波形重跟踪（重构）(waveform retracking)技术对测高数据进行改正。波形重构是指通过重新确定波形及其位于距离阀门（range gate）的位置来求取距离改正量的一种方法。因此，如果能根据测高原始波形数据重新计算，或重新跟踪测高波形，以改进数据质量、弥补数据空隙、提高观测数据的利用率，对于大地测量学、海洋学、极地冰原研究、内陆湖泊和水域、沼泽地等学科和环境的研究有着积极的意义，在重力场研究方面，尤其可改善和提高海陆交界区域的观测数据的覆盖率和精度，对于完善全球重力数据分布有重要作用。

到目前为止，国内外学者已经提出和研制的一些重新跟踪算法，主要有（褚永海，2007）：

(1)β重跟踪算法。

(2)重心偏移 OCOG 算法。

(3)阈值波形重定算法。

(4)面和体重跟踪算法。

(5)GSFC/NASA 重跟踪。

(6)海恩重跟踪算法。

需要注意的是，并不是所有的波形重定算法都能提高测高精度。现有的波形重定算法都是针对不同的测高环境和不同卫星的测高波形数据提出的，它们分别有各自的适用情况，因此只能部分地解决卫星测高所面临的问题。对于性质不同的测高观测对象与观测环境，还需要设计更适合于其特性的波形重定算法，这样才能最大限度地发挥波形重定算法的作用。我们这里关心的是如何改善近海卫星测高的精度和覆盖，提高近海卫星测高数据的分辨率，为此需要通过对近海波形的特征和形成机制进行深入分析，在吸收已有波形重定算法的优点与经验基础上，综合考虑波形的回波功率采样值与波形的物理意义。常晓涛(2006)提出了适合近岸浅海区域卫星测高波形重定的基于波前缘识别算法的多阈值多前缘波形重定技术，其主要思想是：利用卫星测高 GDR 记录提供的部分地球物理改正数据，联合区域海潮模型，参考重力场大地水准面模型，根据与需要波形重定的卫星测高采样点位于同一弧段靠近深海一侧的具有标准海洋波形的测高观测结果，确定具有一定精度的参考海面高，然后利用波形数据及各项地球物理改正计算出多个潜在的高精度海面高，最后利用参考海面高等综合标准确定高精度海面高。

利用波形重跟踪技术，可以对测高距离进行改正，因而在很大程度上提高了数据质量，尤其在近海海域，可以在很大程度上恢复被删除的原始数据。

经过上述的数据精化处理，融合十几年来的多代多颗卫星测高观测，全球海洋已经形成高分辨率、高精度的卫星观测分布，数据遍布全球纬度$-82°\sim+82°$的海洋区域，分辨率达$2'\times2'$（有些地区更高），测高精度达1～2 cm。

3. 卫星测高重力异常的确定

前面两节给出了卫星测高技术观测的海面高的精化处理方法，这些海面高数据为恢复海洋重力场提供了高分辨率高质量数据源，顾及海洋动力、海面地形可以确定一种"实测"海洋大地水准面高，由此可利用测高卫星的升弧和降弧结合时间信息可得到垂线偏差。由卫星测高技术间接获得的重力场参量、大地水准面高和垂线偏差，可以利用最小二乘配置(Rapp，1983)、逆斯托克斯公式(Wang，1999)、拉普拉斯方程(Sandwell，1992)和逆 Vening-Meinesz 公式等方法反演重力异常(Hwang，1998；李建成 等，1997)，这些重力异常数据是目前实现超高阶重力场确定的最为重要的数据源。

测高数据反演海洋重力异常的方法和实用模型，随着测高数据日益丰富多样，数据分辨率和精度大幅提高，反演方法也在不断发展。早期忽略海面地形的影响，直接将测高平均海面高看作大地水准面高，利用逆斯托克斯公式反演重力异常，虽然这种方法仍在应用，但目前的计算过程已趋于精细。利用波数相关滤波方法、方向敏感滤波方法等，力求排除测高数据中的各种非静态信号和海面地形影响，以求得到比较纯净的测高大地水准面"观测值"，再用逆斯托克斯公式求解重力异常；随后，最小二乘配置法也被用来计算海洋重力异常，通常用于局部海域的计算。用测高垂线偏差计算重力异常的方法是目前最为常用的方法，Sandwell(1992)从拉普拉斯方程出发导出重力异常和垂线偏差的一阶微分方程，其中略去了重力异常与扰动重力的差别，利用 Fourier 变换在谱域求解重力异常。自 20 世纪 90 年代中期开始采用严密的逆 Vening-Meinesz 公式由垂线偏差反演重力异常，经典公式是莫洛金斯基(1962)的逆 Vening-Meinesz 公式。下面给出基于交叉点卫星测高数据求解垂线偏差的原理和利用逆 Vening-Meinesz 公式求解重力异常的计算过程。

Sandwell(1984，1992)最先提出了根据卫星测高观测量计算卫星轨道上升弧与下降弧的星下点轨迹，即卫星测高交叉点处的垂线偏差的方法。大地水准面沿升弧和降弧对时间 t 的导数分别为

$$\left.\begin{aligned}\dot{N}_{\mathrm{a}}\equiv\frac{\partial N_{\mathrm{a}}}{\partial t}=\frac{\partial N}{\partial\varphi}\dot{\varphi}_{\mathrm{a}}+\frac{\partial N}{\partial\lambda}\dot{\lambda}_{\mathrm{a}}\\ \dot{N}_{\mathrm{d}}\equiv\frac{\partial N_{\mathrm{d}}}{\partial t}=\frac{\partial N}{\partial\varphi}\dot{\varphi}_{\mathrm{d}}+\frac{\partial N}{\partial\lambda}\dot{\lambda}_{\mathrm{d}}\end{aligned}\right\}\tag{3.38}$$

式中，λ 与 φ 分别为经度和纬度；$\dot{\varphi}_{\mathrm{a}}$、$\dot{\lambda}_{\mathrm{a}}$、$\dot{\varphi}_{\mathrm{d}}$、$\dot{\lambda}_d$ 分别表示卫星地面升弧轨道与降弧轨道在纬度、经度方向上的速度；$\dot{N}_{\mathrm{a}}$、$\dot{N}_{\mathrm{d}}$ 分别为上升轨道与下降轨道上大地水准面高相对于时间的导数。卫星地面轨道在经度、纬度方向上的速度和相应方向上的

大地水准面高的变化率都可以利用卫星观测值计算得到，因此通过以上两式就可以根据卫星地面轨道在经度、纬度方向上的速度和相应方向上的大地水准面高的变化率来计算大地水准面高在卫星地面轨道方向上的变化率。

当卫星的轨道近似圆轨道时，有

$$\left.\begin{aligned}\dot{\varphi}_a&=-\dot{\varphi}_d\\\dot{\lambda}_a&=\dot{\lambda}_d\end{aligned}\right\}\tag{3.39}$$

将上式代入式(3.38)，可得大地水准面分别在经度方向和纬度方向上的导数：

$$\left.\begin{aligned}\frac{\partial N}{\partial\lambda}&=\frac{1}{2\dot{\lambda}}(\dot{N}_a+\dot{N}_d)\\\frac{\partial N}{\partial\varphi}&=\frac{1}{2\dot{\varphi}}(\dot{N}_a-\dot{N}_d)\end{aligned}\right\}\tag{3.40}$$

其中，$\dot{\varphi}$、$\dot{\lambda}$、$\dot{N}_a$、$\dot{N}_d$ 可由测高观测数据计算得到。

由于$\frac{\partial N}{\partial\varphi}$和$\frac{\partial N}{\partial\lambda}$分量可由上式计算得到，因此，垂线偏差的子午圈方向分量 ξ 和卯酉圈方向分量 η 可以确定：

$$\left.\begin{aligned}\xi&=-\frac{1}{R}\frac{\partial N}{\partial\varphi}\\\eta&=-\frac{1}{R\cos\varphi}\frac{\partial N}{\partial\lambda}\end{aligned}\right\}\tag{3.41}$$

逆 Vening-Meinesz 公式为(Molodenskii 等，1960)

$$\Delta g=\frac{\gamma}{4\pi R}\iint_\sigma\left(3\csc\psi-\csc\psi\csc\frac{\psi}{2}-\mathrm{tg}\,\frac{\psi}{2}\right)\frac{\partial N}{\partial\psi}\mathrm{d}\sigma\tag{3.42}$$

式中，Δg 是空间重力异常；σ 是单位球面；R 是地球平均半径；ψ 是计算点 P 与流动点间的球面角距；N 为大地水准面高；$\frac{1}{R}\frac{\partial N}{\partial\psi}$为 ψ 方向上的垂线偏差分量。

若令计算点 P 与流动点间的方位角，即 ψ 方向上的方位角是 α，有

$$\left.\begin{aligned}\sin\alpha&=-\frac{\cos\varphi\sin(\lambda_P-\lambda)}{\sin\psi}\\\cos\alpha&=\frac{\cos\varphi_P\sin\varphi-\sin\varphi_P\cos\varphi\cos(\lambda_P-\lambda)}{\sin\psi}\end{aligned}\right\}\tag{3.43}$$

则由$\frac{1}{R}\frac{\partial N}{\partial\psi}=\xi\cos\alpha+\eta\sin\alpha$，式(3.42)可化为

$$\begin{aligned}\Delta g(\varphi_P,\lambda_P)&=\frac{\gamma}{4\pi}\iint_\sigma\left(3\csc\psi-\csc\psi\csc\frac{\psi}{2}-\mathrm{tg}\,\frac{\psi}{2}\right)(\xi\cos\alpha+\eta\sin\alpha)\mathrm{d}\sigma\\&=\frac{\gamma}{4\pi}\iint_\sigma\Big[\xi\cos\alpha\left(3\csc\psi-\csc\psi\csc\frac{\psi}{2}-\mathrm{tg}\,\frac{\psi}{2}\right)+\\&\qquad\eta\sin\alpha\left(3\csc\psi-\csc\psi\csc\frac{\psi}{2}-\mathrm{tg}\,\frac{\psi}{2}\right)\Big]\mathrm{d}\sigma\end{aligned}\tag{3.44}$$

顾及式(3.43)中的 $\sin\alpha$、$\cos\alpha$，上式可写为

$$\Delta g(\varphi_P,\lambda_P)=\frac{\gamma}{4\pi}\iint_{\sigma}(\xi IV_{\xi}+\eta IV_{\eta})\mathrm{d}\sigma \tag{3.45}$$

其中，

$$\begin{aligned}IV_{\xi}&=\cos\alpha\left(3\csc\psi-\csc\psi\csc\frac{\psi}{2}-\mathrm{tg}\frac{\psi}{2}\right)\\&=\left[\frac{\cos\varphi_p\sin\varphi-\sin\varphi_p\cos\varphi\cos(\lambda_p-\lambda)}{\sin\psi}\right]\left(3\csc\psi-\csc\psi\csc\frac{\psi}{2}-\mathrm{tg}\frac{\psi}{2}\right)\end{aligned} \tag{3.46}$$

$$\begin{aligned}IV_{\eta}&=\sin\alpha\left(3\csc\psi-\csc\psi\csc\frac{\psi}{2}-\mathrm{tg}\frac{\psi}{2}\right)\\&=-\frac{\cos\varphi\sin(\lambda_P-\lambda)}{\sin\psi}\left[3\csc\psi-\csc\psi\csc\frac{\psi}{2}-\mathrm{tg}\frac{\psi}{2}\right]\end{aligned} \tag{3.47}$$

且

$$\sin(\psi/2)=\left[\sin^2\frac{1}{2}(\varphi_P-\varphi)+\sin^2\frac{1}{2}(\lambda_P-\lambda)\cdot\cos\varphi_P\cos\varphi\right]^{1/2} \tag{3.48}$$

式(3.45)给出了基于逆 Vening-Meinesz 公式利用垂线偏差确定重力异常的积分公式，实际计算时，通常利用 FFT 算法加速积分的运算。FFT 算法分一维(1-D)算法和二维(2-D)算法两种，两种算法都要求首先将逆 Vening-Meinesz 公式写成卷积的形式，2-D FFT 算法速度较快，但由于在其卷积表达式中需用平均纬度近似表示进行积分的纬线圈的纬度，因此，2-D FFT 算法的精度不如 1-D FFT 算法高。1-D FFT 算法介于普通积分法与 2-D FFT 算法之间，是普通积分与 FFT 的混合算法，即首先在同一条纬线上利用 FFT 算法，然后对不同的纬线进行普通积分。因此在 1-D FFT 算法中，一条纬线上的所有点的重力异常值一次算出，不同纬线上的重力异常值则分别算出。不加推导分别给出式(3.45)的一维和二维卷积表达式，其中一维卷积表达式(李建成，2002)为

$$\begin{aligned}\Delta g(\varphi_i,\lambda_P)&=\frac{\gamma}{4\pi}\iint_{\sigma}[\xi(\varphi_i,\lambda)IV_{\xi}(\varphi_i,\varphi,\lambda_P-\lambda)+\eta(\varphi_i,\lambda)IV_{\eta}(\varphi_i,\varphi,\lambda_P-\lambda)]\mathrm{d}\sigma\\&=\frac{\gamma}{4\pi}\int_{\varphi}\{[\xi(\varphi_i,\lambda)\cos\varphi]*IV_{\xi}(\varphi_i,\varphi,\lambda_P-\lambda)+\\&\quad[\eta(\varphi_i,\lambda)\cos\varphi]*IV_{\eta}(\varphi_i,\varphi,\lambda_P-\lambda)\}\mathrm{d}\varphi\\&=\frac{\gamma}{4\pi}F_1^{-1}\{\int_{\varphi}\{F_1[\xi(\varphi_i,\lambda)\cos\varphi]F_1[IV_{\xi}(\varphi_i,\varphi,\lambda_P-\lambda)]+\\&\quad F_1[\eta(\varphi_i,\lambda)\cos\varphi]F_1[IV_{\eta}(\varphi_i,\varphi,\lambda_P-\lambda)]\}\mathrm{d}\varphi\}\end{aligned} \tag{3.49}$$

令

$$\begin{aligned}cs&=\cos\varphi_P\sin\varphi\\&=\frac{1}{2}[\sin(\varphi_P+\varphi)-\sin(\varphi_P-\varphi)]\end{aligned}$$

$$=\frac{1}{2}[\sin(2\varphi_M)-\sin(\varphi_P-\varphi)]$$

和
$$sc=\sin\varphi_P\cos\varphi$$
$$=\frac{1}{2}[\sin(\varphi_P+\varphi)+\sin(\varphi_P-\varphi)]$$
$$=\frac{1}{2}[\sin(2\varphi_M)+\sin(\varphi_P-\varphi)] \tag{3.50}$$

二维球面卷积表达式可写为

$$\Delta g(\varphi_P,\lambda_P)=\frac{\gamma}{4\pi}\iint_\sigma(\xi IV_\xi+\eta IV_\eta)\mathrm{d}\sigma \tag{3.51}$$

其中

$$IV_\xi=\cos\alpha(3\csc\psi-\csc\psi\csc\frac{\psi}{2}-\operatorname{tg}\frac{\psi}{2})$$
$$=\left[\frac{cs-sc\cos(\lambda_P-\lambda)}{\sin\psi}\right]\cdot(3\csc\psi-\csc\psi\csc\frac{\psi}{2}-\operatorname{tg}\frac{\psi}{2}) \tag{3.52}$$

$$IV_\eta=-\frac{\cos\varphi\sin(\lambda_P-\lambda)}{\sin\psi}(3\csc\psi-\csc\psi\csc\frac{\psi}{2}-\operatorname{tg}\frac{\psi}{2}) \tag{3.53}$$

$$\Delta g(\varphi,\lambda)=\frac{\gamma}{4\pi}\iint_\sigma[\xi(\varphi,\lambda)IV_\xi(\varphi_P-\varphi,\lambda_P-\lambda)+$$
$$\eta(\varphi,\lambda)IV_\eta(\varphi_P-\varphi,\lambda_P-\lambda)]\mathrm{d}\sigma$$
$$=\frac{\gamma}{4\pi}\{[\xi(\varphi,\lambda)\cos\varphi]*IV_\xi(\varphi_P-\varphi,\lambda_P-\lambda)+$$
$$[\eta(\varphi,\lambda)\cos^2\varphi]*IV_\eta(\varphi_P-\varphi,\lambda_P-\lambda)\}$$
$$=\frac{\gamma}{4\pi}F_2^{-1}\{F_2[\xi(\varphi,\lambda)\cos\varphi]F_2[IV_\xi(\varphi,\lambda)]+$$
$$F_2[\eta(\varphi,\lambda)\cos^2\varphi]F_2[IV_\eta(\varphi,\lambda)]\} \tag{3.54}$$

考虑到二维卷积表达的高效计算特性，李建成(1997)推导了逆 Vening-Meinesz 公式的精密二维平面坐标形式卷积表达式，在保证运算速度的同时确保了积分的数值精度。定义一个局部切平面直角坐标系，以计算点 P 为原点，X 轴指向北极，Y 指向东，XY 平面过 P 点与地球相切，有

$$\sin\frac{\psi}{2}=\frac{l}{2R}=\frac{1}{2R}\sqrt{(x_P-x)^2+(y_P-y)^2} \tag{3.55}$$

式中，(x,y)和(x_P,y_P)分别为流动点 Q 和计算点 P 的直角坐标。因此可得

$$\psi=2\sin^{-1}[\frac{1}{2R}\sqrt{(x_P-x)^2+(y_P-y)^2}] \tag{3.56}$$

对于计算点 P 和流动点 Q 方向的方位角为 α，其中 α 是方向与 x 轴正向之间的夹角，则

$$\left.\begin{aligned}\cos\alpha &= -\frac{x_P - x}{\sqrt{(x_P - x)^2 + (y_P - y)^2}} \\ \sin\alpha &= -\frac{y_P - y}{\sqrt{(x_P - x)^2 + (y_P - y)^2}}\end{aligned}\right\} \tag{3.57}$$

将上面 3 个方程式及 $d\sigma = \frac{1}{R^2}dxdy$ 代入式(3.44)，得

$$\begin{aligned}\Delta g(x_P, y_P) = \frac{\gamma}{4\pi R^2}\iint_\sigma [&\xi(x,y)IV_\xi(x_P - x, y_P - y) + \\ &\eta(x,y)IV_\eta(x_P - x, y_P - y)]dxdy\end{aligned} \tag{3.58}$$

上式的二维平面坐标形式卷积表达式为

$$\Delta g(x_P, y_P) = \frac{\gamma}{4\pi R^2}\xi(x,y) * IV_\xi(x,y) + \eta(x,y) * IV_\eta(x,y) \tag{3.59}$$

其中，

$$\left.\begin{aligned}IV_\xi &= \cos\alpha(3\csc\psi - \csc\psi\csc\frac{\psi}{2} - \mathrm{tg}\frac{\psi}{2}) \\ IV_\eta &= \sin\alpha(3\csc\psi - \csc\psi\csc\frac{\psi}{2} - \mathrm{tg}\frac{\psi}{2})\end{aligned}\right\} \tag{3.60}$$

3.5.2　重力卫星观测

经过 30 多年的理论研究、技术设计和试验，利用卫星跟踪卫星(SST)和卫星重力梯度测量(SGG)技术确定高精度全球重力场的计划已顺利实施，其中包括 CHAMP、GRACE 和 GOCE 新一代卫星重力探测计划。其中前两个属于 SST 模式，后一个属于 SGG 模式，都是轨高 500 km 以下的低轨小卫星，恢复全球重力场的最高分辨率可达 100 km 或略优，目标是确定具有厘米级精度的全球大地水准面和毫伽级精度的地面重力异常。CHAMP 的高低卫星跟踪卫星(SST-hl)模式是通过高轨卫星跟踪低轨卫星轨道的摄动测定地球扰动位及其一阶梯度(扰动重力)；GRACE 的低低卫星跟踪卫星(SST-ll)模式是测定两个同轨低轨卫星间的距离及其一阶、二阶变化率，由此确定扰动位的一阶梯度向量和二阶梯度张量；GOCE 用低轨星载悬浮式三轴差分梯度仪直接测定扰动位的二阶梯度张量，也包含 SST-hl 跟踪测量。这 3 个卫星重力场测量计划本身相当于一种重力传感器系统，在低轨平台上直接采集重力场信息，不需穿过低空大气层观测，且低轨卫星利用加速度计分离出非保守力的影响(大气阻力、太阳辐射压等)，因而观测精度高。采集的信息是卫星轨道的空间重力场的局部精细结构，即扰动位的一阶和二阶梯度。由于高轨卫星的轨道可以精密测定，因此，SST-hl 相应于测定低轨道卫星的三维位置、速度和加速度；SST-ll 相应于两个低轨道卫星之间的距离、距离变化或者加速度差值；而 SGG 则相应于重力加速度短基线上的三维重力加速度差值。从数

学上讲，它们分别是重力位的一阶导数(SST-hl)、长基线上一阶导数的差分(SST-ll)和二阶导数(SGG)。图 3.14 给出了 3 个基本重力场参数(大地水准面、重力异常与重力梯度)之间的数学关联，及其在地面与卫星高度处之间的数学关系。

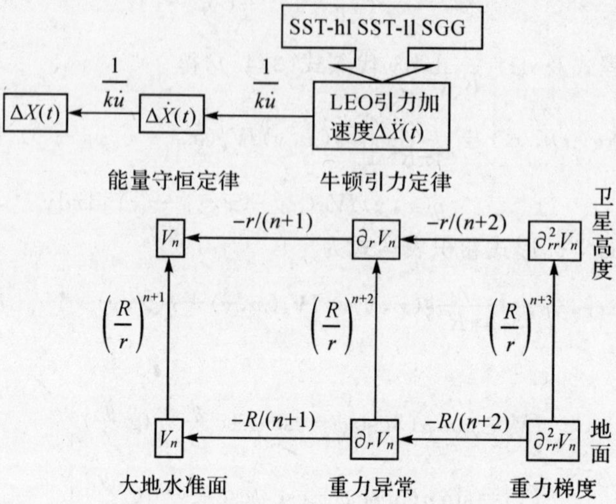

图 3.14　3 个基本重力场参数的数学关联

地球重力场的特点是长波分量占优(>90%)，地形和地壳的扰动质量产生的中短波分量相对偏小，短波(地形)影响尤小，大、中、小山区分别为米级、分米级和厘米级，个别情况例外。中、长波分量是重力场谱结构的主分量，是“骨架”，从某种意义上说，精确确定重力场模型的中、长波分量，就是为模型提供了“牢固”和精密的框架，是基础。3 个重力卫星任务的顺利实施，确保了这个框架基础的成功构建。传统的地表重力场测量方法具有固有的局限性，其地位已经转变为作为空间方法的补充和校准或进行高精度局部重力场的确定。测高卫星和重力卫星技术可以提供全球的、均匀分布的、比较稠密的和高质量的重力测量数据。尽管卫星重力观测系统不能满足所有地球科学对高精度、高分辨率重力场的要求，但它对改善和提高现有地球重力场的精度起到了决定性的作用，尤其在中长波段。本节分别给出 3 颗重力卫星的基本情况简介，重点在于分析其重力观测数据的误差来源和精度，并给出数据精化方法。

1. CHAMP

由德国空间局(DLR)和德国地学研究中心(GFZ)负责实施的 CHAMP 计划是第一个基于 SST 模式测定重力场的卫星计划。CHAMP 卫星于 2000 年 7 月 15 日发射升空，其轨道高度为 418～470 km，偏心率 $e=0.004$，倾角 $i=87.275°$。在飞行任务期间，基于高低卫星跟踪卫星等观测系统将以前所未有的精度观测地球重力场相关信息，主要用于测定地球重力场的中、长波位系数及其时间变化，同时也可进行 GPS 海洋和冰面反射信号测量以确定海面高(也称海洋 GPS 测高),GPS 掩星全球大气与电离层环境探测等,携带的高精度磁力计,可以描绘地球磁场的分布与变化。CHAMP 的科学目标是:测定中、长波地球重力场的静态部分和时间变化,测定全球磁场及其时间变化,探测大气与电离层环境。图 3.15 给出了 CHAMP 重力场测量的工作原理。

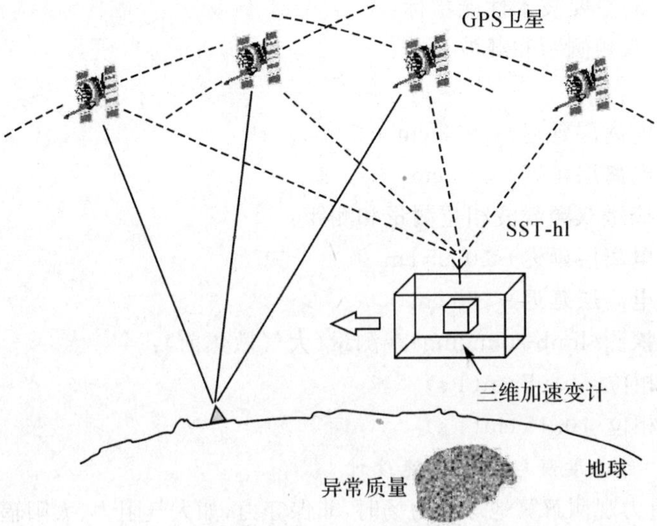

图 3.15　CHAMP 卫星重力场探测示意图(ESA)

CHAMP 计划的顺利实施,使得人类首次可以连续地在低轨平台上获取地球位场相关信息,这主要取决于 CHAMP 卫星的精密星载设备。其中用于重力场探测的主要星上设备是:①新一代的星载 GPS 接收机 TRSR-2,可实现 GPS 星座对 CHAMP 卫星轨道的连续跟踪;②高精度星载三轴六自由度静电悬浮加速度计,用于测量作用于卫星的非保守力;③恒星敏感器,用于精密测定 CHAMP 卫星的姿态。下面给出这 3 种设备的主要技术指标。

1)TRSR-2 GPS 接收机

TRSR-2 由美国 NASA 的 JPL 制造和提供,是联合星载加速度计确定 CHAMP 卫星高精度轨道的主要设备;其附加功能是利用无线电掩星原理探测大气,并进行 GPS 信号的海面散射测高实验。每秒发送一同步脉冲用于在轨运行精密计时,并产生自主导航信息用于 CHAMP 卫星的姿态和轨道控制系统以及恒星敏感器实现其轨道位置更新。接收机具有 3 种观测模式,即跟踪模式(缺省)、掩星模式和海面测高模式。

TRSR-2 接收机可同时接收最多 12 颗 GPS 卫星发射的 PRN L1 和 L2 频率的调制信号,利用同时刻至少 4 颗不同卫星的伪距及各自已知星历,可解得接收机的三维坐标及其时变量，由此得到一个导航解。解的精度取决于是否能取得接收机和卫星星座内部加密的P码，经事后处理精度可达几米。若利用公开的较低精度的C/A码，经事后处理精度为几十米。利用大数据量的精密载波相位跟踪数据，以及GPS卫星和CHAMP卫星定轨联合全动态解算，顾及参考框架、动力和测量模型参数的改正，可获得CHAMP卫星高精度定轨结果，目前已可达到5 cm左右。

TRSR-2的主要技术性能指标：

(1)POD双频测距和载波计数：

间隔1 s

相位(无电离层延迟)<0.2 cm

测距(无电离层延迟)<30 cm

(2)大气掩星双频载波相位测量和测距：

相位(无电离层延迟)<0.05 cm

测距(无电离层延迟)<50 cm

(3)边缘探测(limb-sounding)观测量(大气散焦前)：

L1载波相位<0.05 cm(1 s)

L2载波相位<0.15 cm(1 s)

2)三轴六自由度静电悬浮加速度计

由卫星重力观测解算地球重力场时，非保守力，如大气阻力、太阳辐射压力、卫星姿态调整推动力等，是卫星重力测量的干扰信号，因此卫星重力测量中的一个重要问题是如何将这些非保守力对卫星运动的扰动精确地加以排除。星载加速度计的作用就是精确测定作用于卫星的非保守力，对相关观测量加以改正排除其扰动影响。

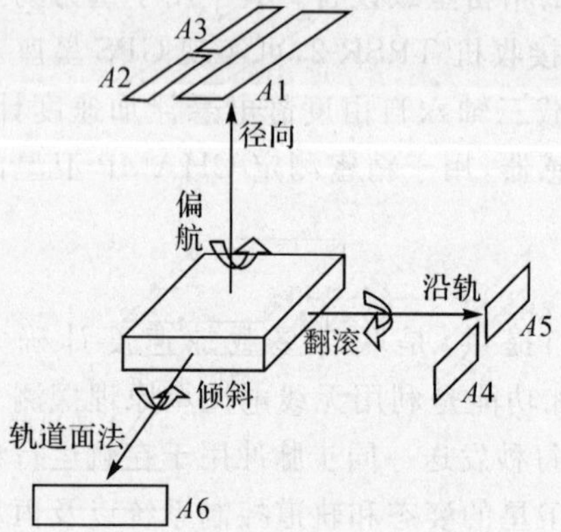

图3.16 三轴六自由度静电加速度计结构示意图

由于重力探测对非保守力测定或估计的精度要求是：卫星径向或法向加速度不低于$1.0\times10^{-8}\ m\cdot s^{-2}$，切向不低于$1.0\times10^{-9}\ m\cdot s^{-2}$。当卫星轨道低于500 km时，目前任何一种力模型估计精度远不能达到此要求，因此高精度的加速度计是解决非保守力影响的唯一途径，是低轨卫星重力探测最为关键的设备之一。安置在CHAMP卫星质心的加速度计是由法国国家航天研究所(ONERA)负责研制，法国国家空间研究中心(CNES)提供的静电悬浮加速度计(STAR accelerometer)。其结构示意图见图3.16。它是通过感测电容的变化来检测加速度。基本原理是：一个检验质量悬浮在由三对相互垂直的电极组成的容器中，当卫星和检验质量只受到重力作用，则检验质量保持在中心位置，一旦卫星表面受到非保守力作用使检验质量产生相应惯性加速度偏离中心位置，相互垂直电极的电压就会发生相应的变化，并自动对检验质量施加不同的静电作用力，使得检验质量回到中心位置。通过记录电极电压的变化，就可测定检验质量的加速度，即非保守力加速度。

CHAMP 卫星上的星载加速度计主要性能指标如下：

(1)加速度框架轴系正交性：　$<2.5\times10^{-5}$ rad(约 5 ms)

(2)测量带宽：　$10^{-4}\sim10^{-1}$ Hz

(3)线加速度：

范围　$\pm10^{-4}\ \mathrm{m\cdot s^{-2}}$

灵敏度　$<3\times10^{-9}\ \mathrm{m\cdot s^{-2}}$(敏感轴 Z 和 Y 方向)

$<3\times10^{-8}\ \mathrm{m\cdot s^{-2}}$(弱敏感轴 X 方向)

(4)角加速度：

灵敏度　$1\times10^{-7}\ \mathrm{rad\cdot s^{-2}}$($X$ 轴)，$5\times10^{-7}\ \mathrm{rad\cdot s^{-2}}$($Y$、$Z$ 轴)

最大温度偏差系数 $5\times10^{-8}\ \mathrm{m\cdot s^{-2}}$/℃($X$ 轴)，$1\times10^{-8}\ \mathrm{m\cdot s^{-2}}$/℃($Y$、$Z$ 轴)

最大温度尺度因子系数　$2\times10^{-3}\mathrm{C^{-1}}$($X$ 轴)，$5\times10^{-3}\mathrm{C^{-1}}$($Y$、$Z$ 轴)

(5)加速度计检验质量中心与卫星质心的最大偏差：<2 mm。

3)恒星敏感器

CHAMP 卫星的姿态测量是通过其上安置的两个恒星敏感器实现的。恒星敏感器，又名高级星光罗盘(advanced stellar compass，ASC)，其测量是基于像对的立体测图原理(过程倒置)，通过在卫星平台上安装恒星照相机组(一般两个)，并选择适当的恒星星座，采用高精度的恒星星历，能达到卫星测量系统对平台姿态测量的精度要求。恒星敏感器可实现姿态测量自动化，且姿态信息的误差不像惯性测量单元的陀螺方向误差随时间积累。恒星敏感器安装时，要求恒星敏感器姿态轴与加速度计敏感轴夹角(通常设计为平行)的标定精度为几弧秒。CHAMP 上装有两套 ASC 系统，每一系统都由双镜头单元(CHU)组成，共用一个数据处理单元(DPU)。其中一个 ASC 系统装在卫星的前伸壁梁，是测磁光学部件的组成部分，和一个磁力计固连在一起，其相机镜头具有洁磁性，以改进其姿态解传输的可靠性，该 ASC 系统为向量磁场测量提供高精度姿态角信息；另一个 ASC 系统装于卫星顶部一个窗口，为固连于卫星的各种仪器提供高精度姿态角信息，并作为卫星姿态与轨道控制系统的传感器，这一 ASC 系统还为星载加速度计以及数字离子漂移计测量的 3 个分量提供姿态数据。

CHAMP 卫星上的 ASC 主要设计指标如下：

姿态角测定精度　4″(弧秒)

视场　18.4°×13.4°

采样率　1 Hz(标称)，0.5 Hz，2 Hz

CHU 磁矩	10^{-5} A/m^2
电源能耗	8 W
CHU 重	200 g(不包括防护板)
DPU 重	800 g
CHU 尺寸	50 mm×50 mm×45 mm
DPU 盒尺寸	100 mm×100 mm×100 mm

CHAMP 任务的科学数据产品分为两大类:标准科学数据产品和特别科学数据产品,见图 3.17。标准科学数据产品面向一般用户或用于一般科学研究,而特别科学数据产品则面向系统操作人员内部或限制级用户。两类产品都有三大部分组成:轨道和重力场处理系统(oribit and gravity field processing system,OG)、地磁场和电场处理系统(magnetic and electric field processing system,ME),以及大气/电离层剖面系统(atmospere/ionospere profiling systems,AP/IP)。每个部分又分成四类:Level 1、Level 2、Level 3 和 Level 4。

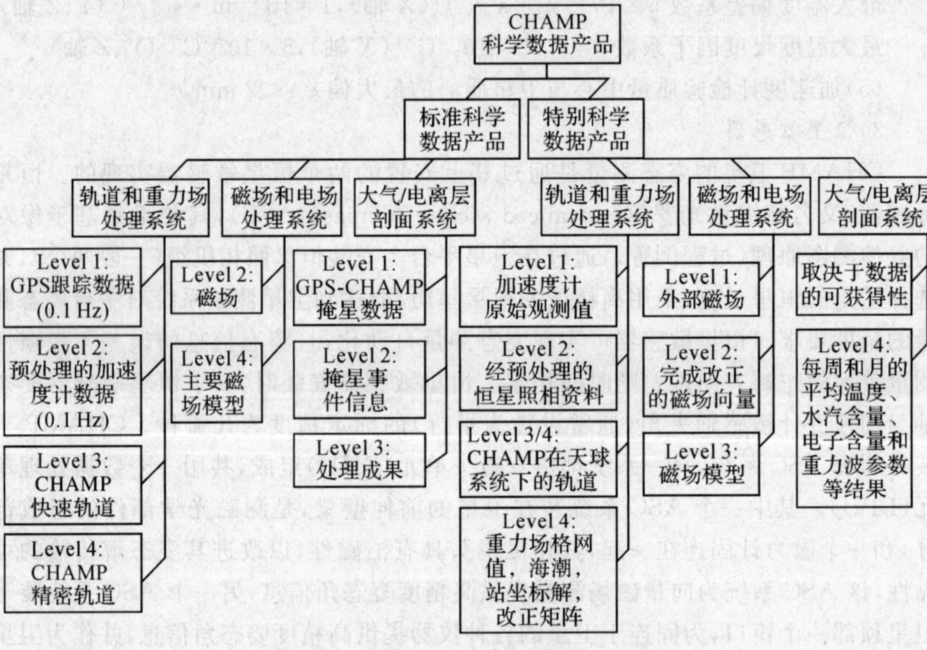

图 3.17　CHAMP 任务的数据分类框图

对于重力场研究目的,所需要的观测数据主要包括:

(1)精密轨道数据。

(2)三轴加速度计精密测定 CHAMP 卫星的非保守力数据。

(3)利用恒星敏感器确定卫星姿态的数据。

由于在解算重力场时,不同的方法涉及的数据处理流程不同。例如,利用动力学一步法解算，对于卫星轨道数据仅需要 GPS 接收机的观测，加速度计数据的校准参数也不单独求解，而与卫星轨道、重力场模型位系数等一并解算；对于使用能量法求解，则卫星轨道需要纯运动学精密轨道，并且加速度计数据需要提前进行校准，但对于卫星观测数据在不同坐标系下的转换，则必须要求恒星敏感器的姿态数据，以实现坐标在空固系与地固系之间的转换。

利用卫星轨道摄动确定地球重力场是卫星重力技术最经典的方法，如果利用精密定轨技术获得了重力卫星的精密轨道，则可通过数值积分技术解变分方程得到以位系数为待求参数的法方程。如果我们已知各种力模型，通过数值积分得到积分轨道与 GPS 卫星观测计算的精密轨道相比较，它们之间将不会完全重合，原因是积分轨道采用的包括地球重力场、海潮、固体潮等各种先验模型不准确而引起差别。如果利用两种轨道的差值建立其与各种先验模型参数修正值间的关系，进而可以改进先验模型的参数，考虑到恢复地球重力场模型，假设除地球重力场摄动外的所有其他各种摄动均已准确测定（非保守力）或利用模型算出（第三体引潮力），并利用先验重力场模型 EGM 96，同时引入卫星在初始时刻的状态向量作为附加的未知参数，则可以通过积分得到卫星轨道，再由最小二乘平差即可获得卫星初始时刻状态向量改正数以及相对于 EGM 96 重力场模型参数的改正值。为了得到更为精确的结果，这个过程通常需要多次迭代，通过不断地改进卫星初始时刻的状态相量以及重力场模型的参数使得积分轨道越来越接近于真实的卫星轨道，最终获得精密的卫星轨道和更为精确的地球重力场模型，这是利用卫星摄动轨道的数值积分方法恢复地球重力场基本思想。

如果已经获得卫星的精密轨道和各种动力学模型参数的初值，则可将待估参数中经验摄动力模型参数去掉，同时将位系数等模型参数作为未知数，基于轨道初值和动力学模型参数初值，再利用轨道积分得到参考轨道以及其对各估计参数的偏导数，即可建立卫星摄动轨道的线性观测方程。

如果考虑利用卫星观测获得离散的重力场参量，上述方法显然不能实现，但近些年流行的能量守恒方法给出了新的思路。利用能量守恒方法，我们可以得到卫星高度处的扰动位。由于一切重力场参量都是扰动位的泛函，因此，利用卫星重力观测基于能量守恒方法确定的扰动位、重力异常、垂线偏差等参量均可由扰动位计算得到。不加推导，给出惯性系中利用能量守恒原理恢复地球重力场的基本方程（王正涛，2005）。

$$V=\frac{1}{2}(\dot{r}_{i_x}^2+\dot{r}_{i_y}^2+\dot{r}_{i_z}^2)-\bar{\omega}(r_{i_x}\dot{r}_{i_y}-r_{i_y}\dot{r}_{i_x})-V_t-\Delta C-E_0 \tag{3.61}$$

在地固系中的能量守恒方程为

$$T+E_0=\frac{1}{2}(\dot{r}_{e_x}^2+\dot{r}_{e_y}^2+\dot{r}_{e_z}^2)-U_0-\frac{1}{2}\cdot\bar{\omega}^2\cdot(r_{e_x}^2+r_{e_x}^2)-V_t-\Delta C \tag{3.62}$$

方程左边为未知的扰动位 T 加上一个未知的能量常数 E_0。方程右边各项可由卫星观测数据和已知模型计算确定，是一种能量“观测值”。其中，第一项动能需要卫星的速度 $\dot{\vec{r}}$；第二项正常重力位 U_0 需要卫星的位置 $\vec{r}$；第三项由于地球自转引起的“位旋转”项则由卫星的位置 $\vec{r}$ 和地球自转平均速度确定；第四项 V_t 包括各种三体引力位、潮汐位等可由理论模型精确计算；最后一项非保守力引起的耗散能 ΔC，则需要沿卫星轨道积分加速度计数据。对于能量常数 E_0 可单独作一未知参数置于观测方程，也可利用观测方程的“观测值”，在 T 的期望值为零的假设下得到 E_0 的估计值，并在所有“观测量”中事先减去此常数估值。

可以看到，利用方程(3.61)或(3.62)，代入 CHAMP 卫星的精密轨道数据、加速度计数据，联合其他地球物理模型数据，则卫星高度处的扰动位可精确确定，这个结果覆盖范围虽然受限于卫星倾角(倾角 $i=87.275°$)，但除了两极 2°左右的空白区外，地球其他区域将可被完全覆盖。这种新型重力数据源可大大改善陆地重力观测的空白，以弥补地面重力和航空重力测量的不足。图 3.18 为 CHAMP 卫星实测数据在飞行高度上的点位分布。

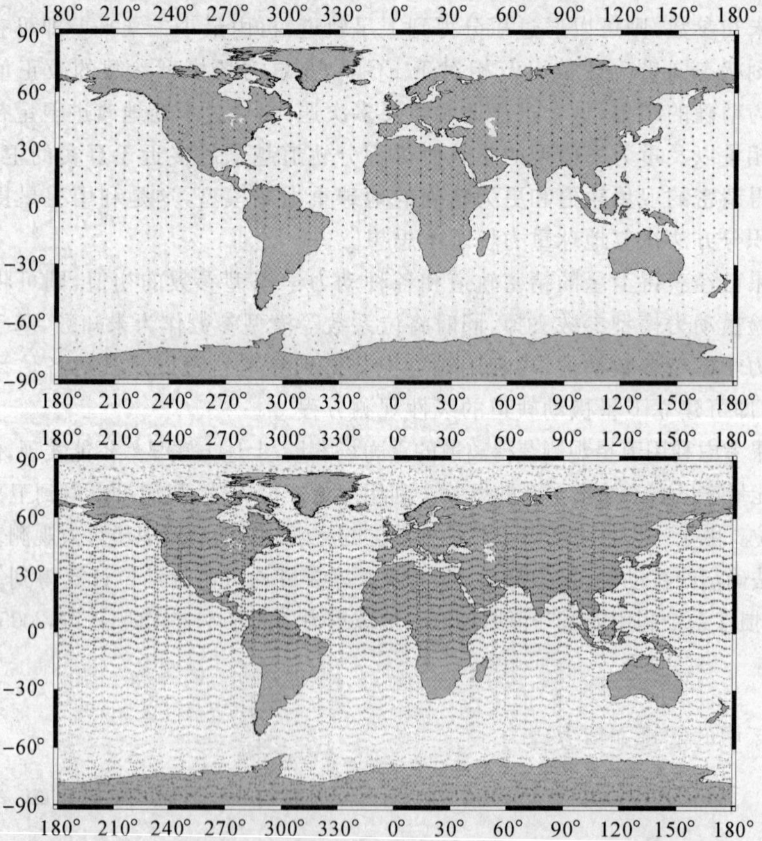

图 3.18　CHAMP 卫星 1 天(上图)与 5 天(下图)在飞行高度上的测点分布(km)

考虑到我们需要的是地面的重力异常，因此，这里需要对扰动位的向下延拓问题提起注意。由于位函数向下延拓本身是一个欠适定问题，长期以来是一个研究难题，后文将给出一种针对卫星重力数据向下延拓的新方法——虚拟恢复压缩法，可适用于此问题的解答，详见§3.6。

2. GRACE

基于 SST-hl 技术的 CHAMP 卫星重力测量，观测的是低轨卫星处重力位的一阶导数，可恢复较高精度的中长波重力场，但这种高-低跟踪模式对沿轨重力变化不敏感，不能提供近轨空间重力场精细结构信息。这一缺陷在 GRACE 和 GOCE 观测模式中得到了弥补，SST-ll 可观测重力位的二阶导数。因此，GRACE 的 SST-ll 观测等效于一种长基线重力梯度测量；GOCE 的 SGG 测量则是一种短基线全张量重力梯度测量。SST-hl、SST-ll 和 SGG 的联合可恢复大于 100 km 分辨率的高精度全波段重力场。这里要指出的是，重力位的二阶梯度场（重力梯度）比其一阶梯度场（重力）衰减速度大约“慢”n（即与展开阶数成正比）倍，因此有利于揭示重力场局部结构。

GRACE 卫星重力测量技术是由美国的国家宇航署（NASA）和德国的空间飞行中心（DLR）联合开发的。工程管理由美国喷气动力实验室（JPL）负责，科学数据处理、分发与管理由美国喷气动力实验室（JPL）、德克萨斯大学的空间研究中心（CSR）和德国的地学研究中心（GFZ）共同承担。

GRACE 卫星于 2002 年 3 月 17 日从俄罗斯北部的 Plesetsk 发射升空并实现了 GRACE 双星分离。在为期两个半星期的轨道转移调整运行阶段，通过频繁的数据交换监测卫星的状态。当卫星的轨道运行稳定之后，GRACE 进入试运行阶段，启动了星载的科学仪器并对其进行评估，包括：建立两颗卫星之间的联系和它们的表现特征；计算精密的卫星轨道并用地面激光跟踪数据进行校验；对卫星平台 3 个轴向进行初始校验和质心改正以及软件的修补与参数更新等。试运行阶段成功完成之后进入为期 6 个月的校准阶段，在这个阶段内主要解决包括从卫星接收科学数据的连续记录以及数据链问题，对 K 波段测距系统的瞄准器进行检测和校正，以及通过利用观测数据计算初步的地球重力场模型，同时进行加速度计的校正。对于重力场模型的检核，则通过内部一致性与地面收集到的数据进行比较两种途径。随着各种科学仪器的正常运转，任务进入稳定的观测阶段。GRACE 星载的各种有效载荷将源源不断的观测数据传输到地面监控站，直到卫星的寿命终结。表 3.2 给出了 GRACE 卫星物理参数与轨道特征。

在卫星观测阶段，由于大气阻力等的差异，两颗卫星间的间距将在 170～270 km之间变化。为了保持星间距离在期望的间距 220 km 左右，地面站将每 30 天到 60 天对双星进行一次必要的调整。同时，为了保证每颗卫星上的 K 波段微波天线老化过程的一致性，在观测期间，GRACE A 和 GRACE B 卫星将交换前后位置一次，两颗卫星的高度将从任务开始阶段的 500 km 下降到最终的 300 km。图 3.19 给出了 GRACE 卫星重力场探测示意图。

表 3.2　GRACE 卫星物理参数与轨道特征

		GRACE A	GRACE B
物理参数	宽 WIDTH/mm	1 942	
	长 LONG/mm	3 123	
	高 HIGH/mm	720	
	质量 MASS/kg	487	
	寿命 LIFE/years	5	
轨道特征	发射时间/s	UTC 时间 2002 年 3 月 17 日 10:46:50.875	
	长半轴 a/km	6 876.481 6	6 876.992 6
	偏心率 e	0.000 409 89	0.000 497 87
	倾角 i/degree	89.025 446	89.024 592
	升交点赤经 Ω/degree	354.447 149	354.442 784
	近地点角距 ω/degree	302.414 244	316.073 923
	平近点角 M/degree	80.713 591	67.044 158

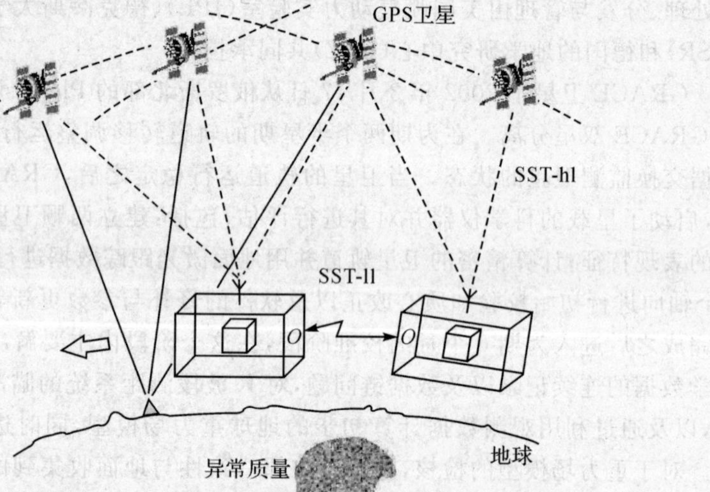

图 3.19　GRACE 卫星重力场探测示意图(ESA)

对于应用于地球重力场的探测，主要星上设备包括：

(1)新一代星载 GPS 接收机，可实现 GPS 星座对 GRACE 卫星轨道的连续跟踪。

(2)高精度星载加速度计，用于精密测定卫星的非保守力影响。

(3)K 波段微波测距系统，用于两颗 GRACE 卫星之间的精密跟踪测距。

(4)恒星敏感器,用于精密测量 GRACE 卫星的姿态。

利用这些仪器的观测结果,可以前所未有的精度测定中、长波地球重力场的静态部分。其中长波 5 000 km 分辨率的大地水准面期望精度为 0.01 mm,中波 500～5 000 km 分辨率的大地水准面期望精度为 0.1～0.01 mm;以 2～4 星期时间段观测数据测定地球重力场的时变量,测定大地水准面年变化的期望精度为 0.01～0.001 mm。

GRACE 科学数据产品分为 4 类:Level 0、Level 1A、Level 1B 和 Level 2。Level 0 数据是卫星在轨的原始观测数据。Level 1A 数据是对 Level 0 数据进行非破坏性处理所得到的结果,主要包括将二进制编码的测量结果转换到工程应用单位制,数据根据各自卫星接收机的钟加上时间标记,同时对数据增加编辑和质量控制标记,并重新统一数据输出格式。Level 1B 数据是通过处理 Level 1A 和 Level 0 数据而得到的。Level 1B 数据被标上了统一的正确时间,数据采样率也从前一级的高采样率降低。Level 1B 数据提供了计算地球平均重力场模型以及研究重力场时变所必需的所有输入数据,同时,它也被用于 GRACE 卫星精密轨道的确定。确定 GRACE 重力场模型的数据源即是 Level 1B 数据,它主要包括下面 7 类数据:①双频单通道测距数据;②恒星敏感器数据;③加速度计数据;④GPS 跟踪数据;⑤卫星辅助管理数据;⑥时间数据;⑦卫星轨道数据。

作为 GRACE 卫星关键有效荷载之一,SuperSTAR 加速度计,是 CHAMP 卫星任务加速度计的改进型。研制机构同 CHAMP 加速度计,同样安置在 GRACE 卫星的质心上,测定作用于 GRACE 卫星的非保守力。GRACE Level 1B 加速度计数据 ACC1B 提供了每颗 GRACE 卫星的检验质量——3 个线加速度分量和 3 个角加速度分量,数据采样率为 1 s,坐标系为科学参考框架。

由于加速度计数据 ACC1B 产品中包括有一个仪器尺度因子和偏差飘移,因此对于 GRACE 卫星数据用于精密轨道确定和地球重力场恢复,则必须考虑上述两个参数的确定。在加速度计数据处理过程中,GRACE 数据中心公布了两个参数的初始估值,用于确定更高精度的加速度计结果。经过校准的加速度计数据比 ACC1B 数据与真实的非保守力更接近。

因为仪器三个方向电气物理特性不同,并且不同的方向受力情况不同。因此,每个方向都要求相应的校准参数,单一个方向的校准公式(Bettadpur,2003)为

$$a_{\mathrm{new}} = bias + scale \cdot a_{\mathrm{ACC1B}} \tag{3.63}$$

需要注意的是,上述公式仅适用于线加速度计数据的校准。表 3.3 给出了 GRACE 数据中心公布的校准参数的初值。从表中可以看出,偏差估值并不是一个常数,而是时间的函数,可以通过一个简单的线性函数关系表示,但 GRACE B 卫星的 Y 轴偏差更为复杂,必须利用一个二次函数才能估计。这些数据只能作为加速度校准参数的初值,而不能作为结果使用。为了获得更高精度的结果,必须对

这些初值作进一步的改进。

表 3.3 GRACE 卫星加速度计校准参数初始估值

类型	方向(SRF)	GRACE A	GRACE B	附加注释
SCALES	X	0.961	0.947	±0.002
	Y	0.980	0.970	±0.020
	Z	0.940	0.920	±0.020
BIASES：(nm/s/s)	X	$-1020-0.24(T-52365)$：$T<52706$ $-1110-0.08(T-52700)$：$T\geqslant 52706$	$-520-0.08(T-52400)$	T：MJD
	Y	$26000+5.0(T-52400)$：$T<52706$ $27800+1.7(T-52700)$：$T\geqslant 52706$	$5940+10.5(T-52400)-0.01(T-52400)^2$	
	Z	-500	-775	

如前文所述，能量守恒方法对于加速度计测得的非保守力加速度非常敏感。因此，能量守恒方法不仅可以用于地球重力场的确定，而且还是校准加速度计数据的可靠有效的方法。

设非保守力附加项用 ΔC 表示，星载加速度计测得的非保守力加速度为 $\vec{a}$，则产生的能量耗散 ΔC 等于沿轨道积分加速度数据，有

$$\Delta C=\int_x \vec{a}\,\mathrm{d}x=\int_{t_0}^{t}\vec{a}\times\dot{\vec{r}}\,\mathrm{d}t \tag{3.64}$$

由式(3.61)或式(3.62)可知，如果加速度计数据中含有误差，则最终导致能量积分的结果(扰动位)中含对应偏差。因此，如果利用已知的重力场模型得到同一位置的扰动位，则利用两个扰动位的差别由式(3.61)或式(3.62)和式(3.63)、式(3.64)联立即可确定比例因子和偏差的估值。对于时间序列的加速度计观测值 $\vec{a}_i(i=1,\cdots,n)$，利用式(3.61)或式(3.62)可以得到对应的扰动位观测值，若以某一时刻 t_0 为起点，则对于时间间隔为 Δt 的 t_1、t_2、…、t_n 时刻有离散化观测方程

$$\left.\begin{aligned}
T_1&=E_1-U_1-\bar{\omega}(r_{i_x}\dot{r}_{i_y}-r_{i_y}\dot{r}_{i_x})|_1-V_{t_1}-(\dot{\vec{r}}_1\cdot\vec{a}_1\cdot\Delta t)-E_0\\
T_2&=E_2-U_2-\bar{\omega}(r_{i_x}\dot{r}_{i_y}-r_{i_y}\dot{r}_{i_x})|_2-V_{t_2}-(\dot{\vec{r}}_1\cdot\vec{a}_1\cdot\Delta t+\dot{\vec{r}}_2\cdot\vec{a}_2\cdot\Delta t)-E_0\\
&\cdots\\
T_n&=E_n-U_n-\bar{\omega}(r_{i_x}\dot{r}_{i_y}-r_{i_y}\dot{r}_{i_x})|_n-V_{t_n}-(\dot{\vec{r}}_1\cdot\vec{a}_1\cdot\Delta t+\cdots+\dot{\vec{r}}_n\cdot\vec{a}_n\cdot\Delta t)-E_0
\end{aligned}\right\} \tag{3.65}$$

式中，E_i 和 U_i 分别为动能和正常位。

除了上述方法外，类似于测高卫星的交叉点平差方法，由交叉点处上升弧段和下降弧段的扰动位不符值，利用交叉点平差方法，可以确定加速度计数据中的尺度因子和偏差。如果不考虑重力场的时变效应，则同一高度的卫星上升弧段与下降弧段交叉点的扰动位应该相等，但由于前述的加速度计数据中存在尺度因子和偏差，使得在交叉点上上升弧段和下降弧段的扰动的位不一致。这是因为在表达能量守恒原理的方程中，用加速度计数据积分得到的非保守力能耗 ΔC 与实际不符，不能补偿动能的变化，导致在交叉点上上升和下降轨道对应的时间间隔中计算的非保守力能耗不能补偿同时间段内动能的变化。因此，在交叉点上计算的两个扰动位观测值之差理论上应严格为零，其不符值则是由于加速度计数据误差（尺度差和偏差）使计算的非保守力耗散能不能满足能量守恒律规定的补偿值的残差。可以证明，此残差与加速度计的尺度和偏差参数成线性关系。这就是利用交叉点不符值校正加速度计的基本原理。此方法的最大优点是完全避开了先验重力场模型的影响。这两种方法的具体实例计算见文献（王正涛，2005），在此略去。

K 波段测距（KBR）系统是 GRACE 卫星最为关键的重力场测量设备，用于精密测量自由飞行的两颗 GRACE 卫星之间距离和距离变化，进而探测地球重力场的空间信息及其变化。KBR 系统的硬件设备主要包括超稳定振荡器（USO）、微波采样器、喇叭型天线和信号处理单元。

考虑到电离层改正和更高精度的相位测量，微波测距时，每颗 GRACE 卫星将向另一颗 GRACE 卫星同时发射两种频率（K/Ka）的载波相位信号，且两颗卫星的发射和接收频率因多普勒效应有一小的偏差（24 GHz 频道偏移 0.5 MHz，32 GHz 频道偏移 0.67 MHz）。当每颗卫星两个波段的 10 Hz 相位变化采样数据被下载到地面数据接收站后，再经过每个波段相位观测的线性组合，并施加电离层改正后，就可得到卫星之间的距离变率。

GRACE Level 1B 提供的 K 波段测距数据 KBR 1B 包括三类数据：有偏距离（biased range，BR）、距离变率（range rate，RR）和距离加速度（range acceleration，RA）。

有偏距离 BR 是 GRACE A 和 GRACE B 卫星各自天线相位中心的真实距离加上一个未知的偏差。对于相位变化观测的每一分段连续部分，偏差是任意的，通常在过日分界线时发生改变。BR 数据中同时也含有光时改正和几何改正。前者是由于 K 波段信号传播的时间而引起的距离变化，后者是由于卫星姿态变化而导致的距离改正。

对于时间序列的相位观测，可以分别计算两颗卫星之间的不同频率 K 和 Ka 对应的有偏距离（Frank，2003）。

$$\left.\begin{aligned}\Psi_{\mathrm{K}}&=[(\phi_{\mathrm{A.K}}+\phi_{\mathrm{B.K}})/(f_{\mathrm{A.K}}+f_{\mathrm{B.K}})]\cdot c\\\Psi_{\mathrm{Ka}}&=[(\phi_{\mathrm{A.Ka}}+\phi_{\mathrm{B.Ka}})/(f_{\mathrm{A.Ka}}+f_{\mathrm{B.Ka}})]\cdot c\end{aligned}\right\}\tag{3.66}$$

式中，ϕ 表示 GRACE 卫星的相位观测；f 表示卫星微波对应的频率；c 为光速。如果考虑电离层的影响，可以通过两种频率的距离一次差分消除，有

$$\mathrm{BR}=(\mathrm{ion\_Ka}\cdot\Psi_{\mathrm{Ka}})-(\mathrm{ion\_K}\cdot\Psi_{\mathrm{K}})\tag{3.67}$$

式中，ion_Ka＝16/7；ion_K＝9/7。

由于 GRACE 卫星的 GPS 接收机和 KBR 系统共用一个 USO，因此在数据后处理时可以利用卫星的精密定轨来确定 KBR 测量的绝对时间标志。如果 GRACE 卫星位置确定精度可以达到 2 cm，则可使卫星时钟相对于地面参考站的绝对时间精度达到 0.1 ns。此外，利用 GPS 载波相位的精密相对定位技术，可使两个 GRACE 卫星的时钟同步精度（相对精度）远高于绝对时钟精度。利用此项技术可在数据后处理中测定 GRACE 卫星的时钟漂移参数，进而提高微波测距的精度。前已提及，由于 K 波段信号从发射到接收需要传播时间，将引起观测到的 BR 转换成瞬时距离时产生一个偏差，即卫星在 K 波段信号从发射到接收这段时间内所飞行的距离，这项偏差称为光时改正（light time correction，LTC），它可以由两个 GPS 1B 数据文件中的 GRACE 卫星轨道位置和速度信息推得。

由于 GRACE 卫星 A 和 B 在飞行过程中不能时刻保持完美的视线对准，因此必须考虑因为卫星姿态的变化而没有及时调整相对视线定向造成的卫星间距离偏差，即几何改正（geometric correction，GC）。这项改正首先要利用恒星敏感器的定位信息，将天线相位中心偏移矢量旋转到惯性框架下，然后与两卫星间的视线矢量做点积得到偏差改正。

利用 KBR 系统得到 GRACE 双星间的有偏距离，则时序有偏距离对时间分别求一阶导数和二阶导数可以得到距离变率 RR 和距离加速度 RA。同上所述的原因，距离变率和距离加速度同样需要各自的光时改正和几何改正，有（王正涛，2005）

$$\left.\begin{aligned}\mathrm{BR}_{\mathrm{cor.}}&=\mathrm{BR}+\mathrm{LTC\_BR}+\mathrm{GC\_BR}\\\mathrm{RR}_{\mathrm{cor.}}&=\mathrm{RR}+\mathrm{LTC\_RR}+\mathrm{GC\_RR}\\\mathrm{RA}_{\mathrm{cor.}}&=\mathrm{RA}+\mathrm{LTC\_RA}+\mathrm{GC\_RA}\end{aligned}\right\}\tag{3.68}$$

为了获得连续的高精度卫星状态向量，GRACE 卫星装载了最新的 BJ GPS 接收机。BJ GPS 接收机是美国国家宇航局（NASA）为满足今后一段时期内基于 GPS 系统的卫星定轨服务而研制的高质量星载 GPS 接收机。该类型接收机不但适合精密轨道的确定（装载了 BJ GPS 接收机的 JASON-1 卫星的径向轨道误差为 1 cm），而且适合于利用 GPS 信号遥测地球大气层。BJ GPS 接收机是从 Turbu-rogue GPS 接收机改进而成的，已成功用于 5 个 JPL 的卫星任务。

GPS 精密轨道数据包括 JPL 公布的 GRACE Level 1B 的精密轨道数据 GNV 1B，

它是利用精密定轨软件 GIPSY 计算得到的，数据以天为单位，每天的结果利用前后两天临界的数据（3 600 s）进行平滑，数据采样率为 60 s。利用 SLR 的观测对精密轨道数据做了外部精度评定，其中简化动力学轨道的精度高于 4 cm，运动学轨道的精度低于 4 cm（Švehla，2003）。

相比于 CHAMP 卫星，GRACE 计划采用物理中描述小尺度特性的经典微分方法，将两颗卫星之间的相对运动，即卫星间的距离及其变化，用微波干涉仪极其精密地测量，其一阶微分便可得到重力加速度。由于引入了 K 波段测距系统，GRACE 卫星观测的结果无论是精度还是分辨率都远高于 CHAMP。利用 GRACE 的相关重力场计算的数据，我们同样可以得到卫星高度处的扰动位，进而计算异常重力场各相关参量。这里需要特别指出的是，K 波段数据是 GRACE 卫星计划成功实施的关键，其数据的使用将大大提高重力场恢复的精度和分辨率。图 3.20 和图 3.21 分别为 GRACE A 和 B 卫星观测分布图。

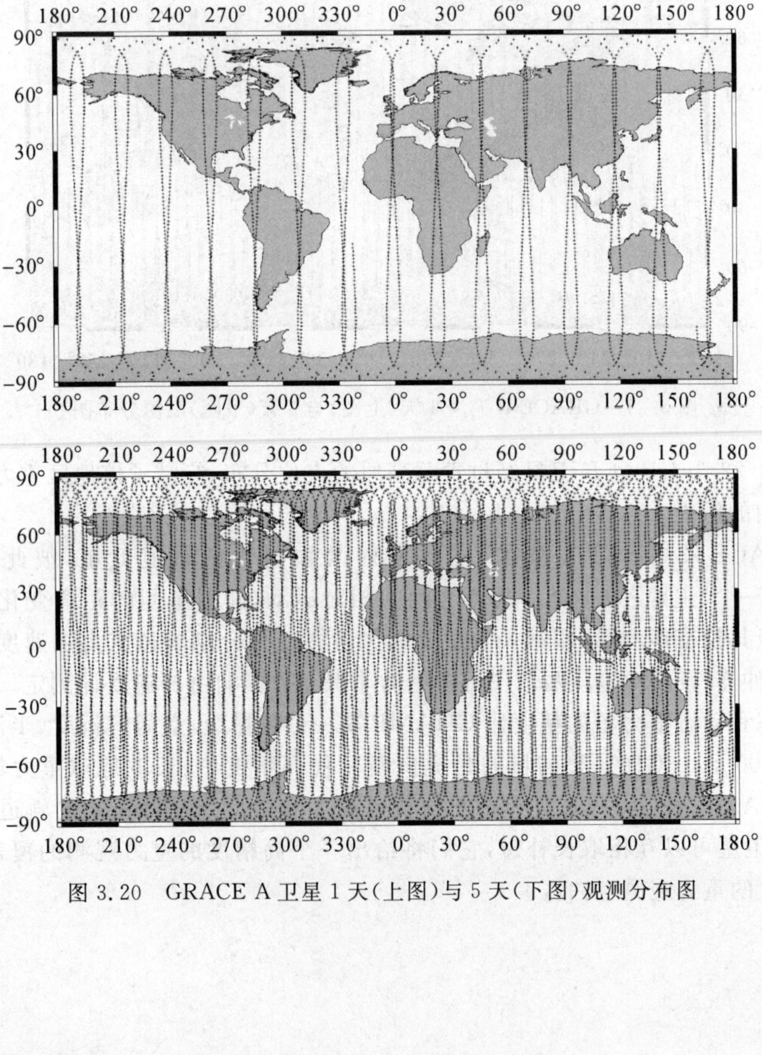

图 3.20 GRACE A 卫星 1 天（上图）与 5 天（下图）观测分布图

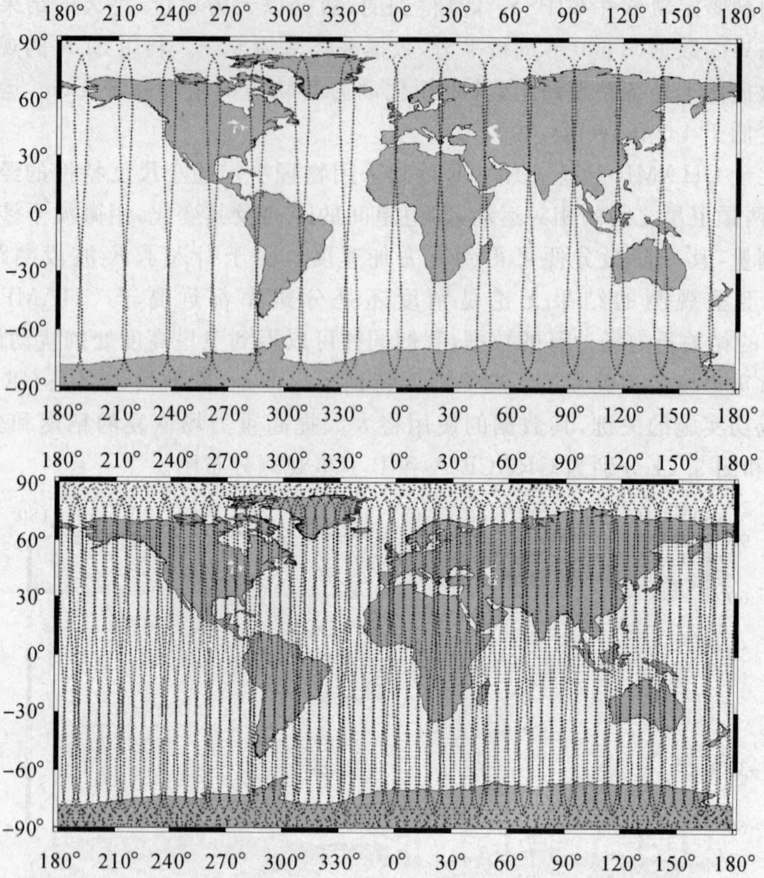

图 3.21　GRACE B 卫星 1 天(上图)与 5 天(下图)观测分布图

图 3.22 为 GRACE 卫星经过青藏高原的点位分布，终结了该地区重力测量极少或空白的历史。

GRACE 采用 SST-ll 技术，同时发射两颗同轨低轨道卫星，彼此相距约 220 km，一个“追踪”另一个。两者之间的相对运动，即卫星间的距离变化用微波干涉仪极其精密地测量，用其一阶微分和二阶微分可分别求得重力加速度和重力梯度(陆仲连 等，1994)。两个飞行器上的非保守力影响由加速度计测定。它所得到的静态和动态重力场的精度比 CHAMP 高一个数量级，空间解析度(半波长)为 1 000～200 km。GRACE 的目的是提供新一代高精度中、长波地球重力场模型。由于 CHAMP 和 GRACE 具有不同的轨道高度和由此产生的不同的轨道扰动波谱，两个卫星可以互相取长补短，它们将给出一个高精度的重力观测的覆盖，以弥补地球上的重力观测空白区。

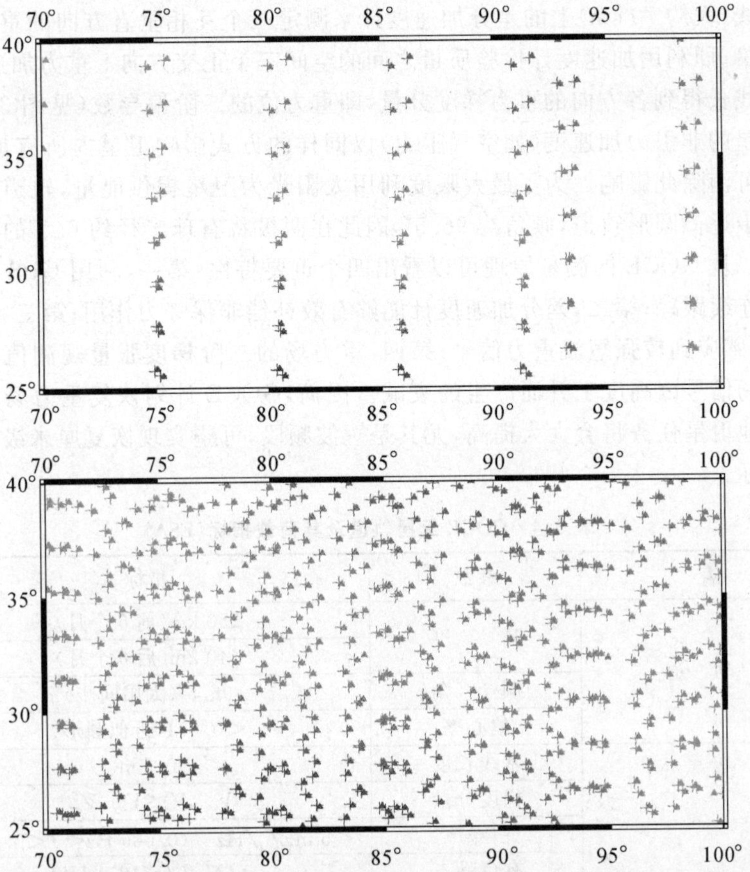

图 3.22 GRACE A&B 卫星 5 天(上图)和 30 天(下图)经过青藏高原的观测分布

3. GOCE

GOCE 卫星是第一个重力梯度测量卫星,已于 2009 年 3 月 17 成功发射。GOCE 任务期设计为两年,考虑到卫星上能量供应、试运行以及梯度仪检校等,其中仅有 12 个月为正常观测时间。分为两个阶段,每个阶段进行 6 个月连续观测,第一个测量任务期轨道高度为 250 km,后一个为 240 km。GOCE 卫星及其主要载荷包括:静电重力梯度仪 EGG、GPS-GLONASS 接收机、激光后向反射棱镜(laser rectro-reflector,LRR)、姿态控制系统、恒星敏感器、标准辐射环境监测器(standard radiation environment monitor,SREM)等仪器。静电重力梯度仪 EGG 和卫星跟踪卫星装置(SST instruments,SSTI)是 GOCE 卫星系统的两个核心装置。表 3.4 给出了 GOCE 卫星轨道和荷载的指标。

GOCE 的主要技术特点是装载有卫星重力梯度仪,同时采取 SST-hl 技术,利用 GPS 技术精密测定 GOCE 卫星轨道。基本原理是利用一个卫星内一个或多个固定基线(大约 70 cm)上的差分加速度计来测定三个互相垂直方向的重力张量的几个分量,即利用加速度计检验质量之间的空间三个正交方向上重力加速度差值,除以基线长得到各方向的重力梯度分量,即重力位的二阶偏导数(见图 3.23)。作用于卫星的非引力加速度(如空气阻力)以同样的方式影响卫星内所有加速度计,取差分可消除此影响。为了最大限度利用太阳光为卫星提供能量,轨道被设计成太阳同步近似圆形轨道,倾角约 96.5°,因此在两极将有球半径约 6.5°的无观测值覆盖区。从 GOCE 的测量原理可以看出四个重要特性:第一,利用 GPS 实现对卫星三维连续跟踪;第二,差分加速度计能够有效补偿非保守力作用;第三,卫星轨道较低,可感应到较强短波重力信号;第四,重力场的二阶梯度张量观测值可有效补偿重力场信号因高度上升而产生的衰减。因而,GOCE 计划恢复重力场的能力相对于其他卫星任务将会大大提高,尤其是短波频段,可望实现恢复厘米级大地水准面的目标。

表 3.4 GOCE 卫星轨道及其荷载指标(ESA)

参数		指标
轨道	高度	250 km(前 6 个月)
		240 km(后 6 个月)
	倾角	96.5°(太阳同步)
	偏心率	<0.001(近似圆形)
梯度仪	基线长度	0.5 m
	梯度分量	$V_{xx}, V_{xz}, V_{yy}, V_{zz}$
	白噪声	$<5\ \mathrm{mE}/\sqrt{\mathrm{Hz}}$ $(0.005\ \mathrm{Hz}<f<0.1\ \mathrm{Hz})$
	有色噪声	$1/f$ $(f<10^{-3}\ \mathrm{Hz})$
	测量带宽(MBW)	0.005~0.1 Hz
	采样率	1(s)
	检测质量定位误差	$6\times10^{-8}\ \mathrm{m}\cdot\mathrm{Hz}^{-1/2}$
	绝对/相对比例因子	$10^{-3}/10^{-5}$
	绝对/相对定向	$10^{-3}\ \mathrm{rad}/10^{-5}\ \mathrm{rad}$
GPS-GLONASS 接收机测量精度	Δx	$2\ \mathrm{cm}/\sqrt{\mathrm{Hz}}$
	Δy	$1\ \mathrm{cm}/\sqrt{\mathrm{Hz}}$
	Δz	$3\ \mathrm{cm}/\sqrt{\mathrm{Hz}}$

在重力场确定的研究中,所涉及的 GOCE 重力数据主要包括:经过校验改正过的地固坐标系或卫星参考框架中的重力梯度观测数据;经改正过的 SST-hl 观测值和 GOCE 卫星在地固坐标系或惯性坐标系中的位置数据;卫星线性加速度和角加速度向量数据;卫星姿态轨道控制以及无阻力控制推进器的历史观测资料;卫星姿态、角速度和离心加速度数据。当采用空域法求解地球重力场模型,通常需要应用近地边界面上的重力观测值,这就首先需要将沿轨的引力梯度观测值归算到接

近轨道面的一个球面上，然后将其内插成格网点值。

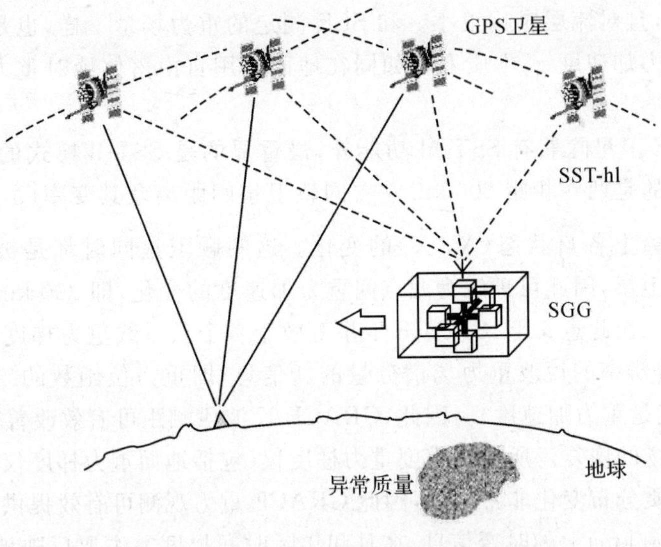

图 3.23　GOCE 卫星重力场探测示意图(ESA)

GOCE 的主要目的是提供最新的高分辨率和高精度的全球重力场和大地水准面模型，模型的完全阶次达到 200，相当于 100 km 地面分辨率。最大的贡献是提供分辨率不低于 100 km 的短波重力场分量，且模型大地水准面精度预期优于厘米级水平。GOCE 重力模型将是第一个包含短波的全波段、高精度、纯卫星重力模型，是对全球陆地重力测量数据的一次全面补充加密，特别有利于局部重力场和大地水准面的精化。

CHAMP、GRACE 和 GOCE 分别代表 SST-hl、SST-ll 和 SGG 三种卫星重力测量模式。原理各异，测定含不同频谱信息的重力场量，用于恢复重力场有互补作用，可克服传统卫星重力探测技术的局限性，有利于提高中、长波谱分量精度和恢复 100～500 km 分辨率短波重力场。

CHAMP 按 SST-hl 模式和地面 SLR 跟踪卫星确定重力场的原理本质上相同。分布于地面的 SLR 站是一组已知精密地心坐标的静态坐标参考框架，可将卫星作待定点，按经典平面“距离交会”原理近实时测定卫星在轨运行的状态，即卫星的位置 X 和速度 $\dot{X}$，由此可计算卫星的加速度 $\ddot{X}$。在排除了各种非地球引力的干扰加速度后，即卫星所在空间位置的引力加速度，加上离心力加速度，测得的是重力加速度 $g=\partial W/\partial r$，是重力位的一阶导数。其主要局限性有二：一是地面 SLR 站对卫星可跟踪观测的弧段短，且各种不同倾角激光卫星对重力场不同频谱信号敏感度各异；二是不可避免对流层折射影响。CHAMP 卫星 SST-hl 模式，是以高轨 GPS 星座为精密动态参考框架，利用 CHAMP 星载 GPS 接收机对 GPS 星座的

"测距交会"测定卫星的运行状态$(X,\dot{X})$，可对CHAMP卫星全弧段、全球覆盖连续跟踪定轨，且对流层影响很小。和SLR测定的重力场量一样，也是卫星所在空间位置的重力加速度g，本质上都如同在地面上用自由落体绝对重力仪测定一点的重力值。

GRACE卫星除兼有SST-hl功能外，最重要的是SST-ll模式的K波段微波测距。测定的是两颗相距200 km左右同轨卫星间距离及其变率$(\rho,\dot{\rho})$，表征两颗卫星在此距离上各自状态$(X,\ \dot{X})$的变化。这两颗卫星同时都是被跟踪观测的CHAMP型卫星，因此可理解为两点间重力加速度的变化，即200 km距离上的平均重力梯度。在此意义上，GRACE卫星等效于一个长基线重力梯度传感器，提供了200 km分辨率的短波重力场谱分量的新信息，即重力位函数的二阶导数采样(积分一次就是重力加速度)。因此，GRACE K波段测距可有效改善200 km波长的短波重力场的恢复。所有高精度重力梯度仪(包括地面重力梯度仪)的共同特点是对周围物质分布变化非常敏感，因此GRACE重力观测可有效提供重力场在中、长尺度(>500 km)上的时变信息，在月和年际时间尺度上主要反映地球气圈和水圈物质分布的时变重力效应。

GOCE卫星同样兼有SST-hl功能，其核心功能是直接测定250 km高度卫星轨道空间的重力梯度张量。相比GRACE卫星，GOCE是一台名符其实高灵敏度、高精度重力梯度仪。类似GRACE重力梯度测量，可以恢复100～500 km波段短波重力场，其模型重力异常和大地水准面预期精度分布为1 mGal和1 cm。

有上所述，CHAMP、GRACE和GOCE三种模式卫星重力测量组合，体现了各自提供重力场频谱信息的互补。联合这一组合的全部观测数据可以构建最高阶为200的高精度重力场模型，可作为进一步构建超高阶重力场模型的"框架"模型。

海洋占地球表面积的71%，任何高阶(例如≥180阶)模型构建都必须有覆盖全海洋的重力数据。广义的重力数据包括重力场的各类场量，例如重力异常、垂线偏差、大地水准面和重力梯度等，或者说一切扰动位的泛函。有人估计要形成1°×1°全球海洋船测重力，以现今技术水平大约需要100年。卫星雷达海面测高技术的出现破解了这一物理大地测量难局。如果海洋是一个完全静态的水体，则静态海洋表面就是一个天然大地水准面，卫星测高可直接测定其形状。但地球永远是一个动力系统，海洋发生着包含各种复杂频谱的动力过程。动力海洋学的研究对此已有了相当深入的认知，并有定量描述过程的数字物理工具，利用物理海洋和卫星遥感数据，建立了各种海洋模型。其中与研究海洋大地水准面有关的模型包括潮汐模型、大洋环流模型、动力海面地形模型和海浪统计模型等。同时，由卫星测高数据本身也可建立类似的模型，例如潮汐和海面地形模型。卫星测高的主要功能是建立高分辨率、高精度的相对稳态的平均海面模型。平均海面非重力等位面，其相对大地水准面的起伏如同陆地地形起伏，融合同化卫星测高和海洋观测数据已有可能建立厘米级精度的海面地形模型。平均海面高减去海面地形高是海洋大地水准面高，这就相当于借助技术手段将动态海面“归化”为静态海面，从而精确确定海洋大地水准面，由此可确定平均海面的扰动位，即海洋重力位场。这是由卫星测高确定海洋大地水准面的理论概念和依据。实用上，如本书 3.5.1 节所述，是利用对海面高的差分确定垂线偏差，再利用逆 Vening-Meinesz 公式求解重力异常。目前，利用统一基准后的各代卫星测高数据已建立了分辨率优于 $5'\times5'$ 的全球海洋重力异常格网模型，由此在卫星重力（包括早期 SLR 跟踪）获得的等于或低于 100 km 分辨率重力数据的基础上补充了 100～10 km（$1°\sim0.08°$）波段的测高重力数据，为构建超高阶（2 160 阶）重力位模型提供了基本数据需求保障。

§3.6　重力数据向下延拓的新方法

在现代物理大地测量中，存在多种重力数据的延拓问题，包括向上和向下延拓。例如早期要求将地面扰动重力向上延拓到空间飞行器高度，可在球近似下来用 Poisson 向上延拓积分公式，这种向上延拓在数学上是适定的。多数情况是要求向下延拓，例如将地表重力数据向下延拓到参考椭球表面，或者过任意一点的水准面、大地水准面，布耶哈马球面等，向下延拓不论是采用严密的 Poisson 积分还是简单的 Taylor 级数，通常都是欠适定的，即存在误差放大效应，这是物理大地测量中长期没有很好解决的问题。构建高阶重力场模型也存在重力数据延拓问题（例如2.3.3节中的延拓改正），这里主要涉及如何处理卫星重力数据和地面重力数据的联合。有多种方案可供选择，例如早期采用的纯卫星重力模型与地面重力数据的联合平差方案（李建成 等，2003），其他还有本书 §4.3 介绍的两种联合平差方法，其中包括 EGM08 采用的方法。本书提出采用一种新的向下延拓方法（申文斌，2004）作为卫星和地面重力数据联合的一种方案，其基本原理如下：

用 Ω 表示地球表面或卫星界面包围的空间，也表示 Ω 中的物质质体，$\partial\Omega$ 表示 Ω 的表面，$\overline{\Omega}$ 为 $\partial\Omega$ 的外空间。假设 $\partial\Omega$ 是一单连通连续封闭曲面，且与球面之间存在连续双映射，地球质体真引力位 V_Ω 在空间 $\overline{\Omega}$ 是正则调和函数，用 $V_{\overline{\Omega}}$ 表示，边界值为 $V_{\partial\Omega}$，V_Ω 和 $V_{\overline{\Omega}}$ 也分别表示是定义在空间 Ω 和 $\overline{\Omega}$ 的引力位函数。在地球内部作一圆球 K，中心与地球质心重合，称为虚拟球或布耶哈马球，球面边界为 ∂K，∂K 的外空间为 $\overline{K}$。首先将 $V_{\partial\Omega}$ 沿径向等值虚拟压缩到 ∂K 上，作为此虚构边界面上的初值 $V_{\partial K}{}^{*(0)}=V_{\partial\Omega}$，由此可利用第一边值问题（Dirichlet 问题）球面边界解得 Poisson 积分公式，也称向上延拓公式，可确定空间 $\overline{K}$ 的虚拟引力位函数 $V_{\overline{K}}{}^{*(1)}$，是对地球引力位（函数）$V_{\overline{\Omega}}$ 的一阶逼近。由于 $\partial\Omega\in\overline{K}$，可形成虚拟边值 $V_{\partial\Omega}{}^{*(1)}$，得一阶残差引力位 $T_{\partial\Omega}{}^{(1)}=V_{\partial\Omega}-V_{\partial\Omega}{}^{*(1)}$，以及 $T_{\overline{\Omega}}{}^{(1)}=V_{\overline{\Omega}}-V_{\overline{\Omega}}{}^{*(1)}$，$T_{\overline{\Omega}}{}^{(1)}$ 也是 $\overline{\Omega}$ 中的正则调和

函数，看作一个新的引力位场（残差位场），将 $T_{\partial\Omega}{}^{(1)}$ 作为$\partial\Omega$上的新边值，沿径向等值压缩到∂K上，再利用 Poisson 积分公式解得 $V_{\overline{K}}{}^{*(2)}$，作为 $V_{\overline{\Omega}}$的二阶逼近，同时有$T_{\partial\Omega}{}^{(2)}=T_{\partial\Omega}{}^{(1)}-V_{\partial\Omega}{}^{*(2)}$，为二阶残差引力位。重复上述压缩恢复迭代过程，其迭代格式为$T_{\partial\Omega}{}^{(n)}=T_{\partial\Omega}{}^{(n-1)}-V_{\partial\Omega}{}^{*(n)}$，同时有 $T_{\overline{\Omega}}{}^{(k)}=T_{\overline{\Omega}}{}^{(k-1)}-V_{\overline{\Omega}}{}^{*(k)}$（不必计算），最后可得到一个在空间$\overline{K}$一致收敛的正则调和级数解。

$$V_{(P)}{}^{*}=\sum_{n=1}^{\infty}V_{(P)}{}^{*(n)} \tag{3.69}$$

其中 P 为场点或计算点，$P\in\overline{K}$，且有 $V_{\overline{\Omega}}{}^{*}\equiv V_{\overline{\Omega}}$，即在空间 $\overline{\Omega}$ 虚拟引力位场与地球真引力位场完全一致。其中，

$$V_{(p)}{}^{*(n)}=\frac{r^2-R^2}{4\pi R}\int_{\partial K}\frac{T_{\partial\Omega}{}^{(n-1)}}{l^3}\mathrm{d}\sigma \tag{3.70}$$

上式中，有 $T_{\partial\Omega}{}^{(0)}=V_{\partial\Omega}$ 和 $T_{\partial\Omega}{}^{(n)}=T_{\partial\Omega}{}^{(n-1)}-V_{\partial\Omega}{}^{*(n)}$，$n\geqslant1$。

在布耶哈马球边界∂K上有

$$V^{*}\big|_{\partial K}=\Big(\sum_{n=1}^{\infty}V^{*(n)}\Big)\Big|_{\partial K} \tag{3.71}$$

在地球表面有

$$V^{*}\big|_{\partial\Omega}\equiv V_{\partial\Omega} \tag{3.72}$$

由于 V^{*} 在地球外部（包括边界）是调和函数，且在无穷远处正则，若给定地球表面上边界值，则对应的外部正则调和函数存在且唯一。由 $V^{*}\big|_{\partial\Omega}=V_{\partial\Omega}$ 可推知，$V^{*}(P)$在地球外部空间$\overline{\Omega}$中与真实场 $V(P)$重合，即 $V^{*}(P)\equiv V(P)$，其中 $P\in\overline{\Omega}$。

假如存在一个封闭的卫星界面，其上给定了重力观测值（扰动位、引力或引力梯度值），则可利用虚拟恢复压缩原理确定整个地球外部的重力场，圆满地解决了向下延拓的问题。表 3.5 给出了模拟试验的计算结果。

表中只列出了部分计算结果。其中，第一列是格网编号；第二和第三列是对应格网（中心）的纬度和经度；第四列给出了半径为 $R_1=6\,338$ km 的小球上的边界值 $V_{\partial K_1}$，将其视为真值；第五列是由 $V_{\partial K_1}$ 按 Poisson 积分求出的分布于半径为 $R_2=6\,800$ km的大球上的“真值”$V_{\partial K_2}$，它被假定为“观测值”；第六列给出了按照前述的虚拟压缩恢复法，根据边界值 $V_{\partial K_1}$ 求出的分布于小球上的虚拟边界值 $V_{\partial K_1}$；第七列是根据小球上的虚拟边界值 V（基于 Poisson 积分）求出的分布于大球上的虚拟边界值；最后两列给出了大小球面上的真值与相应的虚拟值之差。比较结果最大差异为 0.04 $\mathrm{m^2\cdot s^{-2}}$，近似相当于 0.4 cm 的高程差。数值模拟计算结果显示了虚拟压缩恢复法的正确性，以及由此导出的向下延拓法的适用性。更为详细的计算过程见文献（申文斌，2004）。除全球向下延拓的数值计算外，虚拟压缩恢复法对于局部数据的向下延拓也同样适用，这对于地球表面空白区域的重力数据填充具有重要意义。

表 3.5　虚拟恢复压缩法的模拟计算

格网号	纬度/(°)	经度/(°)	$V_{\partial K_1}$	$V_{\partial K_2}$	$V^*_{\partial K_1}$	$V^*_{\partial K_2}$	$V_{\partial K_1}-V^*_{\partial K_1}$	$V_{\partial K_2}-V^*_{\partial K_2}$
1	−85.0	−175.0	−31.800	−28.652	−31.840	−28.651	0.040	−0.001
2	−75.0	−175.0	−47.101	−41.139	−47.092	−41.139	−0.009	0.000
3	−65.0	−175.0	−42.160	−37.858	−42.161	−37.858	0.001	0.000
4	−55.0	−175.0	−25.688	−24.007	−25.688	−24.007	0.000	0.000
5	−45.0	−175.0	−0.908	−1.282	−0.909	−1.282	0.001	0.000
6	−35.0	−175.0	19.556	21.116	19.556	21.116	0.000	0.000
7	−25.0	−175.0	32.045	36.960	32.045	36.960	0.000	0.000
8	−15.0	−175.0	33.070	40.449	33.070	40.449	0.000	0.000
9	−5.0	−175.0	22.610	30.497	22.609	30.497	0.001	0.000
10	5.0	−175.0	16.271	22.368	16.271	22.368	0.000	0.000
11	15.0	−175.0	10.079	13.767	10.078	13.767	0.001	0.000
12	25.0	−175.0	2.090	3.640	2.090	3.640	0.000	0.000
13	35.0	−175.0	−6.356	−5.181	−6.356	−5.181	0.000	0.000
14	45.0	−175.0	−3.133	−2.584	−3.134	−2.584	0.001	0.000
15	55.0	−175.0	3.824	3.357	3.825	3.357	−0.001	0.000
16	65.0	−175.0	4.553	4.116	4.556	4.117	−0.003	−0.001
17	75.0	−175.0	2.122	2.165	2.122	2.164	0.000	0.001
18	85.0	−175.0	6.805	7.315	6.790	7.312	0.015	0.003
19	−85.0	−165.0	−31.843	−28.702	−31.822	−28.701	−0.021	−0.001
20	−75.0	−165.0	−46.912	−40.824	−46.901	−40.821	−0.011	−0.003
⋮	⋮	⋮	⋮	⋮	⋮	⋮	⋮	⋮

以确定地球外部重力场为主要目的的虚拟压缩恢复法(包括重力场的虚拟向下延拓法)已具有了实际应用的可能性。虚拟压缩恢复法对于全球重力场恢复的重要意义除自身可以严格地直接确定地球重力场外,更重要的是对于重力场观测量的向下延拓,已应用于 CHAMP、GRACE 或 GOCE 卫星系统的实际观测值从卫星界面向地球表面的延拓。如果采用虚拟压缩恢复法,则可仅仅根据卫星界面上的完备重力观测数据确定地球外部的重力场。如若同时给定地球表面的完备重力数据以及卫星界面上的完备重力数据,则可采用虚拟向下延拓法,使卫星界面的重力数据成为地面数据的空白填补或加密,或作加权处理即可用于确定地球外部场,而权重取决于卫星界面重力数据的精度与地面重力数据的精度之比。

§3.7　重力异常的推估算法

在第 2 章中提到,无论是斯托克斯公式还是莫洛金斯基公式,计算地球重力位模型都需要进行全球积分。由于我们不可能得到连续的重力异常观测,所有的积分公式都必须作离散化数值积分。通常将地面重力点值按一定分辨率格网化来实现数值积分，因此重力数据的格网化就成为重力场计算除数据精化环节外的另一个基础性环节。格网化理论上要求有一定分辨均匀分布的实测数据，但实际上全球地面重力数据分布极不均匀，存在大范围重力测量稀疏甚至空白地区。为满足理论要求，必须在这些地区根据有限的实测数据进行内插或外推数据点或用模型值填充空白区数据。由于数据的类型和物理意义不同，有多种多样的格网化方法，特别是数据的内插外推方法，是计算数学和物理大地测量中一个重要研究领域。

任意一种内插方法都是基于原始数据起伏变化的连续光滑性，或者说邻近的数据点间有很大的相关性，才可能由邻近的数据点内插出待定点的数值。按内插点的分布范围，可以将内插分为全局逼近、局部逼近和逐点内插三类。而根据二元函数逼近数学面和参考点的关系，局部逼近又可以分为纯二维内插和曲面拟合内插两种。二维插值要求曲面通过内插范围的全部参考点，曲面拟合则不要求曲面严格包括参考点，但要求拟合面相对于已知数据点的差值的平方和最小，即遵从最小二乘法则。可见，内插的中心问题在于邻域的确定和选择适当的插值函数。下面分别就上述方法作一介绍和评述，重点在于寻求适合于重力异常数据内插的方法。

1.全局逼近

全局逼近的拟合模型是由研究区域内所有的重力异常观测值建立的，其主要数学模型通过多项式函数来实现，因此又称整体函数法内插。这些函数模型的特点是不能提供内插区域的局部特性，因此常被用于模拟大范围内的宏观变化趋势。以高程插值为例，在局部天文直角坐标系中，设 Z 轴为垂线方向指向天顶，则 Z 坐标为高程，有 $z=h(x,y)$，将函数用二元多项式逼近作为插值多项式：

$$h(x,y) = P(x,y) = \sum_{i=0}^{m}\sum_{j=0}^{m} C_{ij}x^i y^j \tag{3.73}$$

式中，有 n 个待定系数 $C_{ij}(i,j=0,1,2,\cdots,m)$。为了求解这些系数，可利用 n 个已知高程点 $h_k(x_k,y_k)(k=1,2,\cdots,n)$，代入式(3.73)，组成 n 阶线性方程组，并设由 $x^i y^j$ 组成的系数阵为满秩阵，则唯一解出插值多项式的系数集 $\{C_{ij}\}$，再由式(3.73)可内插区域内任一点(x,y)的高程 $h(x,y)$。若已知高程点数大于 n，则可用最小二乘法求解 $\{C_{ij}\}$。

全局逼近方法的优点是拟合模型相对简单，对于较平滑的重力异常场，可选择低阶多项式作插值函数，但对短波丰富且变化大的重力异常场(如大山区)，需要更多已知数据点，并选择高次多项式。由于多项式是自变量幂函数的和式，对数据点的点值和分布的变化十分敏感，表现为解算过程稳定性变化，可导致解算结果失稳甚至振荡，是线性方程组数学性质欠适定的结果，使高次多项式插值很难得到稳定解。由于这种方法的上述缺点，通常很少采用上述全局逼近法，大范围平原或丘陵地区可考虑采用，也应特别注意分析解算结果的稳定性，采取适当改进措施，但该方法比较适合于小尺度局部区域的拟合内插。

2. 局部逼近

由于实际的重力异常场是很复杂的，整个区域很难用一个多项式来拟合，因此对于重力异常的内插一般不用整体函数内插，而采用局部函数内插即分块内插较宜。局部逼近是把大的内插区分成若干子块，对各子块使用不同的插值函数。这时要考虑各相邻子块函数间的连续性问题。子块的大小可以根据重力异常的数据复杂程度和已知数据点的分布密度决定。一般相邻子块间要有适当宽度的重叠，以保证相邻子块间能平滑、连续地拼接。典型的局部逼近方法有多面函数法、二次曲面法或样条函数内插等。

1) Hardy 多面函数法

Hardy 多面函数法的出发点是在每个数据点 (x,y) 和各个已知点 (x_i,y_i) 之间分别建立函数关系(这种函数称为核函数，它的图形是一个规则数学曲面)，将这些规则数学曲面按一定比例叠加起来，就可拟合出任何不规则的曲面，且能达到较好的拟合效果。其函数表达式为

$$z_i = f(x,y) = \sum_{i=1}^{n} k_i Q(x,y,x_i,y_i) \tag{3.74}$$

式中，$Q(x,y,x_i,y_i)$ 为参加插值计算的简单数学曲面，即核函数；n 为叠加曲面的层数；k_i 为待定参数，它表示了第 i 个核函数对多面函数的贡献。为了简单起见，核函数一般选用形式简单的对称函数。通常有如下几种形式：

锥面：

$$Q(x_i,y_i,z_i)=[(x-x_i)^2+(y-y_i)^2]+C \tag{3.75}$$

双曲面：

$$Q(x_i,y_i,z_i)=[(x-x_i)^2+(y-y_i)^2+q]^{\frac{1}{2}}+C \tag{3.76}$$

式中，C 为常数；q 为平滑因子，是为了保证叠加面之间的平滑而设的。

旋转曲面：

$$Q(x,y,x_i,y_i)=1-\frac{[(x-x_i)^2+(y-y_i)^2]}{a^2} \tag{3.77}$$

对 Hardy 多面函数法的解算，主要是确定几个待定系数 $k_i (i=1,2,\cdots,n)$。设有 m 个已知三维坐标的数据点，当 $m>n$ 时，可构成误差方程式。

$$\begin{bmatrix} z_1 \\ z_2 \\ \vdots \\ z_m \end{bmatrix} + \begin{bmatrix} v_1 \\ v_2 \\ \vdots \\ v_m \end{bmatrix} = \begin{bmatrix} Q_{11} & Q_{12} & Q_{1n} \\ Q_{21} & Q_{22} & Q_{2n} \\ \vdots & \vdots & \vdots \\ Q_{m1} & Q_{m2} & Q_{mn} \end{bmatrix} \begin{bmatrix} k_1 \\ k_2 \\ \vdots \\ k_m \end{bmatrix} \tag{3.78}$$

简记为

$$\boldsymbol{Z}+\boldsymbol{V}=\boldsymbol{QK} \tag{3.79}$$

根据最小二乘法得 $\boldsymbol{K}=(\boldsymbol{Q}^{\mathrm{T}}\boldsymbol{Q})^{-1}\boldsymbol{Q}^{\mathrm{T}}\boldsymbol{Z}$，有了 $\boldsymbol{K}$，就可计算任一点的内插重力异常。

Hardy 多面函数法的计算简单、快捷，但是要求已知点是重力异常的特征点，否则将导致计算失败。

2）样条函数内插法

样条函数内插法也是将某一欲插值的区域分成若干子块，对每一子块可以定义出一个不同的多项式曲面。为了保证各子块曲面之间的光滑性，必须保证所确定的 n 次多项式曲面与相邻子块的边界上所有 $(n-1)$ 次的导数都连续，这时的 n 次多项式就称为样条函数。对于规格化的格网数据，可由该法对每个点的重力异常重新插值。该方法属于曲面拟合范畴。现以三次曲面法作为子块单元加以说明。任一矩形 $ABCD$ 可构成双三次曲面方程：

$$z=f(x,y)=a_1x^3y^3+a_2x^2y^3+a_3xy^3+a_4y^3+a_5x^3y^2+a_6x^2y^2+a_7xy^2+a_8y^2+$$
$$a_9x^3y+a_{10}x^2y+a_{11}xy+a_{12}y+a_{13}x^3+a_{14}x^2+a_{15}x+a_{16} \tag{3.80}$$

可以根据 4 个角点重力异常在 x 和 y 方向上的一阶导数和二阶混合导数，求解这个方程式。显然，在 4 个角点为已知的情况下，问题的关键就是设法求得三次曲面的一阶导数和二阶混合导数。

设 $R=\dfrac{\partial z}{\partial x}, S=\dfrac{\partial z}{\partial y}, T=\dfrac{\partial^2 z}{\partial x\partial y}$。要求得 R、S、T 的值，可使用不同的方法，较为简单的是使用差商来代替导数。使用导数一阶差商中数求任一网格点 $A(i,j)$ 的导数值公式可以写成：

$$\left.\begin{aligned}
R_A&=\frac{\partial z}{\partial x}=\frac{Z_{i+1,j}-Z_{i-1,j}}{2\Delta x}\\
S_A&=\frac{\partial z}{\partial y}=\frac{Z_{i,j+1}-Z_{i,j-1}}{2\Delta y}\\
T_A&=\frac{\partial^2 z}{\partial x\partial y}=\frac{(Z_{i-1,j-1}+Z_{i+1,j+1})-(Z_{i+1,j-1}+Z_{i-1,j+1})}{4\Delta x\Delta y}
\end{aligned}\right\} \tag{3.81}$$

因此，任一角点导数值需要使用它周围 8 个角点重力异常才能求出。这样，在 $ABCD$ 矩形内，已知 4 个角点重力异常 Z_A、Z_B、A_C、Z_D 以及它们的导数值 R_A、S_A、T_A、R_B、S_B、T_B、R_C、S_C、T_C 和 R_D、S_D、T_D，即可建立 16 个方程，求解后得到曲面方程系数 $a_i(i=1,2,3,\cdots,16)$。将系数代入方程，就可根据具体要求在该矩形格内插任一点的重力异常。根据以上分析求得的曲面在相邻边上的一阶导数是连续的，因此整个区域的曲面连接是光滑的。

样条函数的理论严密，但计算量大，并且在平滑之后有时会大幅改变已知点的重力异常值。

3）二次曲面法

对于每一个新点，选取其周围邻近的几个数据点，用一个多项式曲面进行拟合。一般选用的多项式为二次曲面多项式：

$$z=a_0+a_1x+a_2y+a_3x^2+a_4xy+a_5y^2 \tag{3.82}$$

用矩阵表示为：$\boldsymbol{Z}=\boldsymbol{AX}$。利用最小二乘法可得：$\boldsymbol{X}=(\boldsymbol{A}^{\mathrm{T}}\boldsymbol{PA})^{-1}\boldsymbol{A}^{\mathrm{T}}\boldsymbol{PZ}$。确定公式中的权 $\boldsymbol{P}$ 时，根据已知数据点距内插点越近，该点对内插点高程的影响越大，即权越大；反之，已知数据点距内插点越远，该点对内插点高程的影响越小，即权越小。也就是说，权的大小与距离成反比关系。一般来讲，权可定义为距离的倒数，或距离平方的倒数。二次曲面法的函数形式是一个"单峰曲面"，当地表形状复杂时，二次曲面会产生不可忽视的模型误差。

4）Kriging 方法

Kriging方法是数学地质中常用的一种方法。假设 $Z(x,y)$ 为稳态随机过程，其离散值为 $Z(x_j,y_j)$，欲求内插点 (x_p,y_p) 处的重力异常值，其 Kriging 解为 $Z(x_p,y_p)=\sum_{j=1}^{n}\beta_j Z(x_j,y_j)$。其中，$\beta_j$ 为待定 Kriging 权，β_j 要满足的条件是：

$$\sum_{j=1}^{n}\beta_j=1 \tag{3.83}$$

$$\mathrm{Var}\left[Z(x_j,y_j)-\sum_{j=1}^{n}\beta_j Z(x_j,y_j)\right]=\min \tag{3.84}$$

式中，Var 表示方差。

那么解的最终形式为

$$Z(x_p,y_p)=M+\left[\sigma_{p_1}+\sigma_{p_2}+\cdots+\sigma_{p_n}\right]\begin{bmatrix}\sigma_{11} & \sigma_{12} & \sigma_{1n}\\ \sigma_{21} & \sigma_{22} & \sigma_{2n}\\ \vdots & \vdots & \vdots\\ \sigma_{n1} & \sigma_{n2} & \sigma_{nn}\end{bmatrix}\begin{bmatrix}Z(x_1,y_1)-M\\ Z(x_2,y_2)-M\\ \vdots\\ Z(x_n,y_n)-M\end{bmatrix} \tag{3.85}$$

式中，M 为 $Z(x_p,y_p)$ 的权中数。

5）最小二乘拟合推估法

多面函数法、样条函数内插法、权阵为单位阵的二次曲面法可以看成是函数模型逼近，而 Kriging 方法等可看作是随机模型逼近。函数模型只考虑到了地面模型的函数关系或称趋势性关系，而随机模型则考虑到了地面点数据之间的随机关系或统计关系。最小二乘拟合推估法可理解为函数模型逼近法与统计模型逼近法的综合，其逼近方程为

$$\boldsymbol{Z}(x_p,y_p)=\boldsymbol{AX}+\boldsymbol{B}\delta\boldsymbol{h} \tag{3.86}$$

式中，$\boldsymbol{AX}$ 为函数逼近模型；$\boldsymbol{B}\delta\boldsymbol{h}$ 为随机逼近模型，其中 $\boldsymbol{B}$ 为随机信息的设计矩阵，$\delta\boldsymbol{h}$ 为随机信息向量，通常称之为信号。

设观测值的先验信息 $E(\delta\boldsymbol{h})$、$\sigma(\delta\boldsymbol{h})$ 已知，其解式为

$$\boldsymbol{X}=(\boldsymbol{A}^{\mathrm{T}}\boldsymbol{E}_Z^{-1}\boldsymbol{A})^{-1}\boldsymbol{A}^{\mathrm{T}}\boldsymbol{E}_Z^{-1}\boldsymbol{Z} \tag{3.87}$$

$$\delta \boldsymbol{h}=\boldsymbol{E}_{\delta A}\boldsymbol{B}^{\mathrm{T}}\boldsymbol{E}_C^{-1}(\boldsymbol{Z}-\boldsymbol{A}\boldsymbol{X}) \tag{3.88}$$

式中，$\boldsymbol{E}_C=\boldsymbol{E}_O+\boldsymbol{B}\boldsymbol{E}_{\delta A}\boldsymbol{B}^{\mathrm{T}}$，$\boldsymbol{E}_O$ 为观测误差的方差-协方差阵；$\boldsymbol{E}_{\delta A}$ 为 $\delta \boldsymbol{h}$ 的先验方差-协方差阵。

最小二乘拟合推估法用于重力异常内插的一个关键问题就是：如何建立 Z 或 C(信号)的协方差矩阵。换句话讲，就是如何解决信号统计相关性规律的问题。一般来讲，由统计学上的数学期望定义的协方差是不可靠的。但可以用之作为"初始协方差"，对事先选定的一个"经验协方差函数"进行最小二乘拟合。利用这个拟合后的协方差函数计算信号间协方差矩阵。

3.逐点内插

局部逼近的分布范围在内插过程中一经确定，其形状、大小和位置都保持不变，凡落在子块上的待插点都用展铺在该子块上的唯一确定的数学面进行内插。逐点内插方法是以待插点为中心，定义一个局部函数去拟合周围的数据点，数据点的范围随待插点位置的变化而变化，因此又称移动曲面法。

1)移动拟合法

对于每个待插值的点，可选取其邻近的 n 个已知数据点拟合一多项式曲面，拟合的曲面可选用如下的形式：

$$Z=AX^2+BXY+CY^2+DX+EY+F \tag{3.89}$$

式中，X、Y、Z 是各已知点的坐标值；A、B、C、D、E、F 为待定拟合参数。各待定参数可由 n 个选定的已知点用最小二乘法进行求解。移动拟合法的关键在于解决下面两个问题：如何确定待插点的最小邻域范围以保证有足够的已知点；如何确定各已知点的权重。选择邻近点一般考虑两个因素：范围，即采用多大面积范围内的已知点来计算待插点的数值；点数，即选多少已知点参加计算。

2)局部 Shepard 方法

此方法采用局部拟合内插函数，当选定局部拟合半径 $R>0$，分两环带定义权函数，即

$$P(r)=\begin{cases}1/r, & 0<r\leqslant R/3\\ \dfrac{27(r/R-1)^2}{4R}, & R/3<r\leqslant R\\ 0, & r>R\end{cases} \tag{3.90}$$

易见，函数 $P(r)$ 是连续可微的，并当 $r>R$ 时恒为 0，距离 $r_i=\sqrt{(x-x_i)^2+(y-y_i)^2}$，则插值函数 $\varphi(x,y)$ 为

$$z=\varphi(x,y)=\begin{cases}\dfrac{\sum\limits_{i=1}^{N}\dfrac{f_i}{[P(r_i)]^\mu}}{\sum\limits_{i=1}^{N}\dfrac{1}{[P(r_i)]^\mu}}, & \text{当 } r_i\neq 0 \text{ 时}\\ f_i, & \text{当 } r_i=0 \text{ 时}\end{cases} \tag{3.91}$$

式中，μ 为大于的常数，通常取 $\mu=2$ 较合适。容易看出，上式在整个平面 R^2 上有定义。显然 $\varphi(x_i,y_i)=f_i$，而在非观测点 (x,y) 处的值，仅依赖于拟合区 $(r_i<R)$ 内所选已知点 (x_i,y_i) 的函数采样值 f_i（观测值），是 N 个函数值 $f_i(i=1,2,\cdots,N)$ 的加权平均。上式是一个局部逼近公式，如何合理选择 R，使有恰当数量的点 (x_i,y_i) 落在相应的圆域中，这是使用该方法需考虑的问题。由于重力值是跟周围的地形是强相关的，即近区点对它的影响很大，但又考虑到有些地区的重力数据比较稀疏，所以 R 不应太小。

3) *改进的 Shepard 方法*

该方法是 Franke 和 Nelson 于 1980 年提出一种改进的基于二次曲面拟合的 Shepard 方法，其拟合函数形式为

$$z=\varphi(x,y)=\sum_{k=1}^{N}\overline{W}(x,y)Q_k(x,y) \tag{3.92}$$

式中，$Q_k(x,y)$ 称为节点方程，是一个多元二次函数，并且满足：

$$\hat{f}_k=Q_k(x,y)=f_k+a_{k1}(x-x_k)+a_{k2}(y-y_k)+a_{k3}(x-x_k)^2+ a_{k4}(x-x_k)(y-y_k)+a_{k5}(y-y_k)^2$$

当 $(x,y)=(x_k,y_k)$ 时，$\hat{f}_k=Q_k(x,y)=f_k$；当 $(x,y)\neq(x_k,y_k)$ 时，则通过解下列最小二乘问题，根据 (x_k,y_k) 附近的 N_q 个点拟合出一个二次曲面，然后求得该点的 $\hat{f}_k=Q_k(x,y)$：

$$\min_{a_{kj},j=1,\cdots,5}\sum_{\substack{i=1\\ i\neq k}}^{N_q}\frac{1}{\rho_i^2(x_k,y_k)}[f_k+a_{k1}(x_i-x_k)+a_{k2}(y_i-y_k)+a_{k3}(x_i-x_k)^2+ a_{k4}(x_i-x_k)(y_i-y_k)+a_{k5}(y_i-y_k)^2-f_i]^2$$

其中，$\dfrac{1}{\rho_i}=\dfrac{(R_q-d_i)_+}{R_qd_i}$，$R_q=\dfrac{D}{2}\sqrt{\dfrac{N_q}{N}}$，$(R_q-d_i)_+=\begin{cases}(R_q-d_i), & 当\ d_i<R_q\\ 0, & 当\ d_i\geqslant R_q\end{cases}$。

权重方程 $\overline{W}_k(x,y)$ 定义如下：

$$\overline{W}_k(x,y)=\frac{W_k(x,y)}{\sum\limits_{i=1}^{N}W_k(x,y)},\quad W_k(x,y)=\frac{1}{\hat{\rho}_k^2(x,y)},$$

其中，$\dfrac{1}{\hat{\rho}_i}=\dfrac{(R_w-d_i)_+}{R_wd_i}$，$R_w=\dfrac{D}{2}\sqrt{\dfrac{N_w}{N}}$。

Franke 和 Nelson 经过大量的实验发现，当取 $N_q/N_w\approx2$，可以取得较好的效果，并建议取 $N_q=18$，$N_w=9$。该方法比 Shepard 方法在重建曲面的效果和计算的效率上都有了较大的提高。由于该方法是基于曲面拟合的，也有它的不足之处。当数据分布不均匀时，插值效果会降低，特别当落在半径 R_q 内的数据点少于 5 个时，就不能解出节点方程的系数。

克服上面缺点有 3 种办法：①将节点方程改为线性方程；②调整半径，使得至

少有 5 个点落在半径 R_q 内，但是考虑到重力值与周围地形的强相关性，不宜将半径选择的过大；③当数据点比较稀疏时，可以结合局部拟合 Shepard 方法，或者是改进的径向基函数 Shepard 方法使用。

4)连续曲率张力样条法

除上述常用的内插算法外，在工程领域应用另外一种内插方法，是在最小曲率法基础上增加若干自由度并松弛曲率最小化限制。该方法要求拟合曲面具有连续二阶导数且全局性曲率平方最小。虽然能够准确拟合已知数据(无拟合误差)，但最小曲率拟合曲面在已知数据点之间的区域可能存在较大波动和无关变形点，导致格网化效果欠佳。因此，一种新的算法——连续曲率张力样条方法开始使用，该方法采用在弹性薄板弯曲方程中引入张力参数用以清除拟合曲面中存在的无关变形点。它的优点在于比最小曲率法的解更能反映拟合函数的局部特征以及位场和地形数据的空间自相关性。这一新方法比简单平均法和其他常用格网化内插推估法(例如 Shepard 方法)精度提高显著。

最小曲率内插算法采用以下曲率(二阶导数)范数：

$$C = \iint (\nabla^2 z)^2 \mathrm{d}x\mathrm{d}y \tag{3.93}$$

假定梯度 $|\nabla z|$ 是微小量，上式是 z 的全局曲率的有效逼近。Briggs(1974)给出满足范数 $C=\min$ 条件的微分方程：

$$\nabla^2(\nabla^2 z) = \sum_i f_i \delta(x - x_i, y - y_i) \tag{3.94}$$

这里 (x_i, y_i, z_i) 为已知数据点位置坐标，且 $z_i = z(x_i, y_i)$，$\delta(x-x_i, y-y_i)$ 为一给定的 Green(响应)函数，f_i 是要选择的待定函数，使得当 $(x,y)\to(x_i,y_i)$，则 $z\to z_i$，边界条件为

$$\frac{\partial^2 z}{\partial n^2}=0 \tag{3.95}$$

$$\frac{\partial}{\partial n}(\nabla^2 z)=0 \tag{3.96}$$

在边界角点满足

$$\frac{\partial^2 z}{\partial x \partial y}=0 \tag{3.97}$$

连续曲率张力样条方法是最小曲率方法的改进，它放宽了总曲率最小化要求。引入张力参数 T 的微分方程为

$$(1-T_I)\,\nabla^2(\nabla^2 z) - T_I\,\nabla^2 z = \sum_i f_i \delta(x - x_i, y - y_i) \tag{3.98}$$

式中，T_I 为张力参数，下标 I 表示拟合区域内部，T_I 可在[0,1)区间取值。当 $T_I=0$ 时，上式退化为式(3.94)，即最小曲率解是方程(3.98)的一个极限情况；当 $T_I=1$，上式第一项消失，其解是已知数据点之间区域的谐函数，这一极限情况在弹性力

学中相当于无穷大张力，无物理意义，其解的重要性质是，根据谐函数内部平均值定理，除数据点外，解函数不存在局部极大极小值点。对任意 $T_I(0\leqslant T_I<1)$，方程(3.98)给出一个连续曲率解，而不是最小曲率解。

保持边界条件式(3.96)和(3.97)不变，式(3.95)用下式代替：

$$(1-T_B)\frac{\partial^2 z}{\partial n^2}+T_B\frac{\partial z}{\partial n}=0 \tag{3.99}$$

式中，T_B 为边界张力参数，也在[0,1)区间取值，自由边界条件是上式的特例，即 $T_B=0$ 或 $T_B=1$ 的极限情况。式(3.94)适宜于数据随距离变化缓慢的格网插值；推广的式(3.98)定义了一个与曲率最小范数解相关的带权最小范数问题，张力参数 T_I 的引入松弛了对全局最小范数的约束，通过调整 T_I 使带权趋于局部化，增大张力，将局部增大内插点附近数据点的权，导致更能保持局部变化的解，适宜于数据随距离变化迅速的格网插值，以期最大限度地保留数据中所含的短波信息。

连续曲率张力样条方法需要选取一个以格网点为中心的最小范围，即距离最近范围。该区域的边长即为选取的格网间距，然后根据该范围内所有的已知数据点来内插格网点的估值。若格网点的最近距离范围内无已知数据点，正方形格网点的拟合估值是周围点的加权平均。若每个格网点只有1个距离最近的已知数据点，则这些数据点都能够准确拟合；若某格网点有多于1个距离最近的已知数据点，拟合曲面成为局部超定曲面，此时需要采取某种数据滤波或剔除技术。为利用所有已知数据点，在格网化之前求出所有已知数据点的平均值，即代表数据点，可以大大减少存储在格网化程序内存中的数据点个数。因此，对每个格网点的最小范围区域(正方形区域)的所有数据点取平均值，其位置平均值即代表数据点的位置，其 Z 值平均值即代表数据点的 Z 值。若将曲面拟合函数在某一格网点展开成二阶泰勒级数，根据该格网点相邻的4个格网点和1个代表数据点即可求得该格网点上 $\nabla^2 z$ 的表达式。由于式(3.94)和(3.98)都含 $\nabla^2 z$，即可通过泰勒级数展开将已知数据点引入局部差分方程，从而求得该格网点值。采用泰勒级数方法来逼近数据点具有一个重要性质，若数据点恰好落在格网点上，则对数据点的拟合是完全准确的，也就是说，若数据点的坐标(x,y)与某一格网点的坐标(x,y)相等，则该格网点估值就等于数据点的 z。

为了计算格网点 z_{00} 上 $\nabla^2 z$ 的表达式，以 z_{00} 为初值，构造二阶泰勒级数展开式以估计任意点的点值 z_k。

$$z_k=z_{00}+\xi_k\frac{\partial z}{\partial x}+\eta_k\frac{\partial z}{\partial y}+\frac{1}{2}\xi_k^2\frac{\partial^2 z}{\partial x^2}+\xi_k\eta_k\frac{\partial^2 z}{\partial x\partial y}+\frac{1}{2}\eta_k^2\frac{\partial^2 z}{\partial y^2} \tag{3.100}$$

利用上式首先估计5个点的点值，相对位置为(ξ_k,η_k)，$k=1、2、\cdots、5$。若选定实数 b_k 使

$$\sum b_k\xi_k=\sum b_k\eta_k=\sum b_k\xi_k\eta_k=0 \tag{3.101}$$

和

$$\sum b_k\xi_k^2 = \sum b_k\eta_k^2 = 2 \tag{3.102}$$

成立，则用实数 b_k 乘以各点的估值，然后求和，可得到

$$\sum b_k z_k = z_{00}\sum b_k + \sum b_k\xi_k \frac{\partial z}{\partial x} + \sum b_k\eta_k \frac{\partial z}{\partial y} + \frac{1}{2}\sum b_k\xi_k^2 \frac{\partial^2 z}{\partial x^2} + \sum b_k\xi_k\eta_k \frac{\partial^2 z}{\partial x\partial y} + \frac{1}{2}\sum b_k\eta_k^2 \frac{\partial^2 z}{\partial y^2} \tag{3.103}$$

和

$$\nabla^2 z = \sum b_k z_k - z_{00}\sum b_k \tag{3.104}$$

选取任意 5 个点都可得到以下关于 b_k 的非奇异系数矩阵：

$$\begin{bmatrix} -1 & -1 & 0 & 1 & \xi \\ 1 & 0 & -1 & -1 & \alpha\eta \\ 1 & 1 & 0 & 1 & \xi^2 \\ -1 & 0 & 0 & -1 & \xi\alpha\eta \\ 1 & 0 & 1 & 1 & \alpha^2\eta^2 \end{bmatrix} \begin{bmatrix} b_1 \\ b_2 \\ b_3 \\ b_4 \\ b_5 \end{bmatrix} = \begin{bmatrix} 0 \\ 0 \\ 2 \\ 0 \\ 2\alpha^2 \end{bmatrix} \tag{3.105}$$

式中，α 为纵横比；$\xi=\dfrac{(x_E-x_{00})}{\Delta x}$；$\alpha\eta=\dfrac{(y_E-y_{00})}{\Delta y}$ 或 $\eta=\dfrac{(y_E-y_{00})}{\Delta x}$。

由上述矩阵方程可以解得：

$$\left.\begin{aligned} b_5 &= \frac{2(1+\alpha^2)}{(\xi+\alpha\eta)(1+\xi+\alpha\eta)} \\ b_4 &= 1-\frac{1}{2}b_5(\xi+\xi^2) \\ b_3 &= \alpha\eta(1+\xi)b_5-2b_4 \\ b_2 &= \alpha\eta(1+\xi)b_5-b_3 \\ b_1 &= \xi b_5+b_4-b_2 \end{aligned}\right\} \tag{3.106}$$

若约束数据点位于其他象限，用同样方法可以得到类似的表达式。

将式(3.106)中的 $b_k(k=1,2,\cdots,5)$ 代入式(3.104)求得 $\nabla^2 z$，再将式(3.104)代入齐次方程方程：

$$(1-T_I)\nabla^2(\nabla^2 z)-T_I\nabla^2 z=0 \tag{3.107}$$

根据有限差分近似式和齐次方程便可以解出 z_{00}，z_{00} 需迭代求解，有

$$z_{00} = \{T_I\sum b_k - 2(1-T_I)[(1+\alpha^4)-(1+\alpha^2)\sum b_k]\}^{-1} (1-T_I)\left\{\begin{aligned} & z_{20}+z_{-20}+\alpha^4(z_{02}+z_{0-2})+2\alpha^2(z_{11}+z_{1-1}+z_{-11}+ \\ & z_{-1-1})-2(1+\alpha^2)[z_{10}+z_{-10}+\alpha^2(z_{01}+z_{0-1})+ \\ & \sum b_k z_k]-T_I\sum b_k z_k \end{aligned}\right\} \tag{3.108}$$

利用上式求出期望内插区域内所有格网点的估值还需要根据边界条件额外计算出两行和两列的附加格网点的点值(方杨,2008)。

图 3.24 给出了常用的 Shepard 方法与连续曲率张力样条方法内插结果的比较。图 3.24(a)是原始重力异常离散点分布,图 3.24(b)为连续曲率张力样条法插值结果(T=0.25),图 3.24(c)是 Shepard 方法内插结果。从图中可以看出,在无数据点和数据点非常稀少的区域,图 3.24(a)上部与右下角,Shepard 方法不能很好地内插出重力异常,而采用 T=0.25 的连续曲率张力样条方法,其格网化效果好得多。

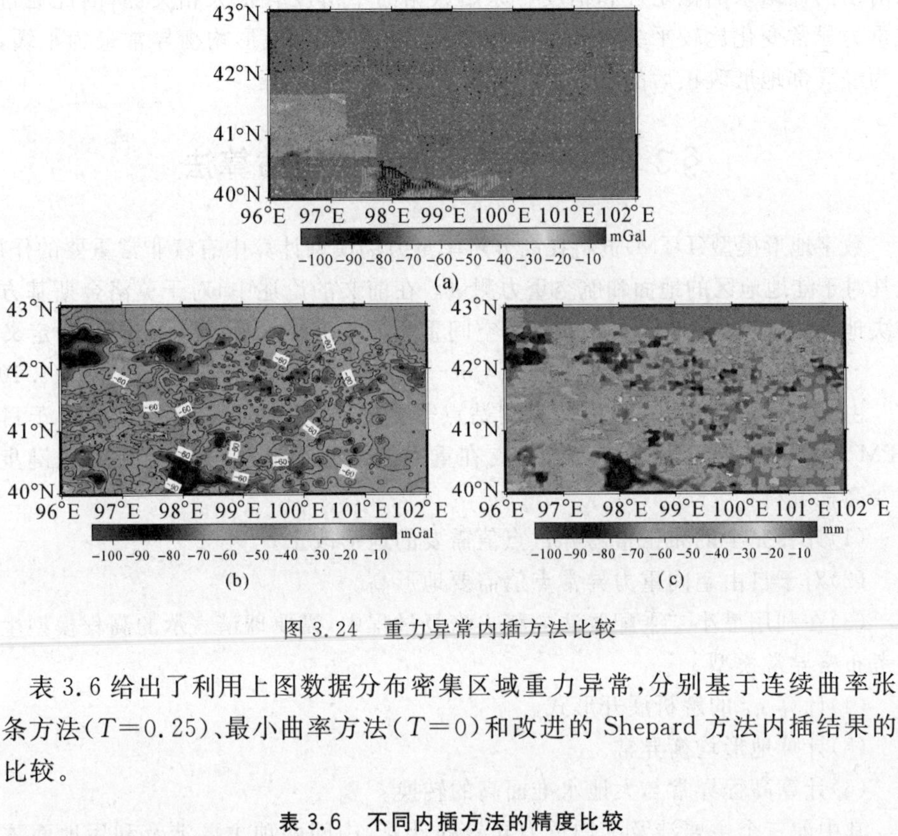

图 3.24　重力异常内插方法比较

表 3.6 给出了利用上图数据分布密集区域重力异常,分别基于连续曲率张力样条方法(T=0.25)、最小曲率方法(T=0)和改进的 Shepard 方法内插结果的精度比较。

表 3.6　不同内插方法的精度比较

内插方法	连续曲率张力样条方法(T=0.25)	最小曲率方法(T=0)	改进的 Shepard 方法
Point	1 525	1 525	1 525
Min/mGal	−23.269	−23.393	−20.353
Max/mGal	35.164	35.069	32.669
Mean/mGal	−0.127	−0.266	0.027
STD/mGal	3.291	3.475	4.364

由表中可以看出,三种方法对于数据密集区域均可以较高精度内插重力异常

数据,但从内插结果标准差看,改进的 Shepard 方法没有连续曲率张力样条方法精度高。

虽然上述的内插方法可适用于重力异常空白地区的填充和数据格网化计算需要,但在实际计算过程中,需要针对不同的情况选择最优的算法,这就要求对原始的重力异常观测数据进行分析。当然,若能联合其他地球物理数据获取不同地区的物理属性与特征,则可保证更高的内插精度。

在重力异常内插时,考虑到不同的重力异常表现出不同的分布特征,而内插方法对于内插结果的稳定性和精度与原始数据的平滑度有很大相关性,因此通常选取重力异常变化比较平缓的异常进行内插。一般认为地形均衡异常最为平缓,其次为经局部地形改正后的法耶重力异常,再次为布格异常。

§3.8 数字地形模型的推估算法

数字地形模型(DTM)资料在高分辨率重力场模型计算中有着非常重要的作用,尤其对于陆地地区的地面和航空重力测量。在前文的论述中,对于莫洛金斯基方法解决地面边值问题,地球表面的自由空间重力异常(Heiskanen,et al,1967)定义为

$$\Delta g = g_{obs} - \gamma_{ell}\left[1 - 2(1 + f + m - 2f\sin^2\phi)(h_r/a) + 3(h_r/a)^2\right] \tag{3.109}$$

由上式可以看出,对于重力观测站点需要知道对应的正常高 h_r,但由于目前 DTM 均采用正高,可用正高 h 代替。在重力位模型研制过程中,有几个关键步骤需要高程资料:

(1)计算完全的布格重力异常点值需要的地形改正。

(2)对于自由空间重力异常点值需要地形高。

(3)在利用最小二乘配置法的移去恢复过程中,需要球谐表示的高程模型生成参考布格异常模型。

(4)计算 g_1 的解析展开形式。

(5)计算地形均衡异常。

(6)计算高程异常与大地水准面高的转换。

其中前三个主要涉及平均重力异常的计算,中间两项主要涉及利用地面重力异常数据恢复重力位模型的算法问题。在计算平均重力异常时,由于地面点重力观测不能覆盖全球表面,密度也往往不能满足局部地区重力点的要求,地形信息就更为重要。由于大部分地面重力观测是沿较平坦的交通路线施测,而在困难地区和山区,重力观测非常稀少。利用自由空间重力异常和高程的相关性,平均重力异常的确定精度可大幅提高。当将高频地形影响从自由空间重力异常点值中移去,则平均重力异常的确定面对的是一个光滑的残差异常场,这对于山区和重力数据稀少的情况非常有效,将有效减少内插推估重力异常的误差。当计算得到一个平

均残差重力异常，再恢复移去的地形影响，得到更精确的平均重力异常估值。因此，为获取高阶重力位模型所必需的全球平均重力异常数据集，高分辨率、高精度的地面高程信息是必需的。

美国从 20 世纪 70 年代就开始试图构建全球数字地形格网高程模型(digital terrain elevation data，DTED)，到 21 世纪初，完成了全球 70％的 3″分辨率和 5％的 1″分辨率的数据集。为了满足各方面的需要，2000 年年初美国空间信息情报局(National Geospatial-Intelligence Agency，NGA)和航空航天署(National Aeronautics and Space Administration，NASA)以及德国和意大利的相关部门合作实施了一项名为“航天飞机雷达地形测量”(shuttle radar topography mission，SRTM)的计划。该计划于 2000 年 2 月 11 日在肯尼迪航天中心发射了“奋进号”航天飞机，通过机载影像雷达的 C 波段和 X 波段获取地形信息。

航天飞机的轨道高度为 233 km，每个扫描带宽度为 225 km，历时 11 天 5 小时 38 分，于 2000 年 2 月 22 日返回，获取数据的时间为 222 小时 23 分钟。利用两台干涉雷达对地观测记录了北纬 60°到南纬 57°间所有陆地的雷达数据，并生成几乎覆盖全球的数据高程模型。观测到的陆地面积占到全球总陆地面积的 80％。在观测到的陆地中，99.96％的陆地至少观测了一次，94.59％的陆地至少观测了两次，50％的陆地观测了三次或更多(JPL，2005)。

SRTM 数据以洲为单位进行处理，经编辑、粗差剔除、确定水面高程与定义海岸线几种预处理步骤后，再依地理坐标进行切割，将结果裁切成 15 000 个图幅文件进行存放。每一图幅覆盖范围 1°×1°，由图幅西南角的经纬度对图幅进行命名。SRTM 数据的取样间距为 1″×1″或 3″×3″，视 SRTM-1 或 SRTM-3 数据库而不同。SRTM-3 数据由 SRTM-1 经 3″×3″的平均内插产生，由 1 201×1 201 个点组成，高程资料单位为米。SRTM-3 数据以洲为单位发布。而 SRTM-1 资料只发布美国本土，并需由 NIMA 同意后才能获得。SRTM-1 水平分辨率为 1″(赤道上大约相当于 30 m)，水平绝对精度为 20 m，高程绝对精度为 16 m，相对精度分别为 15 m和 10 m，为美国的军事提供了极为重要的地理空间信息。除此之外，NGA 对公开的数据进行粗视化处理后，生成了 3″(赤道上大约 90 m)的 DTED-1(因为当前提供的数据尚未经过最终检验和数据格式标准化，通常称为 SRTM-3)。表 3.7 为 SRTM 的数据简表。

表 3.7　SRTM 数据简表

观测时间	飞机高度	分辨率	高程精度	水平精度	平面系统	高程系统
2002.2	223 km	30 m/90 m	15 m	20 m	WGS-84 经纬度	EGM 96 大地水准面

SRTM 资料以 HGT、16 bit 的 binary 格式进行储存，编码顺序为 Motorola big-endian，没有头文件，以行为顺序进行排列，资料空缺点的值被标示为

－32 768。一个 HGT 文件覆盖一块 1″×1″区域，它的西南角可由文件名推得。文件的大小取决于分辨率的大小。如果是 1″的分辨率，那么每个文件有 3 601×3 601个单元，如果是 3″的分辨率，则有 1 201×1 201 个单元。这些存储单元的排列就像文字书写一样，从最北的一行开始，每一行都是从西向东读。每个存储单元占两个字节，其高程等于 256×第一个字节＋第二个字节。一个 3″的 HGT 文件的长度是 2×1 201×1 201。SRTM-3 的单元可以通过对一个一秒单元格及其周围八个单元格的平均值进行计算而得。

SRTM 数据包括欧亚、北美、南美、非洲、澳洲与其他岛屿等 6 个资料库，覆盖了北纬 60°到南纬 57°间所有陆地。其中欧亚库西起不列颠群岛，横跨阿尔卑斯山、西伯利亚，至中国大陆、印度，东至太平洋岛弧，南至印尼群岛，共 5 940 个图幅，覆盖了欧亚大陆与太平洋、印度洋上大部分的岛屿，最高处为喜马拉雅山主峰。虽然公布的 SRTM-3 数据精度大大降低，但是仍然优于先前公众可以获得的 DTM 数据，为科学研究和工程应用提供了极大的便利。

搭载在航天飞机上的合成孔径雷达在获取地形数据的过程中，信号可能受到干扰，或者发生镜面反射、雷达阴影或回波滞后等情况，导致部分地区出现数据空缺，尤其在水体和高山峡谷地区。产生数据空白的原因主要分为以下 4 类(Dowding et al，2004)：

1)人为几何效应

InSAR 雷达的侧视和地面情况的相互作用导致了 3 种伪迹的产生：投影缩减效应(foreshortening)，层重叠(layover)和雷达阴影(radar shadow)。投影缩减指物体看起来比真实的要短。层重叠也是一种投影缩减，指物体顶部和底部在雷达图像上重合。在雷达信号没有照到的地方就会存在雷达阴影。尽管这些效应都会产生很大的数据空白区，但是可以通过两个不同的 SRTM 雷达进行干涉减少空白区。

2)镜面反射

水体对雷达信号有很强的反射作用。水就像镜子一样，雷达信号到达水面之后，绝大部分会被镜面反射而到达不了接收器。因此，绝大部分水体在未加工的数据中都是空白。如果存在此类区域的空白，可以很容易根据水平面进行填充。

3)相位解缠

航天飞机上的接收系统可以同时感应信号的相位和强度。相位信息用来在数据干涉处理中生成 DEM。为了把相位信息转换成高程信息，就要进行相位解缠。在一些区域，由于重叠或者水体的原因，相位不能得到正确解缠，这样就会在 DEM 中留下空白。

4)复介电常数

由于复介电常数(complex dieletric constant，CDC)的影响，SRTM 数据在沙漠地区会产生空白。CDC 影响表面吸收、反射和传播微波能量的能力。一个高

CDC 的表面具有很强的反射能量的能力，而一个低 CDC 值的表面则能更多地吸收能量，甚至让能量透过表面。因为沙漠非常干燥，除非有些反射信号的物质，否则雷达能量会大部分透过沙子，而接收器收到的则很少。Goncalves 等（2005）证明了除了在山地会有大量数据空白出现，在沙漠中也会出现数据空白。

若要获得完整的 SRTM 数据，就要对存在的空缺区域进行数据填充。对 SRTM 空白数据填充的方法主要有以下三种：一是利用已有的地形数据集（如 GTOP 30）；二是利用等高线内插；三是将原有的雷达数据结合各种插值方法进行插值处理。三者的精度和合理性呈递减趋势。在前节给出了各种数值内插方法，理论上均可以适用于 SRTM 数据的填补，但实际情况往往十分复杂。由于地形表面是复杂的非线性表面，因此利用线性函数去拟合非线性曲面就不能够获得高精度插值，现有各种插值方法不能达到预期的估计精度。近些年，人工神经网络（ANN，简称神经网络）作为一种由大量简单神经元广泛相互连接而成的非线性映射或自适应动力系统，恰好能充分地逼近任意复杂的非线性关系，可以在 SRTM 数据的内插中发挥重要作用。

目前应用最为广泛和成功的神经网络之一是 BP（误差反向传播神经网络）网络。其基本思想是：学习过程由信号的正向传播和误差的反向传播两个过程组成。正向传播时，输入样本由输入层传入，经过隐含层处理后传向输出层，并且每一层神经元的状态只影响到下一层神经元的状态。如果输出层的实际输出与所希望的输出值不符，则转向误差的反向传播阶段。误差的反向传播是将输出误差以某种形式通过隐含层向输入层逐层传播，这个误差信号是作为修正各个单元权值的依据。权值不断调整的过程，就是网络的学习训练的过程，一直到网络输出的误差减少到可以接受的程度，即预先设定的学习次数为止。详细的算法求解过程见文献（张守建 等，2008）。

选择我国西南地区（经度为 E 100°29′24″～E 100°30′36″，纬度为 N 25°29′24″～N 25°30′36″）分辨率为 3″的 SRTM 数据（取自 SRTM-3 数据）来分析神经网络插值精度。选择 A 区域的数据作为神经网络的样本，即利用 A 区域的数据进行神经网络预测模型的训练。区域 A 的经度范围为 E 100°29′42″～E 100°30′18″，纬度范围为 N 25°29′42″～N 25°30′18″，分辨率为 3″，共计 625 个点。选择 B 区域的数据作为神经网络的验证值，即通过比较该区域的高程的真值与神经网络模型预测的值来分析神经网络方法的插值精度。区域 B 的经度范围为 E 100°29′53″～E 100°30′08″，纬度范围为 N 25°29′53″～N 25°30′08″，分辨率为 3″，共计 36 个点。所选择的 A、B 区域的具体范围和高程见图 3.25。

网络训练过程中，如果变量在数值上相差太大，输出值大的神经元的误差是网络误差中的主要成分，而较小的输出变量的相对误差较大。为使得各变量的重要性处于同等地位，使网络所有权值在一个不太大的范围之内，对样本数据进行归一化处理，使所有数据在[0,1]之间的网络空间变化。数据中的最大值为 X_{max}，最小值为 X_{min}，则 X 组数据在归一化后的值为

$$x=\frac{X-X_{min}}{X_{max}-X_{min}} \tag{3.110}$$

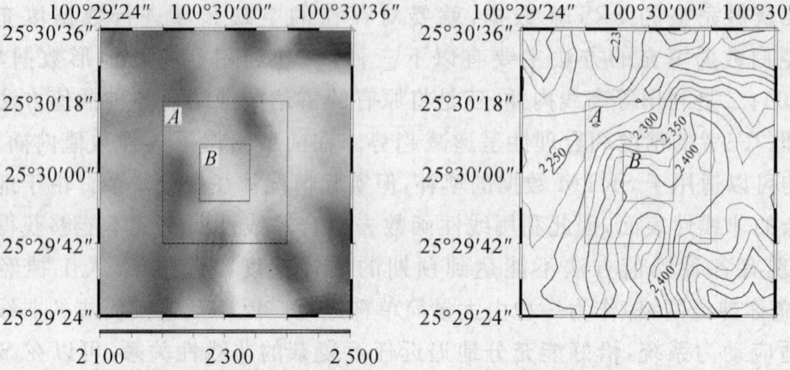

(a) 高程 (b) 等高线

图 3.25 数字高程模型图

网络的输出结果经反归一化得到其原物理空间中的值：

$$X=X_{min}+x\cdot(X_{max}-X_{min}) \tag{3.111}$$

BP 算法的目的是使误差平方和最小，按梯度最速下降法反向传播调整网络权值，直到满足训练要求为止。在所有的基于梯度的算法中，基于高斯-牛顿法改进得到的 Levenberg-Marquardt 方法在实际应用中稳定性效果很好，已经成为解决非线性最小二乘的标准算法，它是建立在一种优化方法基础上的训练算法。因此，这里采用 Levenberg-Marquardt 算法对权值和阈值进行训练。这种算法的权值调整率选为

$$\Delta \boldsymbol{w}=(\boldsymbol{J}^{\mathrm{T}}\boldsymbol{J}+\mu\boldsymbol{I})^{-1}\boldsymbol{J}^{\mathrm{T}}\boldsymbol{e} \tag{3.112}$$

式中，$\boldsymbol{J}$ 为误差对权值微分的 Jacobian 矩阵；$\boldsymbol{e}$ 为误差向量；μ 为一个自适应调整的标量。

BP 网络的隐层从输入数据中提取特征知识，网络的泛化能力取决于隐层。对于隐层单元的选择采用经验公式：$J=\sqrt{n+m}+a$。式中 m 为输出神经元数，n 为输入神经元数，a 为 1～10 之间的常数。本模型中，$n=2$，$m=3$，隐层的结点数范围为 3～12。

对 SRTM 插值来说，区域 A 中的每个点的经度和纬度为网络输入，每个点的高程为输出训练网络。理论证明，S 型隐含层加上一个线性输出层的网络，能够逼近任何有理函数。这里的网络隐含层神经元的传递函数选用双曲正切 S 型传递函数 tansig，输出层神经元传递函数选用对数 S 型传递函数 logsig。

为了对比分析神经网络方法的插值精度，除了利用神经网络方法内插出 B 区域的高程值，同时采用 TIN 方法实现了对 B 区域高程的插值。表 3.8 给出了神经网络插值和 TIN 插值的统计误差。从表 3.8 中的统计结果可以看出，神经网络插值的标准差比 TIN 插值的标准差降低了 6.3 m。上述结果表明，利用神经网络插值可以大大提高插值精度。

表 3.8　不同插值方法误差统计表

插值方法	最大值/m	最小值/m	平均值/m	标准差/m
神经网络插值	33.1	20.5	4.8	7.4
TIN 插值	16.3	−35.0	−6.5	13.7

此外，地球表面的地形变化具有空间自相关性，即在一定区域内的变化趋势具有相似性。而等高线能够较科学地反映出地面高程、山体、坡度、坡形以及山脉走向等基本的地貌形态及其变化，所以可以利用等高线在插值前后的变化来评价一个插值方法的优劣。如果在插值后该地区的等高线和周围地形的等高线在趋势上发生了较大改变，则说明该方法不能很好地“重塑”原有地形，那么用这种方法进行插值也是不可靠的。

图 3.25(b)和图 3.26 分别给出了原始数字高程模型对应的等高线图、神经网络插值后对应的等高线图以及 TIN 插值后对应的等高线图。对比上述图可以看出，图 3.26(a)中 B 区域内等高线和 A 区域等高线的变化趋势衔接比较好，等高线变化缓和，而图 3.26(b)中 B 区域的等高线和 A 区域的等高线变化趋势明显不一致。

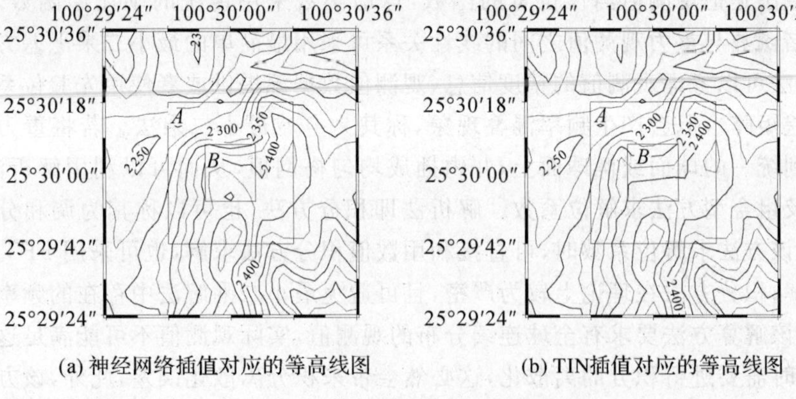

(a) 神经网络插值对应的等高线图　　(b) TIN插值对应的等高线图

图 3.26　不同方法内插高程等高线图

从上面实例的两个不同方面比较可以得出结论，神经网络能够很好地“重塑”原始地形，并且其内插的高程精度较高，可以克服利用常规的线性插值不能够有效地实现对地形插值的缺陷，因此更适合用来作为地形数据的插值计算。

第 4 章 超高阶地球重力位模型的数值解法

§4.1 引言

利用各种类型的重力场观测数据(包括地面重力测量、航空重力测量和各种卫星重力测量数据)恢复地球重力场的数值方法,概括起来可分为两大类:一类是基于物理大地测量边值问题的空间方法,简称空域法,也称为边值方法;另一类是基于卫星轨道时间序列的时域方法,简称时域法。

时域法主要应用于卫星重力场恢复,它是将观测数据视为时间序列,利用地球引力位的轨道根数表示(Kaula 展开),建立卫星重力场观测量与位系数之间的关系,从而反求地球引力位系数。将卫星重力场观测量(时间序列)进行富里埃变换,通常称其为 Lumped 系数(LC),则引力场位系数通过所谓的传输系数与 LC 呈线性关系,进而解法方程可以恢复重力场。为降低法方程求逆的阶数,需要利用重力卫星近圆、低轨等一系列特性,改善 LC 的结构(近似)。时域方法利用每次迭代结果改正引力位系数,并作为下次迭代方程引力位系数的近似值,因而可恢复高精度卫星重力场。

空域法是把观测值当作位置的函数,球谐函数采用传统的勒让德函数表示。基于球谐函数与重力观测值之间的线性关系可采用最简单的最小二乘平差方法求解,该方法可以考虑观测值的精度信息(观测值数据源提供或者使用先验位系数的误差方差矩阵),但会产生频率混叠现象,称其为空域最小二乘法。若将重力观测量归化到统一的球面或椭球面上,并内插成均匀格网值,从而可以利用解析法、统计法以及组合型方法求解位系数。解析法即积分方法,也可以称其为调和分析方法,利用该方法求解位系数时,可直接利用数值积分方法求解,也可采用 FFT 技术进行求解;积分方法在理论上较为严密,且可避免最小二乘解法中存在的频率混叠现象,但该解算方法要求有全球连续分布的观测值,实际观测值不可能满足这一要求,计算时需要进行积分的离散化,这必然会带来积分离散化误差,此外,该方法在求解过程中无法考虑观测误差影响。统计法主要是指 20 世纪 80 年代由 Krarup 和 Moritz 等创建发展的最小二乘配置法(least-squares collocation, LSC),该方法是以统计理论和分析方法为基础,采用类似经典最小二乘平差的统计模型逼近估计重力场参数,该方法的优点是可以同时处理多种类型的观测值,但该方法存在一些理想的假设条件,如将扰动重力场视为随机信号场,且为均匀和各向同性的,另外还要求已知观测值的先验协方差信息。组合型方法是介于统计法和解析法之间的一种方法，主要是指 Wenzel(1982)提出的最小二乘谱组合法，该方法是从重力场场元之间的解析关系(函数模型)出发，在谱域内利用最小二乘方法求解参数的最优估计，求解过程充分考虑观测值的误差信息，该方法虽然不是从解算超定边值问题出发，但实际上是处理超定边值问题的一种"最小二乘平差法"(李建成 等，2003)。

不论是采用空域法还是时域法，所面临的最大共同难题是求解超高阶法方程。对时域法，因卫星观测具有高时间采样率(例如 30 s 甚至几秒一个观测采样)，且观测周期可达几年，需处理是海量观测数据，观测方程数可比待求参数数高几个量级，因此从方法和技术层面研究重力场的恢复问题，几乎都集中到研究如何面对海量数据的处理，提高数值解的效率和解的稳定性；但对于空域法，由于利用了球面规则格网数据的对称性和基函数的正交性，可通过对位系数设计不同方式的阶次分离式特定排列，从而使超大型法方程求解转化为分块对角矩阵的求逆问题，可大幅提高解算效率和稳定性，并可在普通高性能计算机甚至个人计算机上完成解算。

本章将主要关注空域法求解地球重力场模型位系数的数值解法，通过对比和评述不同方法的特点和适用性，确定本书求解超高阶重力位模型的最优选择。

§4.2　最小二乘法

利用不同的重力观测方法可以得到各种重力观测量，据此都能建立起与地球重力场模型位系数之间的函数关系。例如，根据第 2 章中给出的不同边值条件，将关于扰动位的拉普拉斯方程通解，即其球谐展开级数，代入边值条件方程，就可建立重力异常与扰动位系数的线性函数关系，即观测方程，从而可用最小二乘方法形成法方程，直接对法方程系数阵求逆解可得位系数最佳估值。

设 $\boldsymbol{X}$ 是位系数参数向量，$\boldsymbol{L}$ 是重力场观测值向量，$\boldsymbol{B}$ 为设计矩阵，假定观测值的误差是白噪声，且服从高斯正态分布，则观测值和位系数参数间的函数模型可看作一个标准的高斯-马尔可夫(Gauss-Markov，GM)模型，其一般形式为

$$\left.\begin{aligned} &\boldsymbol{L}=\boldsymbol{B}\boldsymbol{X}+\boldsymbol{\Delta} \\ &E(\boldsymbol{\Delta})=0 \\ &\boldsymbol{D}_{\boldsymbol{\Delta}}=\sigma_0^2\boldsymbol{Q} \end{aligned}\right\} \tag{4.1}$$

式中，$\boldsymbol{L}=[\Delta g_1,\cdots,\Delta g_s]^{\mathrm{T}}$，共有 s 个观测值；$\boldsymbol{\Delta}$ 为观测误差(噪声)向量；$\boldsymbol{D}_{\boldsymbol{\Delta}}$ 为 $\boldsymbol{\Delta}$ 的方差阵(假定 $\boldsymbol{\Delta}$ 各分量互不相关)，σ_0^2 为单位权方差，$\boldsymbol{Q}$ 为 $\boldsymbol{\Delta}$ 的权逆阵(协因数阵)；位系数参数向量 $\boldsymbol{X}=[\boldsymbol{x}^0,\cdots,\boldsymbol{x}^m]^{\mathrm{T}}$，即

$$\left.\begin{aligned} \boldsymbol{x}^0 &= [\bar{C}_{2,0}, \bar{C}_{3,0}, \cdots, \bar{C}_{n_{\max},0}]^{\mathrm{T}} \\ \boldsymbol{x}^1 &= [\bar{C}_{2,1}, \bar{C}_{3,1}, \cdots, \bar{C}_{n_{\max},1}, \bar{S}_{2,1}, \bar{S}_{3,1}, \cdots, \bar{S}_{n_{\max},1}]^{\mathrm{T}} \\ &\vdots \\ \boldsymbol{x}^m &= [\bar{C}_{m,m}, \bar{C}_{m+1,m}, \cdots, \bar{C}_{n_{\max},m}, \bar{S}_{m,m}, \bar{S}_{m+1,m}, \cdots, \bar{S}_{n_{\max},m}]^{\mathrm{T}} \end{aligned}\right\} \tag{4.2}$$

式中，$2 \leqslant m \leqslant n_{\max}$。设计矩阵 $\boldsymbol{B}$ 可由扰动位球谐展开式给出的观测方程计算，其形成主要涉及缔合球函数 $\bar{P}_{nm}(\cos\theta)$ 的计算，其中第 i 个观测向量 Δg_i，应该等于设计矩阵 $\boldsymbol{B}$ 的第 i 行 b_i 与位系数参数向量 $\boldsymbol{X}$ 的乘积。

引入位系数参数向量的近似值 $\boldsymbol{X}^0$，若令 $\boldsymbol{X}=\boldsymbol{X}^0+\boldsymbol{x}$，$\boldsymbol{l}=\boldsymbol{L}-\boldsymbol{B}\boldsymbol{X}^0$，则可得到相应的误差方程：

$$\boldsymbol{V}=\boldsymbol{B}\hat{\boldsymbol{x}}-\boldsymbol{l} \tag{4.3}$$

式中，$\boldsymbol{V}$ 为 $\boldsymbol{L}$ 的平差改正数（残差）向量；$\hat{\boldsymbol{x}}$ 为位系数的平差改正量；$\boldsymbol{l}$ 为常数项向量。则在最小二乘准则 $\boldsymbol{V}^{\mathrm{T}}\boldsymbol{P}\boldsymbol{V}=\min$ 下可以组成法方程：

$$\boldsymbol{B}^{\mathrm{T}}\boldsymbol{P}\boldsymbol{B}\cdot\hat{\boldsymbol{x}}=\boldsymbol{B}^{\mathrm{T}}\boldsymbol{P}\boldsymbol{l} \tag{4.4}$$

式中，$\boldsymbol{P}$ 为观测量的权阵，$\boldsymbol{P}=\boldsymbol{Q}^{-1}$。解法方程即可得到位系数的最优估值：

$$\hat{\boldsymbol{x}}=\boldsymbol{N}^{-1}\cdot\boldsymbol{b} \tag{4.5}$$

式中，$\boldsymbol{N}=\boldsymbol{B}^{\mathrm{T}}\boldsymbol{P}\boldsymbol{B}$；$\boldsymbol{b}=\boldsymbol{B}^{\mathrm{T}}\boldsymbol{P}\boldsymbol{l}$。

通常法方程矩阵是一个非零元素的满矩阵，设最高阶数为 $n_{\max}$，矩阵的维数等于 $n_{\max}^2+2n_{\max}-3$。如果 $n_{\max}=2\,160$，则法方程将是一个 4 669 917×4 669 917 的方阵，对于这样的高维数矩阵必须要求更好的结构，才能确保计算结果的稳定性，同时减少法方程存储空间和求逆的计算时间。

由于大地测量领域的线性问题往往是欠适定的（病态的），即法方程系数阵的行列式趋近于（$|\boldsymbol{N}|\to 0$）和法方程矩阵 $\boldsymbol{N}$ 具有较大的条件数（最大特征值与最小特征值之比），如果法方程系数阵的条件数很大，最直接的影响是系数阵的求逆不稳，很小的观测误差或模型误差将给参数求解带来较大的误差，因此需要采取一些方法来抑制这种情况的发生。对于此问题求解的通常做法是采用合适的正则化方法来改善原有法方程的性态，使其对角带占优或转化为一个分块对角阵，由此可获得稳定唯一的解。正则化方法主要分为两类：一类是在求解过程中加入先验信息加以约束，从而获得稳定唯一解，例如 Tikhonov 正则化方法；另外一类方法是不考虑先验信息，例如截断奇异值分解（truncated singular value decomposition，TSVD）、最小熵正则化、共轭梯度方法以及广义迹回归等。

§4.3 联合平差法

如前所述，如果有地面的重力异常观测，可以由最小二乘平差或对地面重力数据作调和分析求得地球重力位系数。但由于地面重力观测数据的分布极不均匀，一些特殊地区存在重力空白，数据稀疏区用内插推估方法加密，空白区用地球物理方法或用先验模型值填充，导致解算的低阶位系数精度不高。随着卫星重力探测技术的不断发展，更多的卫星重力观测资料不断积累，使得确定高精度中低阶位系数成为可能。由于卫星观测(轨道跟踪或卫星测高数据等)和地面观测(重力测量等)所获取的地球重力场信息有很大的互补性，因此在确定高阶重力位模型时，需要将这两类观测数据进行联合平差以获得位系数的最优估计解。

卫星观测和地面观测是完全互相独立的，根据最小二乘法原理，可以事先各自单独进行平差，再作联合平差。当利用纯卫星观测数据，例如 SLR 轨道摄动观测数据，可组成纯卫星观测数据的法方程，其未知参数通常包括低阶($N\leqslant 50$)位系数集和其他非重力场参数，如地球定向参数、潮汐参数、轨道参数以及测站坐标等，消去后一类未知参数得到仅包含待定位系数的法方程，据此求得的解称为卫星位系数。对地面重力异常观测方程组成法方程，一般包含高阶($N>50$)未知位系数，消去高阶待定位系数，得到一个与卫星位系数法方程同阶的法方程，求得的解可称为地面重力位系数。将两个同阶法方程迭加组成联合法方程，并顾及各自的误差协方差信息，由此求得位系数的联合解，将这一最优估计作为低阶位系数最后结果，再将联合解代入各自的法方程解算其余未知参数。对地面重力观测法方程则解出高阶位系数，这是一种联合平差方式。更多的是采用另一种联合平差模式，即将由地面重力异常作为直接观测值，卫星位系数作为(先验)参数，应用带有未知参数的条件观测平差作为联合平差模型。

若卫星资料的位系数表示为 $\boldsymbol{L}_x$，改正数为 $\boldsymbol{V}_x$，先验权阵为 $\boldsymbol{P}_x$；地面重力异常观测用 $\boldsymbol{L}_l$ 表示，改正数为 $\boldsymbol{V}_l$，先验权阵为 $\boldsymbol{P}_l$；令 $\boldsymbol{L}_l^a$ 表示重力异常的平差值，$\boldsymbol{L}_x^a$ 表示位系数的平差值(未知参数)，则观测量与未知参数之间应满足条件：

$$F(\boldsymbol{L}_l^a,\boldsymbol{L}_x^a)=0 \tag{4.6}$$

对上式进行线性化，可得到误差方程：

$$\boldsymbol{B}_l\boldsymbol{V}_l+\boldsymbol{B}_x\boldsymbol{V}_x+\boldsymbol{W}=0 \tag{4.7}$$

式中，$\boldsymbol{B}_l=\partial F/\partial \boldsymbol{L}_l$；$\boldsymbol{B}_x=\partial F/\partial \boldsymbol{L}_x$；$\boldsymbol{W}=F(\boldsymbol{L}_l,\boldsymbol{L}_x)$，则由以下最小二乘原理准则

$$\boldsymbol{V}_l^{\mathrm{T}}\boldsymbol{P}_l\boldsymbol{V}_l+\boldsymbol{V}_x^{\mathrm{T}}\boldsymbol{P}_x\boldsymbol{V}_x=\min \tag{4.8}$$

可得未知参数的改正数为

$$\boldsymbol{V}_x=-(\boldsymbol{B}_x^{\mathrm{T}}\boldsymbol{M}^{-1}\boldsymbol{B}_x+\boldsymbol{P}_X)^{-1}\boldsymbol{B}_x^{\mathrm{T}}\boldsymbol{M}^{-1}\boldsymbol{W} \tag{4.9}$$

$$\boldsymbol{V}_l=-\boldsymbol{P}_l^{-1}\boldsymbol{B}_L^{\mathrm{T}}\boldsymbol{M}^{-1}(\boldsymbol{B}_x\boldsymbol{V}_x+\boldsymbol{W}) \tag{4.10}$$

其中，

$$\boldsymbol{M}=\boldsymbol{B}_l\boldsymbol{P}_l^{-1}\boldsymbol{B}_l^{\mathrm{T}} \tag{4.11}$$

用 f 表示平差系统的自由度，则单位权观测方差为

$$m_0^2=(\boldsymbol{V}_L^{\mathrm{T}}\boldsymbol{P}_L\boldsymbol{V}_L+\boldsymbol{V}_x^{\mathrm{T}}\boldsymbol{P}_x\boldsymbol{V}_x)/f \tag{4.12}$$

平差值向量的误差协方差矩阵为

$$\boldsymbol{\Sigma}_{L^aL^a}=m_0^2(\boldsymbol{M}^{-1}+\boldsymbol{P}_X)^{-1} \tag{4.13}$$

$$\boldsymbol{\Sigma}_{\hat{X}\hat{X}}=m_0^2(\boldsymbol{B}_x^{\mathrm{T}}\boldsymbol{M}^{-1}\boldsymbol{B}_x+\boldsymbol{P}_x)^{-1} \tag{4.14}$$

由于此种方法解算未知参数时将涉及大规模矩阵求逆，所以通常情况采用特殊的分块对角化最小二乘平差法进行求解。对于由卫星观测数据建立的低阶位系数法方程，其系数矩阵通常是满阵；由全球地面重力数据建立起来的高阶位系数法方程，通过对待定位系数特定排序（详见§4.5），其系数矩阵可构成分块对角阵结构。经过重新调整后的联合法方程具有以下形式：

$$\begin{bmatrix}\boldsymbol{H}_1 & \boldsymbol{A}^{\mathrm{T}} & 0\\ \boldsymbol{A} & \boldsymbol{H}_2 & 0\\ 0 & 0 & \boldsymbol{H}_3\end{bmatrix}\begin{bmatrix}\boldsymbol{X}_1\\ \boldsymbol{X}_2\\ \boldsymbol{X}_3\end{bmatrix}=\begin{bmatrix}\boldsymbol{R}_1\\ \boldsymbol{R}_2\\ \boldsymbol{R}_3\end{bmatrix} \tag{4.15}$$

其中仅有 $\boldsymbol{H}_1$ 是满阵，$\boldsymbol{H}_2$ 和 $\boldsymbol{H}_3$ 都是分块对角阵，$\boldsymbol{A}$ 是一个稀疏矩阵，其逆阵为

$$\begin{bmatrix}\boldsymbol{H}_1 & \boldsymbol{A}^{\mathrm{T}} & 0\\ \boldsymbol{A} & \boldsymbol{H}_2 & 0\\ 0 & 0 & \boldsymbol{H}_3\end{bmatrix}^{-1}=\begin{bmatrix}\boldsymbol{G}_1 & \boldsymbol{D}^{\mathrm{T}} & 0\\ \boldsymbol{D} & \boldsymbol{G}_2 & 0\\ 0 & 0 & \boldsymbol{G}_3\end{bmatrix} \tag{4.16}$$

式中的矩阵可通过简单运算得到：

$$\left.\begin{aligned}\boldsymbol{G}_1&=(\boldsymbol{H}_1-\boldsymbol{A}^{\mathrm{T}}\boldsymbol{H}_2^{-1}\boldsymbol{A})^{-1}\\ \boldsymbol{G}_2&=\boldsymbol{H}_2^{-1}+\boldsymbol{H}_2^{-1}\boldsymbol{A}\boldsymbol{G}_1\boldsymbol{A}^{\mathrm{T}}\boldsymbol{H}_2^{-1}\\ \boldsymbol{G}_3&=\boldsymbol{H}_3^{-1}\\ \boldsymbol{D}^{\mathrm{T}}&=-\boldsymbol{G}_1\boldsymbol{A}^{\mathrm{T}}\boldsymbol{H}_2^{-1}\end{aligned}\right\} \tag{4.17}$$

最终得到式(4.15)的解为

$$\left.\begin{aligned}\boldsymbol{X}_1&=\boldsymbol{G}_1\boldsymbol{R}_1-\boldsymbol{G}_1\boldsymbol{A}^{\mathrm{T}}\boldsymbol{H}_2^{-1}\boldsymbol{R}_2\\ \boldsymbol{X}_2&=\boldsymbol{H}_2^{-1}\boldsymbol{A}\boldsymbol{G}_1\boldsymbol{R}_1+\boldsymbol{H}_2^{-1}\boldsymbol{R}_2+\boldsymbol{H}_2^{-1}\boldsymbol{A}\boldsymbol{G}_1\boldsymbol{A}^{\mathrm{T}}\boldsymbol{H}_2^{-1}\boldsymbol{R}_2\\ \boldsymbol{X}_3&=\boldsymbol{G}_3\boldsymbol{R}_3\end{aligned}\right\} \tag{4.18}$$

§4.4　调和分析方法

本书第 2 章给出了重力异常球谐展开的离散化级数积分公式，对式(2.78)用点值重力异常表示的位系数可写出完整形式，

$$\bar{g}_{nm}^{\alpha}=\frac{1}{4\pi}\sum_{i=0}^{N-1}\sum_{j=0}^{2N-1}\bar{P}_{nm}^{\alpha}\cos(\theta_i)\begin{Bmatrix}\cos\\ \sin\end{Bmatrix}(mj\,\Delta\lambda)\Delta g_{ij}\Delta_{ij} \tag{4.19}$$

令 $\chi_i^{nm}=\dfrac{1}{4\pi}\bar{P}_{nm}^{\alpha}\cos(\theta_i)\Delta_{ij}$，有

$$\bar{g}_{nm}^{\alpha}=\sum_{i=0}^{N-1}\sum_{j=0}^{2N-1}\chi_i^{nm}\begin{Bmatrix}\cos\\ \sin\end{Bmatrix}(mj\,\Delta\lambda)\Delta g_{ij} \tag{4.20}$$

由于重力异常数据等间隔的格网对称于赤道分布，有 $\chi_i^{nm}=\chi_{N-1-i}^{nm}$（$n-m$ 是偶数），$\chi_i^{nm}=-\chi_{N-1-i}^{nm}$（$n-m$ 是奇数），上式可表示为

$$\bar{g}_{nm}^{\alpha}=\sum_{i=0}^{N/2-1}\left(\chi_i^{nm}\left[\sum_{j=0}^{2N-1}\begin{Bmatrix}\cos\\ \sin\end{Bmatrix}(mj\Delta\lambda)\Delta g_{ij}\right]+(-1)^{n-m}\chi_i^{nm}\left[\sum_{j=0}^{2N-1}\begin{Bmatrix}\cos\\ \sin\end{Bmatrix}(mj\Delta\lambda)\Delta g_{N-1-i,j}\right]\right)\tag{4.21}$$

对于上式，可利用程序设计的算法实现。

第一步，初始化。对于所有的 $0\leqslant n,m\leqslant N$，设 $i=-1$，$\bar{g}_{nm}^{\alpha(0)}=0$。

第二步，外循环。以 1 为步长，对 i 递加循环直到 $i=N/2-1$。

第三步，内循环。分别计算下式：

$$\left.\begin{aligned}\begin{Bmatrix}a_m^i\\ b_m^i\end{Bmatrix}&=\sum_{j=0}^{2N-1}\begin{Bmatrix}\cos\\ \sin\end{Bmatrix}(mj\Delta\lambda)\Delta g_{ij}\\ \begin{Bmatrix}a_m^{N-1-i}\\ b_m^{N-1-i}\end{Bmatrix}&=\sum_{j=0}^{2N-1}\begin{Bmatrix}\cos\\ \sin\end{Bmatrix}(mj\Delta\lambda)\Delta g_{N-1-i,j}\end{aligned}\right\}\tag{4.22}$$

则有

$$\bar{g}_{nm}^{\alpha(i)}=\bar{g}_{nm}^{\alpha(i-1)}+\left[\begin{Bmatrix}a_m^i\\ b_m^i\end{Bmatrix}+(-1)^{n-m}\begin{Bmatrix}a_m^{N-1-i}\\ b_m^{N-1-i}\end{Bmatrix}\right]\chi_i^{nm}\tag{4.23}$$

返回第二步，当外循环结束时，最后可得 $\bar{g}_{nm}^{\alpha}=\bar{g}_{nm}^{\alpha(N/2-1)}$ 。式(4.22)中 a_m^i、b_m^i 利用点重力异常值的傅里叶变换可计算得到。

对于式(2.79)用平均重力异常值表示的位系数，其完整表达为

$$\bar{g}_{nm}^{\alpha}=\frac{\mu_n}{4\pi}\sum_{i=0}^{N-1}\sum_{j=0}^{2N-1}\Delta\bar{g}_{ij}\int_{\theta_i}^{\theta_i+\Delta\theta}\bar{P}_{nm}(\cos\theta)\sin\theta\mathrm{d}\theta\int_{\lambda_j}^{\lambda_j+\Delta\lambda}\begin{Bmatrix}\cos\\ \sin\end{Bmatrix}(m\lambda)\mathrm{d}\lambda\tag{4.24}$$

令 $A(m)=\begin{cases}\sin(m\Delta\lambda)/m, & (m\neq 0)\\ \Delta\lambda, & (m=0)\end{cases}$，$B(m)=\begin{cases}[\cos(m\Delta\lambda)-1]/m, & (m\neq 0)\\ 0, & (m=0)\end{cases}$，

上式可改写为

$$\bar{g}_{nm}^{\alpha}=\sum_{i=0}^{N-1}\bar{\chi}_i^{nm}\sum_{j=0}^{2N-1}\Delta\bar{g}_{ij}\left[\begin{Bmatrix}A(m)\\ -B(m)\end{Bmatrix}\cos(mj\Delta\lambda)+\begin{Bmatrix}B(m)\\ A(m)\end{Bmatrix}\sin(mj\Delta\lambda)\right]\tag{4.25}$$

对上式重新排列，引入 a_m^i、b_m^i，可得到用平均重力异常作离散化数值积分求解位系数的公式：

$$\bar{g}_{nm}^{\alpha}=\sum_{i=0}^{N/2-1}\bar{\chi}_i^{nm}\left[\begin{Bmatrix}A(m)\\ -B(m)\end{Bmatrix}(a_m^i+(-1)^{n-m}a_m^{N-1-i})+\begin{Bmatrix}B(m)\\ A(m)\end{Bmatrix}(b_m^i+(-1)^{n-m}b_m^{N-1-i})\right]\tag{4.26}$$

将式(4.23)右边方括号中的表达用上式代替。由此，利用上述离散点重力异常的程序算法，可得到基于格网平均重力异常确定重力异常球谐系数集的实用算式。

以上给出了利用数值积分法直接计算重力异常球谐系数的推导，称为调和分析

法或数值积分法。令 $\bar{g}_{nm}^{\alpha}=\begin{cases}a_{nm}\\b_{nm}\end{cases}$，由扰动位位系数与重力异常球谐系数的转换关系式（见本书 2.3.2）：$C_{nm}=R^2/[GM\cdot(n-1)]a_{nm}$，$S_{nm}=R^2/[GM\cdot(n-1)]b_{nm}$，可确定扰动位球谐系数$\{\bar{C}_{nm},\bar{S}_{nm}\}$，也就确定了以一组球谐系数唯一表示的地球重力场模型。

调和分析法或数值积分法是目前确定超高阶地球重力场模型的最优解决方法，但在使用时仍有几点需要注意的事项。

(1)重力数据要对全球完全均匀覆盖。覆盖不完善(南北极地区无实测数据或存在一些重力空白区)，在有限个格网上的面积平均采样不满足正交化和规格化条件，其结果将歪曲由重力数据分析得到的场谱。已有的试算结果表明：在此情况下，数值积分不能恢复原位系数。

(2)不能准确估计由于重力异常误差及采用平均重力异常而引起的位系数的误差。在位系数的估计中未考虑观测数据的误差影响，解算的位系数精度需要通过外部数据检核评估。

(3)在实际计算中是用求和代替积分，用格网平均重力异常代替连续的重力异常函数，因而需要选择合适的平滑因子改善离散误差。由于各阶区选择的平滑因子不同，将在不同阶区之间产生尖锐的间断点，也会造成对场谱的歪曲。

(4)高频成分的消除。扰动位的球谐展开是一个无穷级数，位模型只能根据地面数据实际分辨率展开到有限阶次，而重力观测数据本身含高频成分。如展开的最高阶为 $N_{\max}$，相应地面分辨率为 d，则尺度小于 d 的局部扰动质量(地形)对重力异常的贡献就需要加以消除，否则这些高频成分在被截断的球谐分析中会混迭到所要恢复的频谱中，造成位系数解的失真。

对于上述问题的(2)和(3)，由于是方法本身的缺陷，暂时没有更好的改进方案；对于(1)，随着重力卫星 CHAMP、GRACE 和 GOCE 的成功发射，联合卫星测高、航空重力的观测数据，将大大改善极地与大陆重力空白区的重力分布。对于(4)，消除高频成分影响有两种基本方法：第一种方法普遍适合于超高阶位模型，是根据 $N_{\max}$ 确定一个相应的地面格网尺度 $\Delta\Sigma=d\times d$，例如 $N_{\max}=360$，则 $\Delta\Sigma=0.5^{\circ}\times0.5^{\circ}$，$N_{\max}=2\,160$，则 $\Delta\Sigma=5'\times5'$，等等，以此类推，然后用适当的方法根据地面重力数据的分布计算每一格网的平均值，形成一个格网平均重力异常数据集，算术平均算子是一种最简单的低通滤波器，通过平均将偏离均值的高频分量平滑掉；第二种是在构制低阶位模型时，一般 $N_{\max}\leqslant50$，利用一个高阶位模型，例如 360 阶，通过计算，将 $N>50$ 的高阶模型重力异常从观测值中减去。

§4.5 块对角阵结构形成

地球重力位模型的球谐系数根据其阶次可以分为 3 类：

(1)带谐系数：$m=0$ 对应的系数。此时带谐函数与经度 λ 无关，并将地球球面分成许多纬度带，从北极 $\varphi=90°$ 到南极 $\varphi=-90°$ 谐函数变换 n 次符号。

(2)扇谐系数：$n=m\neq0$ 对应的系数。扇谐函数将地球球面分成正和负的扇形，相应的在经度 $0°\leqslant\lambda<360°$ 区间内谐函数变化符号 $2n$ 次。

(3)田谐系数：$n\neq m\neq0$ 对应的系数。田谐函数将地球球面分为若干格，各个格之间正负交替变换，谐函数在 $-90°\leqslant\varphi<90°$ 区间内变换 $n-m$ 次符号，三角函数在 $0°\leqslant\lambda<180°$ 区间内变化符号 $2m$ 次。

若按函数类型不同，位系数可以分为两类：一类为 cosine 系数 $\bar{C}_{nm}$；另一类为 sine 系数 $\bar{S}_{nm}$。将球谐系数分类，有利于掌握解的性质，由交换律定律允许对位系数的排列顺序有不同的选择，解算未知数时可以通过对不同类型的位系数进行排列索引使得法方程结构改变，可改善解的稳定性。

Colombo(1981)研究了空域法位系数的排列方式以及观测值的分布对法方程结构的影响。如果得到全球分布的格网数据，对应于 1°分辨率的格网，形成 $N\times2N=2N^2$ 个观测方程，则法方程的每一个元素可由下式计算：

$$\left.\begin{array}{l} n(\bar{C}_{n_1m_1},\bar{C}_{n_2m_2}) \\ n(\bar{S}_{n_1m_1},\bar{S}_{n_2m_2}) \end{array}\right\}=\frac{1+\delta_{0m_2}}{2N}\delta_{m_1m_2}\sum_{i=1}^{N}\bar{P}_{n_1m_1}(\cos\theta_i)\bar{P}_{n_2m_2}(\cos\theta_i) \tag{4.27}$$

或者为零元素：

$$\left.\begin{array}{l} n(\bar{C}_{n_1m_1},\bar{S}_{n_2m_2}) \\ n(\bar{S}_{n_1m_1},\bar{C}_{n_2m_2}) \end{array}\right\}=0 \tag{4.28}$$

对于全球格网数据利用正交关系，则法方程的元素对于不同的次 m 有

$$n(\bar{C}_{n_1m_1},\bar{C}_{n_2m_2})\begin{cases}=0, & m_1\neq m_2\\ \neq0, & m_1=m_2\end{cases},\quad n(\bar{S}_{n_1m_1},\bar{S}_{n_2m_2})\begin{cases}=0, & m_1\neq m_2\\ \neq0, & m_1=m_2\end{cases}$$

如果格网数据分布对称于赤道，则对于同一次数 m 的不同奇、偶阶数的 n 有

$$n(\bar{C}_{n_1m},\bar{C}_{n_2m})\begin{cases}=0, & n_1:\text{even} \quad n_2:\text{odd}\\ =0, & n_1:\text{odd} \quad n_2:\text{even}\\ \neq0, & n_1:\text{even} \quad n_2:\text{even}\\ \neq0, & n_1:\text{odd} \quad n_2:\text{odd}\end{cases},\quad n(\bar{S}_{n_1m},\bar{S}_{n_2m})\begin{cases}=0, & n_1:\text{even} \quad n_2:\text{odd}\\ =0, & n_1:\text{odd} \quad n_2:\text{even}\\ \neq0, & n_1:\text{even} \quad n_2:\text{even}\\ \neq0, & n_1:\text{odd} \quad n_2:\text{odd}\end{cases}$$

根据他的研究结果，如果位系数以以下方式索引，即顺序排列由次数 m 控制外部循环，对应于内部循环的每一次数 m，首先排列全部的 cosine 系数，然后排列全部的 sine 系数

$$\{\bar{C}_{nm},\bar{S}_{nm}\}\Rightarrow\left\{\sum_{n=2}^{n_{\max}}(\bar{C}_{n0}),\sum_{m=1}^{n_{\max}}\left(\sum_{n=\max(2,m)}^{n_{\max}}\bar{C}_{nm},\ \sum_{n=\max(2,m)}^{n_{\max}}\bar{S}_{nm}\right)\right\}$$

对应的球谐系数表示为

$$\bar{C}_{20},\bar{C}_{30},\cdots,\bar{C}_{n_{\max}0};$$

$$\begin{array}{l}
\overline{C}_{21},\overline{C}_{31},\cdots,\overline{C}_{n_{\max}1},\overline{S}_{21},\overline{S}_{31},\cdots,\overline{S}_{n_{\max}1};\\
\overline{C}_{22},\overline{C}_{32},\cdots,\overline{C}_{n_{\max}2},\overline{S}_{22},\overline{S}_{32},\cdots,\overline{S}_{n_{\max}2};\\
\overline{C}_{33},\overline{C}_{43},\cdots,\overline{C}_{n_{\max}3},\overline{S}_{33},\overline{S}_{43},\cdots,\overline{S}_{n_{\max}3};\\
\vdots \qquad\qquad\qquad\qquad\qquad\qquad \vdots\\
\overline{C}_{n_{\max}n_{\max}},\cdots \qquad\qquad ,\overline{S}_{n_{\max}n_{\max}}。
\end{array}$$

同时要求满足数据分布于同一球面，数据采集无中断并且全球覆盖(对称于赤道)、无空白地区(网格值)，则可得到对应的球谐系数法方程矩阵。由于离散的cosine与sine序列函数的正交性以及格网数据的对称性，产生的矩阵非主对角元素消失，使得矩阵具有块对角的结构，见图4.1(王正涛，2005)。

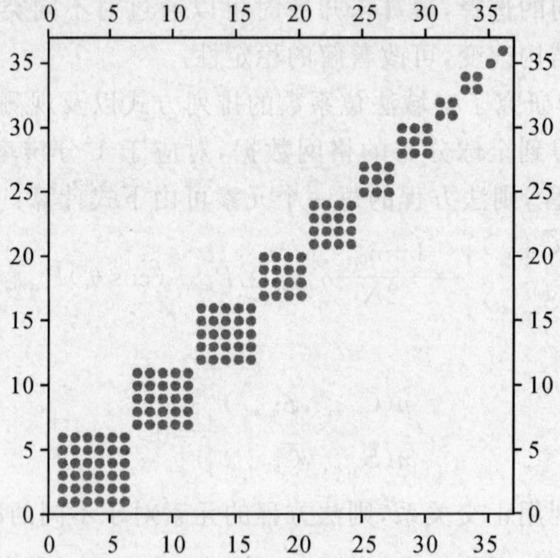

图4.1　块对角形式的法方程矩阵结构($n_{\max}=5$)

由于块对角的结构，法方程的求逆可以次数 m 为控制，分别单独计算每一次数 m 对应的块矩阵，最大块矩阵的维数等于 $n_{\max}+1$，例如对于2 160阶重力场模型，法方程最大维数为2 161。同时可以设计法方程矩阵的优化存储结构，即排除零元素的非零元素存储检索法，这将大大降低对计算机存储空间和计算速度的要求，对超高阶位系数的法方程解算非常有利。

§4.6　剪接法

尽管实现重力数据的全球覆盖目标离我们越来越近，但目前重力测量在地球两极和一些陆地覆盖仍然不够，覆盖率和分辨率不能满足重力位系数集日益扩展的需要。虽然如此，各个国家和一些科研机构仍在不断努力改善区域重力覆盖，由此提出如何利用更新的重力资料实现重力场的局部改进问题。为了解决这一局部应用问题，一种简单的重力位模型更新方法——“剪接法”应运而生。

“剪接法”的基本原理是以一个已知的高阶重力位模型作为初始模型，利用此模型可计算地面初始模型重力异常，将区域内新的加密或更新重力点的实测重力异常与相应点模型重力异常组成残差重力异常，研究区域以外的残差异常等于零，利用§4.4 的调和分析方法可计算得到一组位模型系数的改正数向量，与初始模型位系数相加，得到经过改进后的新的重力场模型。

“剪接法”最大的优点在于数据准备和计算过程简单易行，缺点是存在边缘效应影响。在剪接区域的边缘，会产生阶梯式的跳跃变化，这种不光滑性降低了局部剪接模型的全球应用价值。为弥补此缺陷，改进的做法是将局部改善扩展到全球改善，以参考模型和全球分布的重力异常数据为基础，通过局部数据更新和全球重力异常积分的方法修正参考模型。这样既保证了全球重力场模型连续光滑的整体效应，又提高新模型对数据更新地区的拟合度，由此实现位模型的全球改善，提高新模型在某些补充了重力数据困难地区的精度。例如未来利用航空重力测量或卫星重力测量更新改善了青藏高原数据分布，可考虑用“剪接法”改善新一代重力位模型在此局部地区的精度。

§4.7　共轭梯度并行算法

对于大型线性代数方程组的解法除了传统的直接解法外，迭代解法是目前超级计算机资源缺乏或不足国家的首选。此解算方法避免计算显式的设计矩阵和法方程系数阵，特别适于超高阶线性方程的快速求解。常用的迭代方法包括经典迭代法(Jacobi 方法、高斯-赛德法等)和共轭梯度法。由于共轭梯度法对于阶数很高的方程组，可经过比阶数小得多的迭代次数，得到满足精度要求的近似解，因此它更适合于超高阶地球重力场模型球谐系数的解算。

共轭梯度(conjugate gradient，CG)法也叫共轭斜量法。该方法的基本思想是：利用每次迭代得到的增量改正前一次迭代的初始向量，新的结果作为下一次迭代的起始值。增量方向总是取逼近其解的最速化方向，即带有适当权重的误差向量范数平方的梯度方向，利用前一次的初始向量和增量(改进量)按此梯度方向更新增量，理论上可证明其迭代解序列可一致收敛到真解。对给定的计算精度要求，这种迭代法与最小二乘求逆阵的直接解法等价。

共轭梯度迭代法的一个关键问题是迭代的收敛速度，它很大程度上依赖与法方程矩阵的条件数，条件数越大，则收敛率越低。因此，在实际计算中，可以通过在预处理阶段给方程线性系统降低条件数来提高收敛率，通常的做法是选择一个预条件矩阵。如果选取矩阵 $\boldsymbol{H}$，它具有对称、正定的特性，同时近似等于法方程矩阵 $\boldsymbol{N}$。通常确定 $\boldsymbol{H}$ 最简单的方法是令 $\boldsymbol{H}$ 等于 $\boldsymbol{N}$ 的块对角带，将 $\boldsymbol{N}$ 中非对角线上非零元素置零，并且 $\boldsymbol{H}^{-1}$ 易于计算，则 $\boldsymbol{H}^{-1}\boldsymbol{N}\hat{\boldsymbol{x}}=\boldsymbol{H}^{-1}\boldsymbol{b}$，可以看出将得到与 $\boldsymbol{N}\hat{\boldsymbol{x}}=\boldsymbol{b}$ 同样的解。由于 $\boldsymbol{H}$ 近似等于 $\boldsymbol{N}$，因此 $\boldsymbol{H}^{-1}\boldsymbol{N}$ 将具有主对角占优的特性，对应的方程系数阵的条件数将比原始系数阵的条件数小的多，因而收敛速度更快，这个矩阵 $\boldsymbol{H}$ 就被称为“预条件矩阵”。由上节的分析，若地球重力场位系数按照 Colombo 的建议排列，则得到块对角的法方程矩阵结构，因此对于这个问题最优的预条件矩阵就是图 4.1 所示的块对角阵。

预条件共轭梯度法迭代计算模型如下：

$$\left.\begin{aligned}\boldsymbol{x}^0&=0\\ \boldsymbol{r}^0&=\boldsymbol{b}\end{aligned}\right\}\tag{4.29}$$

$$\boldsymbol{p}^0=\boldsymbol{H}^{-1}\boldsymbol{r}^0\tag{4.30}$$

$$\boldsymbol{\alpha}^i=-\frac{(\boldsymbol{p}^i)^{\mathrm{T}}\boldsymbol{H}^{-1}\boldsymbol{r}^i}{(\boldsymbol{p}^i)^{\mathrm{T}}\boldsymbol{N}\boldsymbol{p}^i}\tag{4.31}$$

$$\boldsymbol{x}^{i+1}=\boldsymbol{x}^i+\boldsymbol{\alpha}^i\cdot\boldsymbol{p}^i\tag{4.32}$$

$$\boldsymbol{r}^{i+1}=\boldsymbol{r}^i-\boldsymbol{\alpha}^i\boldsymbol{N}\boldsymbol{p}^i\tag{4.33}$$

$$\boldsymbol{\beta}^{i+1}=\frac{(\boldsymbol{r}^{i+1})^{\mathrm{T}}\boldsymbol{H}^{-1}(\boldsymbol{r}^{i+1})}{(\boldsymbol{r}^i)^{\mathrm{T}}\boldsymbol{H}^{-1}(\boldsymbol{r}^i)}\tag{4.34}$$

$$\boldsymbol{p}^{i+1}=-\boldsymbol{H}^{-1}\boldsymbol{r}^{i+1}+\boldsymbol{\beta}^{i+1}\boldsymbol{p}^i\tag{4.35}$$

式中各项参数意义见文献(王正涛，2005)，算法流程图见图 4.2。

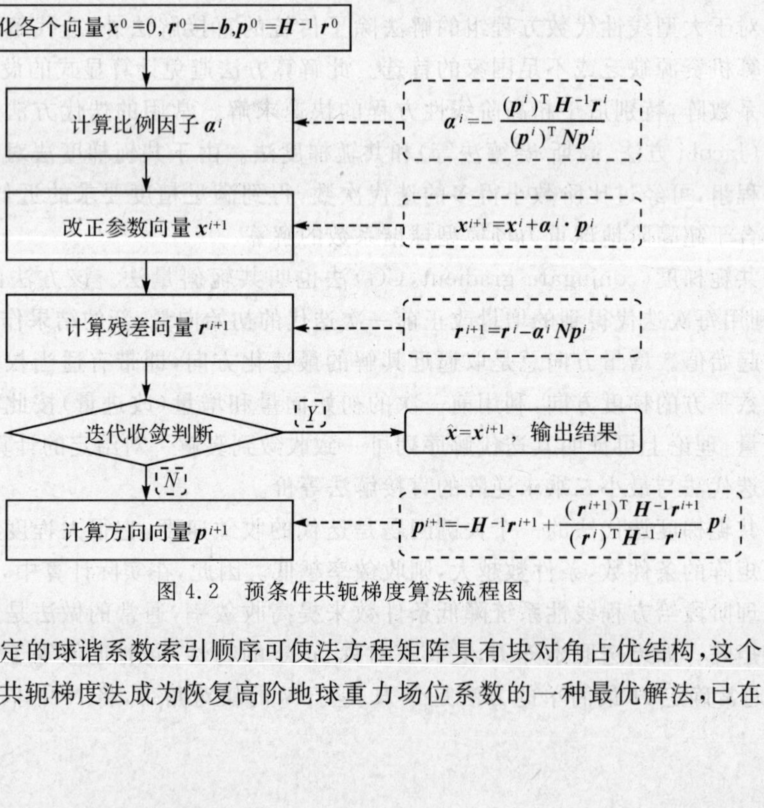

图 4.2　预条件共轭梯度算法流程图

由于特定的球谐系数索引顺序可使法方程矩阵具有块对角占优结构，这个特性使得预条件共轭梯度法成为恢复高阶地球重力场位系数的一种最优解法，已在国际上得到广泛应用。随着并行计算技术的快速发展，为重力场高精度快速解算提供了更好的平台。因此，预条件共轭梯度并行算法的研究是目前一个有吸引力的课题。

如前所述，共轭梯度法最大优点在于计算过程中没有高阶矩阵求逆运算。共轭梯度算法的步骤是：首先生成向量 $\boldsymbol{b}$、矩阵 $\boldsymbol{N}$ 的块对角部分，并计算初始条件向量 $\boldsymbol{N}\boldsymbol{x}_0$；其次构建可加快迭代收敛速度的预条件矩阵 $\boldsymbol{H}$ 及其逆；最后通过迭代不断更新待估参数，直到收敛为止。因此，并行算法的准备阶段将生成两个用于后续运算的向量($\boldsymbol{b}$,$\boldsymbol{N}\boldsymbol{x}_0$)和一个稀疏矩阵 $\boldsymbol{H}$，稀疏矩阵 $\boldsymbol{H}$ 应近似 $\boldsymbol{N}$ 的块对角部分且易于求逆，即预条件矩阵。由于矩阵 $\boldsymbol{H}$ 的非对角元素均等于零，因而此矩阵可采用行优先形式的一维向量存储，这样将节约大量的内存空间。

设并行计算的节点个数为 n，则计算任务分解为 n 个运算，如果在每一个节点计算单一向量 $\boldsymbol{b}_i$，则向量 $\boldsymbol{b}$ 等于各个局部向量 $\boldsymbol{b}_i$ 之和。对于 $\boldsymbol{N}\boldsymbol{x}_0$，因为 $\boldsymbol{N}\boldsymbol{x}_0=\boldsymbol{A}^{\mathrm{T}}\boldsymbol{A}\boldsymbol{x}_0$，有展开表达：

$$\begin{aligned}\boldsymbol{N}\boldsymbol{x}_0 &=\boldsymbol{A}^{\mathrm{T}}\boldsymbol{A}\boldsymbol{x}_0=\begin{bmatrix}\boldsymbol{A}_1^{\mathrm{T}} & \boldsymbol{A}_2^{\mathrm{T}} & \cdots & \boldsymbol{A}_n^{\mathrm{T}}\end{bmatrix}\begin{bmatrix}\boldsymbol{A}_1\\ \boldsymbol{A}_2\\ \vdots\\ \boldsymbol{A}_n\end{bmatrix}\boldsymbol{x}_0=\begin{bmatrix}\boldsymbol{A}_1^{\mathrm{T}}\boldsymbol{A}_1+\boldsymbol{A}_2^{\mathrm{T}}\boldsymbol{A}_2+\cdots+\boldsymbol{A}_n^{\mathrm{T}}\boldsymbol{A}_n\end{bmatrix}\boldsymbol{x}_0\\ &=\boldsymbol{A}_1^{\mathrm{T}}\boldsymbol{A}_1\boldsymbol{x}_0+\boldsymbol{A}_2^{\mathrm{T}}\boldsymbol{A}_2\boldsymbol{x}_0+\cdots+\boldsymbol{A}_n^{\mathrm{T}}\boldsymbol{A}_n\boldsymbol{x}_0\end{aligned}\tag{4.36}$$

所以，如果每个进程预先存储了 $\boldsymbol{x}_0$，则当每个节点完成计算各自的设计矩阵 $\boldsymbol{A}_i$，我们可以利用矩阵向量乘积得到每个节点的 $\boldsymbol{N}_i\boldsymbol{x}_0$，再将每个节点的结果求和即可得到 $\boldsymbol{N}\boldsymbol{x}_0$。这样不仅避免了高阶矩阵相乘对于计算资源的占用，同时大大简化了法方程矩阵的形成过程，在同等内存情况下，可大幅度扩大处理问题的规模。

对于预条件矩阵 $\boldsymbol{H}$，可直接取 $\boldsymbol{N}$ 的块对角部分，因此在每一个计算节点，由相应观测方程组形成此节点的设计矩阵 $\boldsymbol{A}_i$，则这个矩阵可以分为 $N_{\max}+1$ 块，每个块阵的列数等于块对角阵的维数，然后每个块矩阵执行对称秩算法，则在每个节点可以得到各自的 $\boldsymbol{H}_i$。由于需要对 $\boldsymbol{H}_i$ 求逆运算，所以 $\boldsymbol{H}_i$ 将保留在每一个节点。节点预条件矩阵生成算法见图 4.3。

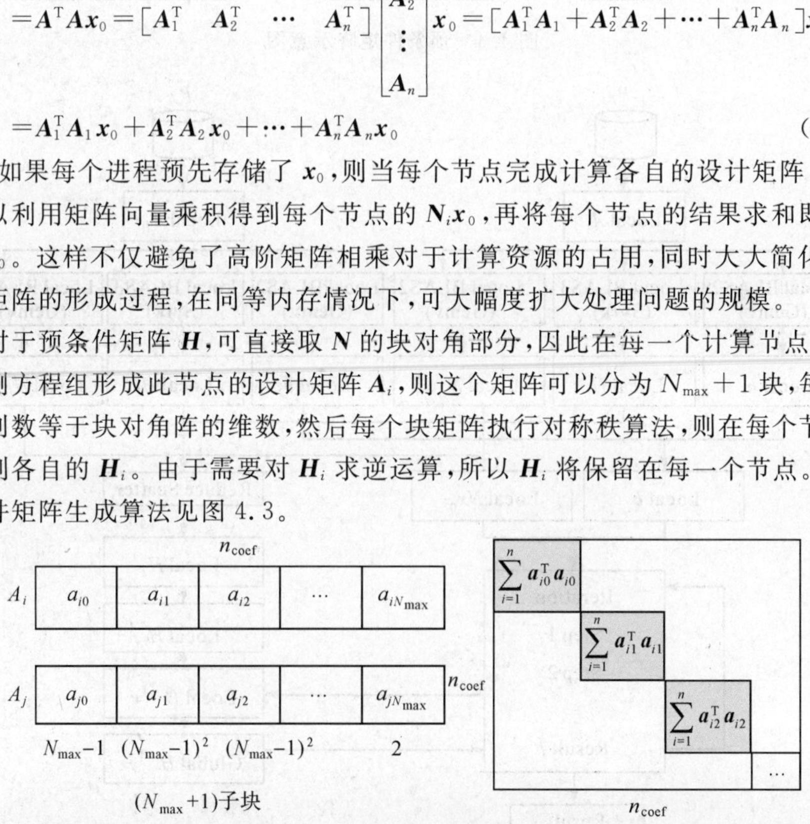

图 4.3　节点预条件矩阵生成示意图

由于预条件矩阵 $\boldsymbol{H}$ 是稀疏矩阵，非零元素仅仅位于块对角部分，为了节约内存空间，它可以用行优先形式的向量存储。若每个节点存储 k 个向量，则对于 $\boldsymbol{H}$ 和 $\boldsymbol{H}^{-1}$，均可分别在每个节点计算，最后通过求和运算得到。这里需要一个根节点，执行管理各节点预条件矩阵 $\boldsymbol{H}$ 的求和和分解（见图 4.4）。对于迭代过程，除了预条件矩阵外均为全局变量，因此这个过程可以交给一些成熟的并行算法库完成，例如 PLAPACK 等。至此，我们可以得到预条件共轭梯度法并行化的处理流程，见图 4.5(Xie,2005)。关于此算法的实现与比较见第 5 章。

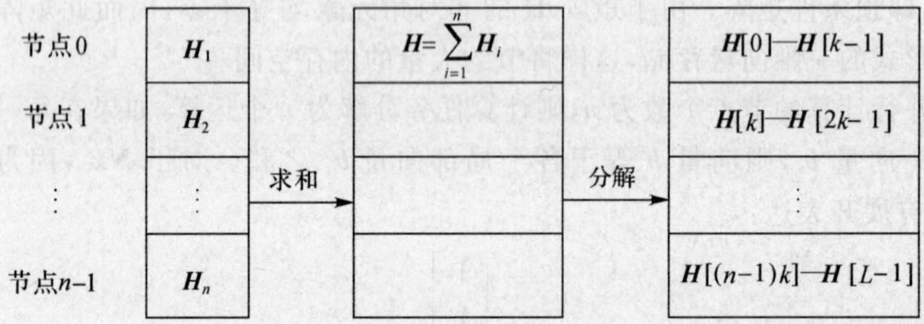

图 4.4　预条件矩阵示意图

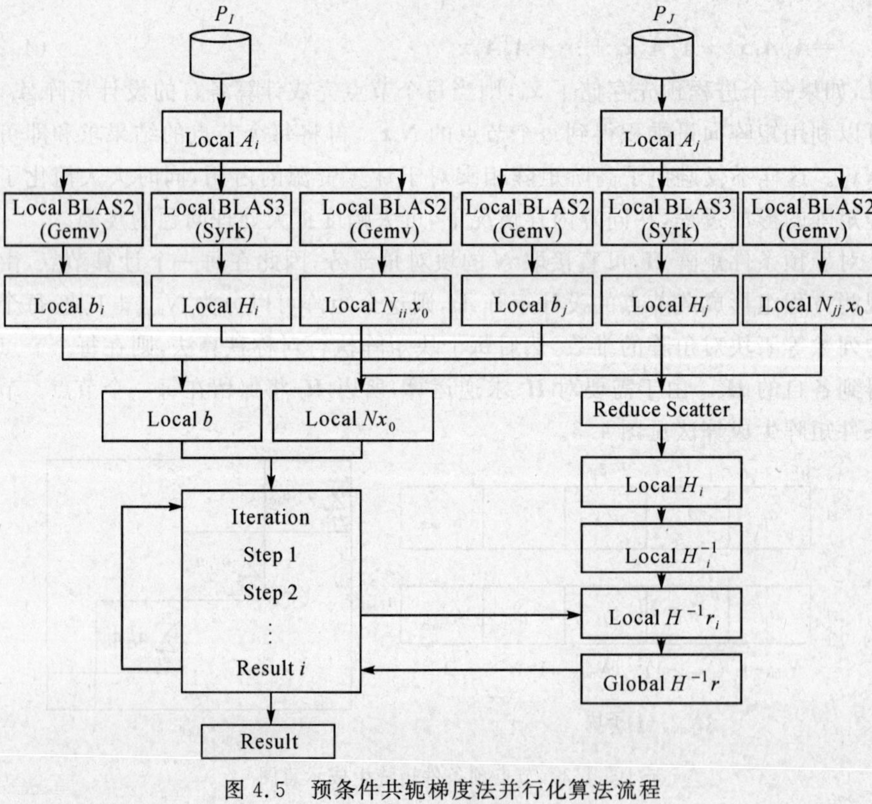

图 4.5　预条件共轭梯度法并行化算法流程

§4.8　扩程算法

对于超高阶重力场模型的建立与使用，尤其重力位模型展开到 2 000 阶以上，存在几个技术和数学层面的问题。第一是模型算法的数字效率，第二是计算机性能对算法的容忍度，第三是缔合勒让德函数递推算法的稳定性，第四是缔合勒让德函数在高纬地区计算数值的溢出问题。

对于前两个问题，主要考虑随着重力位阶数的增高，对计算机资源的需求也不断变大，随之带来计算效率等方面的问题。表 4.1 给出了利用不同方法确定重力位模型对计算机硬件资源（内存）的需求（假定有 100 000 个观测值）。从表中可以看出，如果使用最小二乘法计算重力位系数，对于 200 阶以上，按常规最小二乘算法，形成法方程必需的内存至少要大于 12 G，这对于普通微机来说，目前仍是不可能执行的任务；如果使用预条件共轭梯度法，则对于计算机的要求大大降低。因此，通过选用不同的算法可以解决上述两个问题。另外，随着并行技术的快速发展，T 级别内存的超级计算机也越来越多，对于涉及溢出的极限问题的处理也变得容易起来。

表 4.1　重力场模型确定对计算机资源需求

最高阶数	位系数个数	最小二乘法		共轭梯度法	
		观测矩阵 (GB)	法方程矩阵 (GB)	预条件件矩阵元素个数	预条件件矩阵 (MB)
20	437	0.336 5	0.001 5	6 181	0.048
50	2 597	1.900 0	0.051 6	88 451	0.691
100	10 197	7.600 0	0.793 9	686 901	5.200
200	40 397	30.100 0	12.200 0	5 413 801	41.300
300	90 597	67.500 0	61.200 0	18 180 701	138.700

关于缔合勒让德函数递推算法的稳定性，多位学者作了深入研究，更多详细的信息见相关文献（Tscherning et al，1982；Tscherning et al，1983；Gleason，1985；Koop et al，1989；Driscoll et al，1994；Holmes，2003）。

现在我们把目光投向最后一个问题。首先回顾一下计算机浮点数表示的历史。在 IEEE 标准 754 之前，业界并没有一个统一的浮点数标准，很多计算机制造商都设计自己的浮点数规则以及运算细节，更多的关注于算法实现的速度和简易性，而轻视数字的精确性。直到 1985 年 Intel 打算为其 8086 微处理器引进一种浮点数协处理器的时候，意识到作为设计芯片者的电子工程师们，也许并不能通过数值分析来选择最合理的浮点数二进制格式，于是 Intel 邀请加州大学伯克利分校的

William Kahan 教授——最优秀的数值分析家之一来为 8087 FPU 设计浮点数格式，同时邀请了另外两个专家——Coonan 和 Stone 来协助他。他们共同完成了 Intel 的浮点数格式设计，鉴于其方案的完美与出色，IEEE 组织决定采用一个非常接近 KCS 方案作为 IEEE 的标准浮点格式。目前，几乎所有计算机都支持该标准，大大改善了科学应用程序的可移植性。

IEEE 标准 754 规定了 3 种浮点数格式：单精度、双精度和扩展精度。由于大多数的 Fortran 程序只涉及单、双精度，这里给出它们的取值范围。单精度浮点数 7 位有效数字，负数取值范围为－3.402 823 5E＋38 到－1.401 298E－45，正数取值范围为 1.401 298E－45 到 3.402 823 5E＋38；双精度浮点数 16 位有效数字，负值取值范围－1.797 693 134 862 315 70E＋308 到－4.940 656 458 412 465 44E－324，正值取值范围为 2.225 073 858 507 202E－308 到 1.797 693 134 862 315 70E＋308。不同的机器类型有较小差别，上面给出的是 X 86 构架的机器参数。因此，在利用超高阶球谐展开式逼近重力场时，完全规格化缔合勒让德函数及其导数在高纬地区的数值变化大约为 5 000 个数量级，远远超过了计算机的数字表示范围，从而在计算过程中产生数字溢出。实际计算表明，对于最高阶数 720 和 2 160，采用直接算法，数字下溢将分别出现在余纬[21.7°,158.3°]和[45.9°,134.1°]之外区域。因此，如何有效计算超高阶完全规格化缔合勒让德函数已成为建立超高阶重力场模型的关键。

解决此问题最简单的办法是采用多精度软件（Brendt，1978）。Koop 和 Steplstra(1989)提出通过引入一个大的比例系数用于避免下溢，Wenzel(1998)对此作了实际计算，他引入了比例系数将计算数值放大 10E＋200 倍，使得对于最高阶数 720 和 2 160，可容许的计算范围分别扩大到余纬[11.3°,168.7°]和[35.5°,144.5°]；Holmes 等(2003)研究了 2 700 阶以内超高阶完全规格化缔合勒让德函数的计算方法；Clenshaw 和 Tscherning 等采用矩阵代数直接计算扰动位的超高阶球谐展开式，从而避免计算单个超高阶完全规格化缔合勒让德函数及其导数，但计算过程比较复杂；Jekeli(2007)给出了计算规格化缔合勒让德函数的新方法，他利用新的递推算法取代通常的做法，模拟的结果表明在全纬度范围，10 800 阶以内的计算误差小于噪声水平。

除了上述方法外，我们是否能够寻找一种新的途径，保持勒让德函数的经典计算方法不变，同时也不用引入新的比例系数。扩程算法给出了解决这个问题的新思路。

扩程算法的基本思想是分配一个单独的存储空间用来存放浮点数的指数部分。对于一个非零的实数 ξ，利用 3 个存储空间来表示它。前两个存放普通双精度形式的实数 x，因此它包括了一个带符号的整型指数 l 和一个带符号的小数部分 m，$1/r\leqslant|m|<1$，其中 r 是计算机双精度运算的基数；第三个存储空间存放了一个带符号的整数 k，所以数 ξ 可由下式表示：

$$\xi = x \times r^k \tag{4.37}$$

式中，x 和 k 分别称为 ξ 的基数部分和辅助部分，则它们的结合形式 (x,k) 就表示了实数 ξ 的扩展形式。

令 Ω 为计算机所能运算的最大双精度正的浮点数，Ω' 为计算机所能容忍的最大双精度浮点数形成对数，定义 L 为满足下式的最大整数：

$$r^L \leqslant \Omega_0^{1/2} \tag{4.38}$$

式中，$\Omega_0 = \min(\omega, \Omega, \Omega')$，$\omega$ 是计算机运算的最小正浮点数。则当 $r^{-L} \leqslant |x| < r^L$ 时，浮点数 ξ 的扩展形式 (x,k) 有调整形式。显而易见，对于一给定的实数 ξ 的调整形式是不唯一的。但是，如果我们令 k 等于 $2L$ 的倍数，则调整形式就被唯一的确定。同时，我们可以发现，如果两个实数以调整形式存储，则它们基数部分的乘积或除商不会产生上溢或下溢现象。以调整形式 (x,k) 表示的数 ξ 的以 r 为基数的指数等于 $k+l-1$，这个指数可以是 $[-K-L, K+L-1]$ 范围内的任意值，K 是计算机的最大整数。对于不同的计算机有各自的机器对应的常数取值，对于 UNIVAC 构架机器，有

$$r=2,\ \Omega_0 = 8.9\times10^{307},\ L=511,\ K=2^{35}-1$$

所以，对于以 2 为底的指数取值范围变为 $[-2^{-35}-510, 2^{-35}+509]$，对应的，则以 10 为底的实数取值范围可扩大到 $[10^{-103\,433\,120\,45}, 10^{103\,433\,120\,45}]$。

由上述内容，如果超高阶规格化缔合勒让德函数采用扩程算法，则对于 $[0°, 180°]$ 任何纬度均可以进行计算。如果假定需要计算的最小余纬等于 $\pi/100\,000$，在标准的双精度算法中，最大的 $\bar{P}_{n,n}$ 只能算到 $n_{\max}=68$，如果使用扩程算法，则 $n_{\max}=4.56\times10^9$。如果扩程算法应用于缔合勒让德函数的递推运算，其位数的精度损失不会超过 $\lg n + \lg(10+2|\theta\cot\theta|)$。

基于扩程算法计算规格化缔合勒让德函数，首先由下面的递推公式计算 $\bar{P}_n^n\cos(\theta)$。

$$\bar{P}_v^v\cos(\theta) = [(v+1/2)/v]^{1/2}(1-\cos^2\theta)^{1/2}\bar{P}_{v-1}^{v-1}\cos(\theta),\ v=1、2、\cdots、n$$

其中，$\bar{P}_0^0\cos(\theta) = 2^{-1/2}$。第二步利用前面获取的 $\bar{P}_n^n\cos(\theta)$ 值沿 m 方向逆向递推计算勒让德函数，n 保持不变，有

$$\omega_{m-1} = \frac{2m\cos\theta(1-\cos\theta)^{-1/2}}{[(n-m+1)(n+m)]^{1/2}}\omega_m - \left[\frac{(n-m)(n+m+1)}{(n-m+1)(n+m)}\right]^{1/2}\omega_{m+1} \tag{4.39}$$

式中，$m=n、n-1、\cdots、1$。递推第一步计算时，$\omega_{n+1}=0$，$\omega_n = \bar{P}_n^n\cos\theta$。这样即可实现超高阶完全规格化缔合勒让德函数的计算，其展开最高阶数在目前的研究领域将不受限制。

超高阶完全规格化缔合勒让德函数及其一、二阶导数不仅是超高阶重力场球谐展开式的重要组成部分，在量子物理、电子工程和气象等学科领域的科学应用价值也日益突出。因此，研究更稳定的算法和扩展其计算范围是一项十分有意义的工作。

第 5 章　并行算法在重力位模型解算中的应用

§5.1　引言

精确地描绘地球重力场是一项长期并且艰巨的任务。随着卫星重力技术的快速发展,获取的重力观测数据量越来越庞大,类型也多种多样,即使不考虑卫星测高几十年来数据的积累,CHAMP、GRACE 和 GOCE 重力卫星计划的观测数据数目每天以几何级数在增长。GRACE 卫星一个月采集 KBR 0.2 Hz 的数据有514 800个采样。当前 GOCE 卫星也已成功发射,每天获取的梯度重力观测数据数目非常巨大,这一发展带来多种数据处理技术难题。这些卫星计划改变了传统地面重力观测的数据处理方式,与此同时,伴随着重力观测数据全球的密集分布,更高阶次的重力位模型确定也提上日程。对于 2 160 阶重力位模型,其位系数个数为4 669 917,若采用最小二乘方法求解,其法方程的维数为 4 669 917×4 669 917,占用计算机内存空间需要 158.675 TB。2009 年国际超级计算机评选的世界运算最快、能力最强的超级计算机是美国洛斯阿拉莫斯国家实验室的 IBM Roadrunner,其计算速度达到了每秒 1.105 千万亿次,拥有 80 TB 的内存,但其仍不能解决这个问题。由此可以看出,精细地球重力场结构已成为目前高性能计算领域一个重要研究内容。因此,海量重力观测数据的处理与超高阶重力位模型系数的确定所涉及的大型线性化方程的求解成为重力场研究的一个热点,这个问题的解决,除了采用更优秀的数学模型和对算法改进以减小计算规模外,更多的必须依赖于高性能计算的并行技术。

§5.2　并行技术与最新进展

并行计算(parallel computing)与高性能计算(high performance computing)、超级计算(super computing)同义,均指在并行计算机上所作的计算。自 20 世纪 70 年代初到现在,并行计算机的发展已有 40 多年的历史。

并行计算机是由一组处理单元组成的。处理单元通过相互之间的通信与协作,以更快的速度共同完成一项大规模的计算任务。并行计算机的两个最主要的组成部分是计算节点和节点间的通信与协作机制。并行计算机体系结构的发展也主要体现在计算节点性能的提高以及节点间通信技术的改进两方面。图 5.1 和

图 5.2分别给出了串行计算示意图和并行计算示意图。串行计算在一个单独计算机上进行，仅有一个处理单元，问题被分解为多个指令，这些指令按顺序一个接一个执行，在任何时候，一次只能执行一条指令；并行计算可以运行在多台计算机的多个 CPU 上，问题被分解为指令集，同时在不同 CPU 上执行，每个指令集包含多个指令，分别在各自的 CPU 上单独执行。

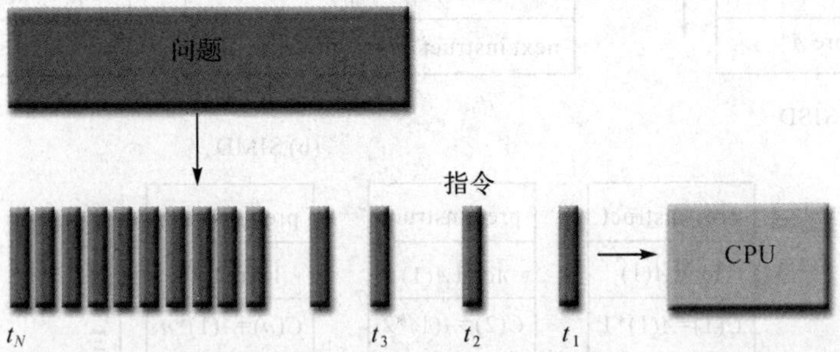

图 5.1　串行计算示意图

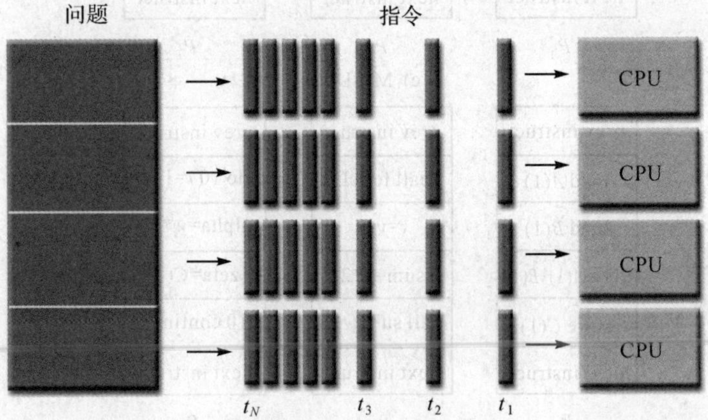

图 5.2　并行计算示意图

当前计算机的系统根据指令流和数据流的不同，分为 4 种类型(陈国良，1999)：

(1)SISD(single-instruction single-data)：单指令流单数据流；

(2)SIMD(single-instruction multiple-data)：单指令流多数据流；

(3)MISD(multiple-instruction single-data)：多指令流单数据流；

(4)MIMD(multiple-instruction multiple-data)：多指令流多数据流。

数组或向量运算特别适合在 SIMD 并行计算机上执行，SIMD 并行机可直接支持这种运算的高效率实现；MIMD 计算机同时有多指令流对不同的数据流进行操作。图 5.3 给出了并行计算机体系结构示意图。

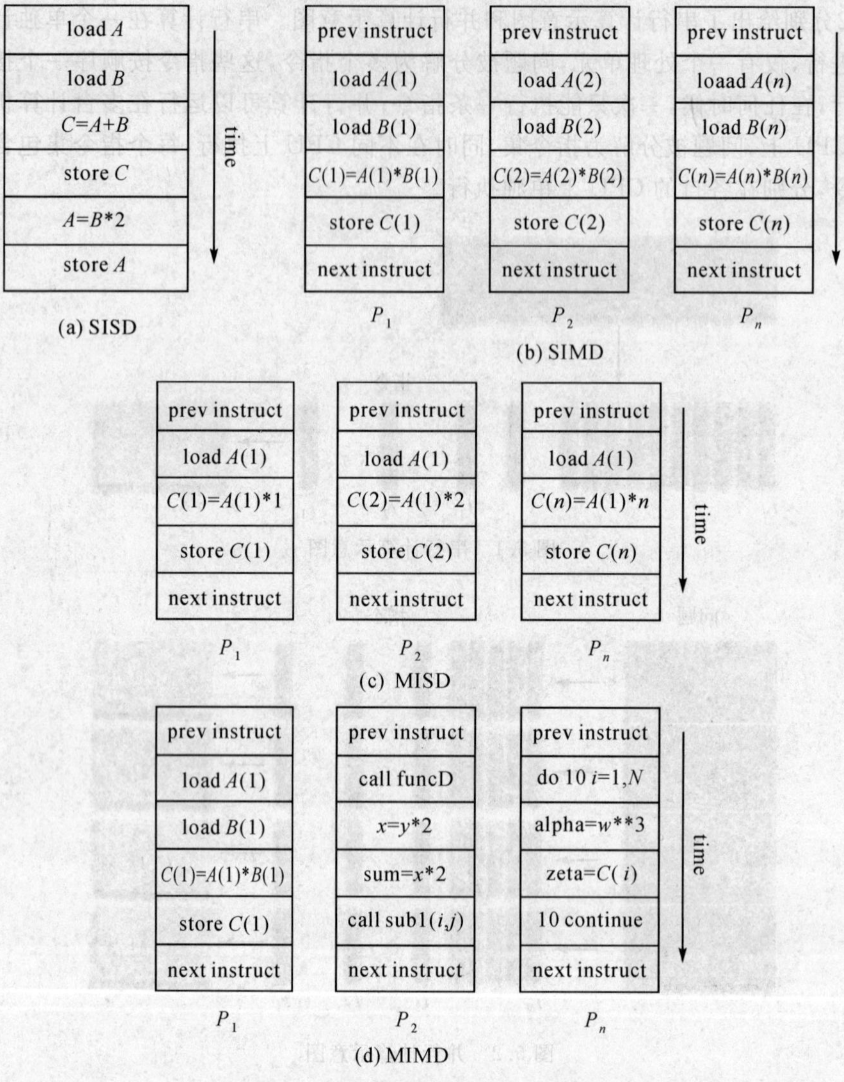

图 5.3　并行计算机体系结构示意图

并行计算系统除了少量专用的 SIMD 系统外，绝大多数属于 MIMD 系统。对于 MIMD 系统，可以分为 5 种结构：

(1)PVP(parallel vector processor)：并行向量处理机；

(2)SMP(symmetric multi-processor)：对称多处理机；

(3)MPP(massively parallel processor)：大规模并行处理机；

(4)COW(cluster of workstation)：工作站机群；

(5)DSM(distributed shared memory)：分布共享存储。

20 世纪 80 年代，可以说是高性能计算机体系结构和通信技术不断创新的年代，出现了包括 MPP、SMP、集群等各种各样的体系，以及各种各样的互联技术。从 20 世纪 90 年代以来，随着计算机硬件设备的飞速发展，SIMD 系统和并行向量处理机已渐渐退出历史舞台，SMP、MPP 和 COW 3 类可扩展并行机占据了主导地位并且趋向融合，DSM 是 SMP 和 MPP 的自然结合，MPP 和 COW 的界限也逐渐模糊。

随着商品化微处理器、网络设备的发展，以及 MPI/PVM 等并行编程标准的发布，机群架构的并行计算机随之出现。在这些系统中，各个节点采用的都是标准的商品化计算机，它们之间通过高速网络连接起来。IBM p5-575 即是专门为进行极高负荷计算的应用程序而设计的集群节点，可以实现从 16 到 2 000 个 CPU 的不同规模计算集群。

武汉大学测绘学院计算中心拥有具有两个不同配置节点的 IBM p5-575 服务器。微处理器系统由 24 颗 1.9 GHz 的 IBM POWER5 组成，内存总大小为96 GB，存储能力为 2 TB。其中，8 路节点包含 8 颗 1.9 GHz 的 IBM POWER5 微处理器，每个处理器具有独享的 1.9 MB 的二级和 36 MB 的三级高速缓存，以充分发挥高带宽计算的能力；16 路节点包含 16 颗 1.9 GHz 的 IBM POWER5 微处理器，提供了极高的 CPU 密度，二级和三级高速缓存被该芯片上的两颗处理器所共享，16 路节点的每处理器带宽比 8 路节点要小，但通过增加处理器数量，能够为高性能计算应用提供更高的浮点运算能力。8 路节点设计旨在满足大量不但需要快速处理，而且需要快速且持续地访问大量数据的计算需求。在 8 路节点中，每处理器有着超过 12 GBps 的峰值内存带宽，非常适用于地球重力场与地球物理相关计算的应用；16 路节点的浮点性能比 8 路节点高出至少 50%，它以极高的性价比在单一机架内实现了高达 1TeraFlops 的性能，用以满足超大规模数据处理问题需求，尤其在数值计算方面的优势。

p5-575 采用具有极高性能的 64 位 POWER5 处理器，这些处理器支持并发多线程技术，使得可以同时执行两个应用程序的线程。同时，p5-575 得益于其大容量的二级和三级高速缓存，这些高速缓存能保证应用程序更为高效地访问到所需信息。p5-575 的内存 DIMM 通过 8 个点到点的连接与各个处理器 Chip 相连，从而每个节点的峰值内存带宽高达近 100 GBps，每个节点支持的最大内存容量为 256 GB。上述设计与体系的特点，使得 p5-575 节点允许工作负载在速度更快、延迟更低、带宽更高的 SMP 架构上进行通信。

如前所述，随着海量重力观测数据的增加和数值算法的改进，计算密集和高内存带宽成为地球重力场数据处理领域的新特征，类似 IBM p5-575 设计特点的机群，决定了其非常适用于当前地球重力场研究领域的相关研究工作，表 5.1 给出了 IBM p5-575 节点的技术规格。

目前，越来越多的并行计算机系统采用商品化的微处理器加上商品化的互联网络构造的机群构架，并行计算机进入了一个新的时代。高性能计算在科学计算、商业计算领域齐头并进，并行计算的应用与研究达到了前所未有的广度和深度。

表 5.1 p5-575 产品规格一览

类别	配置
微处理器	8 路 64 位 1.9 GHz POWER5 处理器＋16 路 64 位 1.9 GHz POWER5 处理器
二级(L2)高速缓存	15.2 MB/集群节点
三级(L3)高速缓存	288 MB/集群节点
内存	96 GB 的 DDR SDRAM
处理器到内存带宽(峰值)	99.7 GBps
L2 到 L3 高速缓存的带宽(峰值)	243.2 GBps
RIO-2I/O 子系统带宽(峰值)	4.0 GBps
I/O 端口	2 个 Ultra3 SCSI 控制器
“计算”节点配置	2 个双通道 10/100/1 000 Mbps 以太网端口
“I/O”节点配置	RIO-2 集线器端口(供可选 I/O 扩展笼)
I/O 扩展	一个可选的 I/O 扩展抽屉(可由 2 个集群节点共享)提供 20 个 3.3v 64 位PCI-X 插槽和多达 16 个磁盘支架(36.4/73.4/146.8 GB 15 000 转/分钟的磁盘)
内部磁盘存储器	2.0 TB(带有可选的 I/O 扩展抽屉)
操作系统	AIX 5L V5.2 或更高版本

§5.3 共享式存储并行设计

共享内存的并行计算机，各个处理单元通过对共享内存的访问来交换信息，协调各处理器对并行任务的处理。一个并行程序由多个共享内存的并行任务组成，数据的交换通过隐含地使用共享数据来完成，见图 5.4。对这种共享内存的编程实现起来相对简单，此编程模式一般仅需指定可以并行执行的循环，而不需考虑计算与数据如何划分，以及如何进行任务间通信，编译器会自动完成上述功能。但共享内存往往成为性能，特别是扩展性的重要瓶颈。

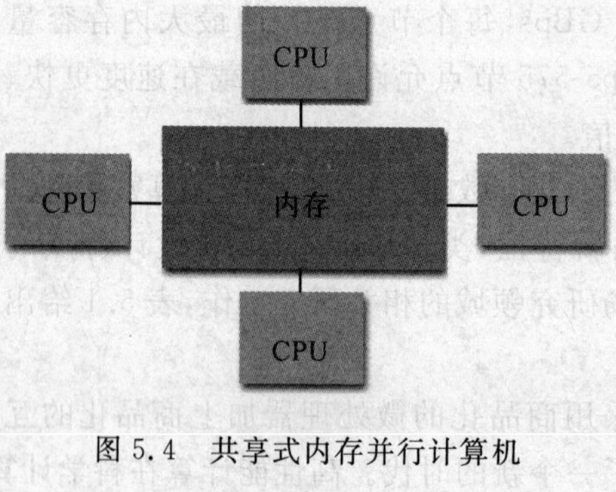

图 5.4 共享式内存并行计算机

目前流行的共享内存模型开发标准是 OpenMP。OpenMP 定义了一套编译指导语句，用于指定程序的并行性、数据的共享或私有等信息。其目标是为 SMP 系统提供可移植、可扩展的开发接口，使高性能计算中常见的循环导向型程序更加易于编写。OpenMP 中的各种结构可支持 SPMD、Master worker、管线，以及大多数其他并行算法。由于 OpenMP 支持逐步添加并行的编程方式，因此现有的顺序程序可容易地发展成为并行程序。

OpenMP(OMP)由 OpenMP Architecture Review Board 于 1997 年推出，现在已发展到 2.0 版。OpenMP 支持的编程语言包括 Fortran、C 和 C＋＋。它是基于 fork-join 的编程模式设计的。OpenMP 程序起初以一条单线程的形式开始运行，如果希望在程序中利用并行，那么就将额外的线程进行分支，以创建线程组，这些线程在“并行区域”的代码区域内并行执行，在并行区域末尾，将等待所有线程全部完成工作，并将其重新结合在一起，最初线程或“主”线程将继续执行，直至遇到下一个并行区域(或程序结束)。

OpenMP 的语言结构根据编译器指示而定义，可为编译器布置任务，以实施理想的并行，它是一种显式的并行编程语言。一旦线程创建，或者工作已经映射到该线程上，那么必须对希望执行的动作加以详述。因此，OpenMP 有诸多结构和子句需要学习。

独自使用时(没有修改任何子句)，程序可创建出一系列线程供运行时环境选择(这些线程通常与处理器或内核的数量相等)。每条线程都将根据并行制导语句来执行语句块。该语句块可以是任意合法语句组，但是唯一例外的是不能分支到并行语句块之中或之外。我们可以令所有线程执行相同的语句，从而进行大量的并行编程。

对于在多条线程之间共享执行语句集的工作方式称为“工作共享”。最常见的工作分享结构是循环结构。循环极限和循环索引的递增表达式需在编译时完全确定，并且这些符号中使用的任何变量都必须在线程组中保持相同。由于循环迭代必须是独立的，因此不论迭代的执行顺序如何，或是究竟由哪些线程执行循环的哪些迭代部分，循环结果都将相同。

OpenMP 将成为支持 SMP 系统编程的主要标准，将来的工作在于研究和开发更加有效的 OpenMP 编译器，以及更加强大友好的开发和调试工具。鉴于 OpenMP 的种种优点，其得到了工业界的广泛支持，有大量的商业编译器和其他开发工具支持 OpenMP 的开发，如 IBM、HP、Sun、SGI、Intel 等硬件厂商均有支持 OpenMP 的编译器产品，另外还有一些第三方厂商的 OpenMP 编译器。

§5.4　分布式存储并行设计

分布式内存的并行计算机，其各个处理单元都拥有自己独立的局部存储器。由于不存在公共可用的存储单元，因此各个处理器之间通过消息传递来交换信息，协调和控制各个处理器的执行，见图 5.5。由于它有很好的扩展性和很高的性能，因此它的应用非常广泛。

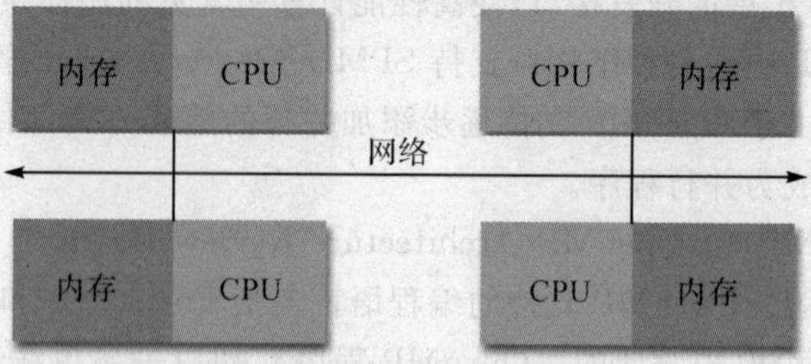

图 5.5 分布式内存并行计算机

在消息传递模型中，一个并行程序由多个并行任务组成。每个并行任务拥有自己的数据并对其进行计算操作。任务之间数据的交换是通过显式的消息传递语句来完成的。现在广泛使用的消息传递模型有两个：PVM（parallel virtual machine，并行虚拟机）和 MPI（message passing interface，消息传递界面）。PVM 与 MPI 所提供的功能大致相同，但两者的侧重点有所不同。PVM 强调在异构环境下的可移植性和互操作性，程序之间可以互相通信，并支持动态的资源管理和一定程度的容错；而 MPI 更强调性能，不同的 MPI 实现之间缺乏互操作性，本身也不支持容错。一般而言，使用 MPI 比较适合于开发 MPP 或同构集群上的并行应用，可以有较高的通信性能；而 PVM 更适合于异构的集群系统。鉴于重力场的计算更强调计算的速度和性能，我们更多的关注于 MPI。

MPI 是我们当今使用的一种最久的并行编程。MPI 程序作为一系列独立进程，主要通过收发信息实现互动。它的优势是它只占用并行计算机中的极少部分硬件，其唯一要求，是处理器或内核共享同一简单网络，从而在任何进程组间充分地路由信息。这使得 MPI 在任何通用并行系统上顺利运行——不论从对称多处理器到分布内存，还是从大规模并行超级计算机到各种集群。

目前，大多数 MPI 程序均使用单程序多数据或 SPMD 模式。它的原理非常简单：所有处理单元（PE）运行同一程序，并且它们都具有一个独特的整数 ID，以确定其在处理单元集内的排序。这样，程序便可利用该排序分配工作，并决定由哪个处理单元处理哪部分工作。主程序通常只有一个，但是由于根据 ID 所做的选择多种多样，因而，处理单元间的数据也就有可能不同，即实现“单程序，多数据”模式。

MPI 的设计理念基于通信装置。在创建一套进程时，它们可以定义群组。进程组便可共享通信环境，从而更好地进行通信。这种进程组与通信环境的结合，可以定义一个独特的通信装置。当考虑在程序中使用程序库时，这一概念的力量就会凸现出来。通过这个通信装置，程序库便可创建自己的通信环境，并确保就通过系统传递的相关信息而言，程序库的内部活动不会对其造成干扰。

当 MPI 程序启动时，将创建默认的通信装置。该通信装置作为第一个参数被传递到每个 MPI 例程中。其他的参数则用来定义信息来源，以及定义保存信息的缓冲。在这种情况下，MPI 例程就会返回一个整数值作为错误参数，以查询例程执行期间出现的所有问题。

MPI 程序通常在开始的位置上设置 3 个例程的调用，以设置 MPI 的使用方式：MPI_Init；MPI_Comm_Rank；MPI_Comm_Size。

其中第一个例程用来输入命令行参数，并初始化 MPI 环境。后两个例程用作输入 MPI 通信装置，并返回调用的进程排序和进程总数。

对于创建多少进程以及它们将在哪些处理器上运行的详细信息，都被置于 MPI 应用编程接口之外。在大多数情况下，会有一个主机文件按名称顺序列出每颗处理器的信息，这些信息将传递给可用于大多数 MPI 平台的常见命令 mpirun，以启动 MPI 程序。在每个 MPI 程序的最后都有一个例程来关闭环境。MPI 程序运行于这些例程之间，程序的大部分都是由规则的串行代码组成，并以所选择的语言来表示。

分布式共享内存的并行计算机结合了前两者的特点，是当今新一代并行计算机的一种重要发展方向。对于目前越来越流行的机群计算(cluster computing)，大多采用这种形式的结构，通过提高一个局部结点内的计算能力使它成为所谓的超结点，不仅提高了整个系统的计算能力，而且可以提高系统的模块性和扩展性，有利于快速构造超大型的计算系统(郁志辉，2001)。图 5.6 为分布式共享内存示意图。

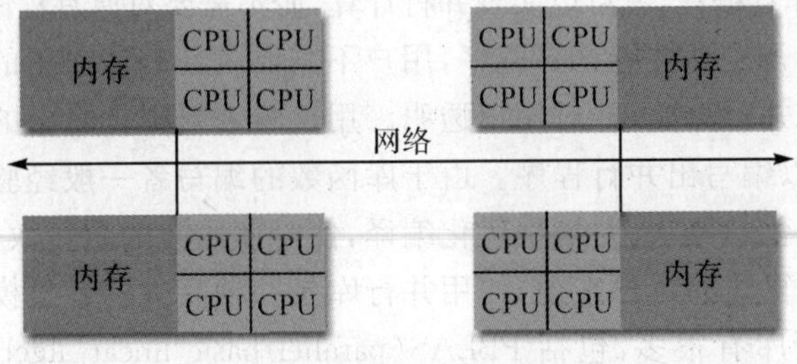

图 5.6　分布式共享内存并行计算机

§5.5　重力位模型构建中的并行算法分析

并行程序设计包括 3 个定义完备的步骤：

(1)识别并发：分析问题，以识别能够同时执行的任务。

(2)揭露并发：重新构建一个问题，确保高效完成任务。此步骤通常需要确定任务本身与组织源代码之间的依赖程度，以便任务得到高效管理。

(3)表达并发：在源代码中使用并行编程符号来表示并行算法。这种符号可以是并行编程语言，也可以是通过程序库界面实施的应用编程接口(API)，或是添加到现有序列语言的语言扩展。

并行算法是给定并行模型的一种具体明确的解决方法和步骤。对于相同的并行计算模型,可以有多种不同的并行算法来描述和刻画。由于并行算法设计的不同,可能对程序的执行效率有很大的影响。不同的算法可以有几倍、几十倍甚至上百倍的性能差异是完全正常的。并行算法基本上是随着并行机的发展而发展的,从本质上说,不同的并行算法是根据问题类别的不同和并行机体系结构的特点产生出来的,一个好的并行算法要既能很好地匹配并行计算机硬件体系结构的特点,又能反映问题内在并行性。

因此,并行算法设计是并行程序设计的前提,没有好的并行算法就没有好的并行程序。在并行程序设计之前必须首先考虑好并行算法。

针对重力场恢复问题所涉及的算法,进行并行处理的可行性研究,以探寻其中可以并行计算的阶段,即寻找程序段间的数据之间存在互不相关性,同时保证所给出的并行程序结构具有最小的时间复杂度。对于重力场模型的计算,主要包括以下 3 种类型并行结构:①海量观测数据的并行计算是将读入的观测数据等分的分配到各个 CPU,各个 CPU 协同分别计算设计矩阵,最终通过迭加得到设计矩阵 **A**,即利用并行设计将一个任务分成多个子任务,达到减少计算时间的目的;②矩阵与矩阵乘和矩阵与向量乘;③线性方程组的求解(包括法方程求逆和共轭梯度迭代等)。对于后两种并行计算的实现,则可以在原有代码中加入调用已有的并行库语句,经过并行编译器编译,就可以实现并行计算,而不需要对原有程序做大的改动。

使用并行库开发高性能计算程序,用户不需要自己编写通用的并行算法代码,而由程序库提供并行算法,并对用户透明。用户只需要根据自己的需求,调用相应的库函数,就可以编写出并行程序。由于库函数的编写者一般经验丰富,而且库函数会采取较为优化的算法,并采用优化编译,使得库函数的执行效率很高。对于大量使用通用计算算法的用户来说,使用并行库是一种高效的开发模式。

目前的并行库有很多,包括 PBLAS(parallel basic linear algebra subroutines),以及建立在其基础上的 LAPACK 和 ScaLAPACK,提供了一些线性代数问题的并行求解算法,如求特征值、最小二乘问题等。LAPACK 是为 SMP 系统优化的,ScaLAPACK 是为 DMP 系统优化的。大多数高性能计算系统都提供在本系统上优化的 PBLAS、LAPACK 和 ScaLAPACK。下文将以最小二乘直接解法和预条件共轭梯度法解算地球重力场位系数为例,分别研究并行化程序的执行效率与不同并行器之间的差别。

5.5.1 并行计算环境

1. 操作系统

Mac OS X v10.5.7 Leopard。

2. 中央处理器

4 核心处理器，单核 3.0 G 主频，8 M L2 二级缓存。

3. 内存

8 GB 的 1 066 MHz 的 DDR3 内存。

4. 编译器

Intel Fortran 10.1。

5. 并行环境

OpenMP，Open MPI。

6. 数学库

Intel MKL，Goto BLAS。

7. 并行数学库

BLACS，ScaLAPACK。

5.5.2 最小二乘直接解法

最小二乘直接解法形式上最为简单，并且能够提供误差估计信息，但是由于其对内存的苛刻要求(见表 4.1)，使得 200 阶以上重力场模型位系数在普通微机上的解算陷入困境。除了内存限制外，构建法方程矩阵及其求逆是一项十分耗时的工作，这些不利因素可以通过并行计算得以解决。

对于最小二乘直接解法的流程，有三个关键的密集型计算任务。第一个是以行形式计算设计矩阵 **A**，第二个是矩阵乘和向量乘分别得到法方程矩阵 **N** 和 **b**，最后一个是线性方程系统的求逆。图 5.7 给出了最小二乘直接解法流程图。

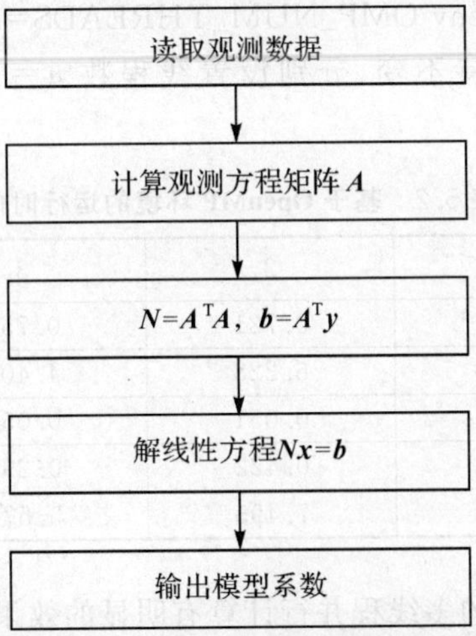

图 5.7　最小二乘直接解法流程图

作为实验算例，给出直接最小二乘算法的耗时，利用 16 200 个重力扰动位观测，基于扰动位的球谐展开求解 50 阶重力位系数，程序中涉及的矩阵相乘等的数学运算均直接调用数学函数库，包括 Intel MKL、Goto BLAS、BLACS 和 ScaLAPACK。通过在程序中设置时间断点，获取每一步的计算时间。当仅选取一个 CPU 时，相当于串行计算，得到如下耗时结果：

构建 **A**：0.936 s；

构建 **N**：12.739 s；

构建 **b**：0.049 s；

解方程：0.778 s；

总时间：14.531 s。

从上面的统计可以看出，对于直接解最小二乘法，大部分的时间用在计算法方程矩阵 **N** 上，构建设计矩阵 **A** 和解线性方程系统也需要花费一定的时间。总时间则由观测个数和未知数个数决定，但各部分的时间消耗比例基本保持不变，不随问题的大小而改变。

1. OpenMP 并行化分析

本书使用的 OpenMP 并行环境是 Intel Fortran 自带的，通过在编译命令里增加-openmp 参数来开启并执行并行运算。从前面的分析和 OpenMP 的特性可以看出，设计矩阵 **A**、法方程矩阵 **N** 和线性方程系统解算三部分工作可以进行并行计算。

对于多核心的 CPU，改变默认线程数 n 的命令是：

(1)BASH 环境：export OMP_NUM_THREADS=n；

(2)C-Shell 环境：setenv OMP_NUM_THREADS=n。

解算问题的规模保持不变，分别设置线程数 n=1、2、3、4，计算结果列于表 5.2，为直观表示。

表 5.2 基于 OpenMP 环境的运行时间

线程数	1	2	3	4
构建 **A**/s	0.893	0.721	0.750	0.677
构建 **N**/s	12.725	6.228	4.403	3.375
构建 **b**/s	0.049	0.051	0.051	0.051
解方程/s	0.779	0.422	0.297	0.226
总时间/s	14.517	7.495	5.573	4.400

可以看出，OpenMP 的多线程并行计算有明显的效果，尤其对于计算法方程矩阵 **N**，计算时间成比例递减，效果最好；对于计算设计矩阵 **A** 和解线性系统也有明显改善。由于除 **N** 的计算外，其余几项任务对线程数不敏感，因此当线程数提高

到 3 以上，总的计算时间并不能节约太多。

由上述内容可以看出，基于 OpenMP 的并行化实现非常容易，只要程序中存在可以被并行化的部分，编译器将自动分析并给出并行化执行方案，用户不需要进行交互操作，也不需要对进程执行进行管理。但是，这种方法局限于共享内存构架，只适用于 SMP 和 DSM 机器。

2. MPI 并行化分析

相比于 OpenMP 线程级并行化，MPI 具有更好的扩展性，它属于进程级的并行计算，适合于各种构架，尤其是分布式存储的特点。除了 SMP 和 DSM 机器外，还被广泛应用于集群系统。图 5.8 给出了 4 颗 CPU 的 MPI 分布式存储系统。

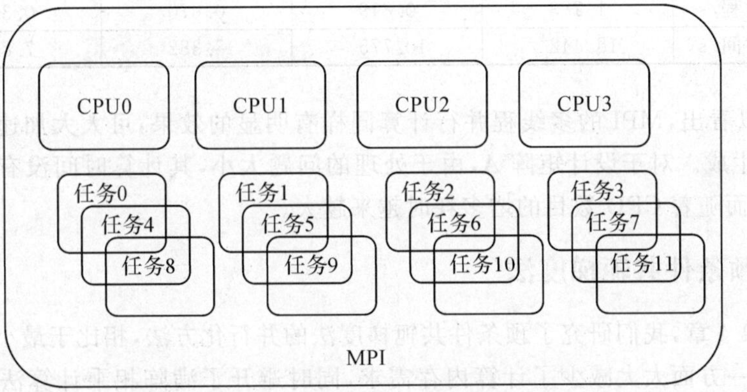

图 5.8　4 个处理器的 MPI 分布式存储系统

本书使用的 MPI 并行环境是 Open MPI 1.2.6。它整合了其他 MPI 的优点，其目标是成为最好的 MPI 运行库。编译 MPI 程序需要执行下列命令：

mpicc；mpic＋＋；mpif90。

利用上述命令可以自动的链接所需要的 MPI 库函数。程序的执行必须要求下面的格式：

mpirun--hostfile hosts-np n. /program

n 表示 CPU 个数或节点数。

基于 MPI 并行化计算的最小二乘算法的流程为：

(1)初始化进程节点；

(2)初始化矩阵和对应的内存分配；

(3)分布式计算设计矩阵 $\boldsymbol{A}$；

(4)分布式计算矩阵相乘和向量乘积；

(5)线性方程系统的并行解；

(6)参数估值的汇集；

(7)退出各计算节点。

其中矩阵相乘和线性方程系统的解由 ScaLAPACK 的相关子程序计算，保证数据的正确传递即可。解得的结果分别存储在分布式向量 $\boldsymbol{b}$ 中，输出时需要将所有节点的系数归集到一个节点上。

解算问题的规模保持不变，分别设置 $n=1$、2、3、4，计算结果列于表 5.3。

表 5.3 基于 MPI 并行环境的运行时间

CPU 个数	1	2	3	4
构建 $\boldsymbol{A}$/s	0.668	0.353	0.456	0.463
构建 $\boldsymbol{N}$/s	16.340	8.452	6.101	5.739
构建 $\boldsymbol{b}$/s	0.055	0.048	0.047	0.048
解方程/s	1.283	0.819	0.670	0.37
总时间/s	18.442	10.775	8.382	7.854

可以看出，MPI 的多线程并行计算同样有明显的效果，可大大加速法方程矩阵 $\boldsymbol{N}$ 的生成。对于设计矩阵 $\boldsymbol{A}$，由于处理的问题太小，其计算时间没有成比例的减少，反而随着 CPU 数目的增多耗时越来越大。

5.5.3 预条件共轭梯度法

在第 4 章，我们研究了预条件共轭梯度法的并行化方法，相比于最小二乘直接解法，它一方面大大减少了计算内存需求，同时避开了满阵相乘计算法方程矩阵 $\boldsymbol{N}$。由上节的实际计算结果可以看到，$\boldsymbol{N}$ 的形成是占用计算时间的关键。因此，预条件共轭梯度法的并行化将在算法上远远优于常规的最小二乘非迭代算法。

为了加快迭代收敛的次数，我们引入了预条件矩阵。如前所述，对于位系数的特定排列，预条件矩阵可以由法方程矩阵 $\boldsymbol{N}$ 的块对角阵确定，因此，计算的工作缩减为存储和确定 $\boldsymbol{N}$ 的块对角阵。预条件矩阵的元素个数为

$$n_H = (n_{\max}+1)^2 + 2\sum_{n=1}^{n_{\max}} n^2 = 2\left[\frac{n_{\max}(n_{\max}+1)(2n_{\max}+1)}{6}\right] + (n_{\max}+1)^2 \tag{5.1}$$

§4.7 给出了预条件共轭梯度并行算法的详细讨论，下文基于不同的并行器进行并行效率分析。计算规模为：64 800 个观测数据，恢复 100 阶重力位模型。串行程序计算时间如下：

构建预条件矩阵：92.726 s；

迭代解：9.291 s；

总计算时间：104.310 s。

1. OpenMP 并行化分析

预条件共轭梯度并行算法的性能分析表明，如果问题的迭代收敛性好，则计算

耗时主要用于构建预条件矩阵。因此,优化并行化程序需要首先考虑这项计算。设置两种计算方案:方案1是直接并行化计算设计矩阵 $\boldsymbol{A}$,所有的线程都同时访问同一个预条件矩阵 $\boldsymbol{H}$,当然可以通过为每一个线程拷贝自己的预条件矩阵 $\boldsymbol{H}$ 减少内存的访问次数和数据访问时间,但是并行化的效率并不能得到显著提高,对于多核心的CPU,由于共享同一总线访问内存,虽然具有独立的计算单元,但敏感的内存访问限制了性能的发挥成为计算的瓶颈,4个线程的计算时间由于内存访问与数据传输并不比单线程快;方案2改进设计矩阵 $\boldsymbol{A}$ 的计算为相应的分块矩阵,见式(4.36),每个进程预先存储了 $\boldsymbol{x}_0$,则当每个节点完成计算各自的设计矩阵 $\boldsymbol{A}_i$,利用矩阵向量乘积得到每个节点的 $\boldsymbol{N}_i\boldsymbol{x}_0$,再将每个节点的结果求和即可得到 $\boldsymbol{N}\boldsymbol{x}_0$。计算结果(表5.4)表明采用此种方法可成倍地提高计算效率,对于线程数1～4,计算时间分别为28.092 s、15.190 s、10.638 s和8.495 s。

表5.4　基于OpenMP环境的运行时间

	线程数	1	2	3	4
方案1	构建预条件矩阵/s	86.383	86.383	79.075	94.826
	迭代解/s	9.225	9.225	9.273	9.271
	总时间/s	97.652	97.652	90.396	106.139
方案2	构建预条件矩阵/s	16.827	9.026	6.297	5.039
	迭代解/s	9.225	4.957	3.443	2.726
	总时间/s	28.092	15.190	10.638	8.495

2.MPI并行化分析

解算问题的规模保持不变,分别设置 $n=1、2、3、4$,计算结果列于表5.5。由计算结果可以看出,对于MPI并行化,由于其内存是分布式管理,各个处理单元拥有自己独立的局部存储器,因此两种方案在构建预条件矩阵上表现出较好的一致性。但由于MPI涉及分布式内存的信息传递,对于这样的小规模运算,在迭代解时,各个处理器之间通过消息传递来交换信息,协调和控制各个处理器的执行,方案2并未能表现出更大的优势。

表5.5　基于MPI环境的运行时间

	CPU个数(n)	1	2	3	4
方案1	构建预条件矩阵/s	16.812	8.949	6.289	5.208
	迭代解/s	9.236	4.814	3.488	2.832
	总时间/s	28.154	16.042	11.742	9.892
方案2	构建预条件矩阵/s	16.877	8.926	6.355	5.079
	迭代解/s	15.028	11.630	11.531	11.583
	总时间/s	35.102	24.128	21.362	20.132

为了分析计算规模对并行化效率的效能，分别计算 50 阶、100 阶和 300 阶的数据处理并行对比。表 5.6 和图 5.9 分别给出了统计结果。可以看出，随着计算规模的不断增大，计算消耗的时间成倍增加，并行化的效率也越来越高，由 100 阶节约15 s 到 300 阶节约 840 s，可以看出对于大规模计算并行化具有绝对的优势和效率。

表 5.6　不同计算规模运行时间

阶数	50		100		300	
CPU 数目	1	4	1	4	1	4
构建 **A**/s	0.276	0.472	16.877	5.079	1051.551	302.440
构建 **N**/s	0.777	0.835	15.028	11.583	670.901	619.016
总时间/s	1.301	2.542	35.102	20.132	1857.570	1017.796

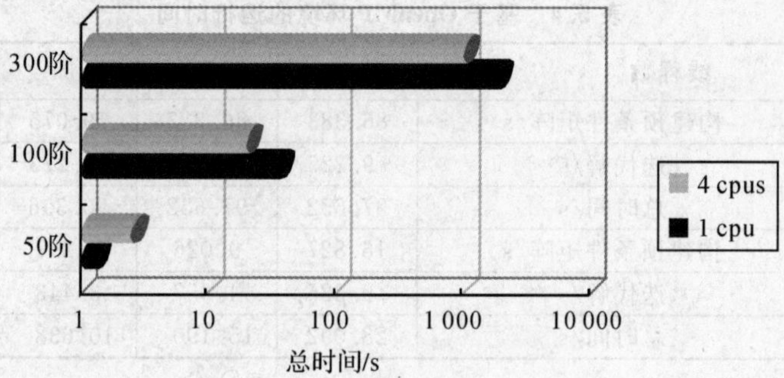

图 5.9　不同计算规模运行时间

除了上述两种并行化设计外，分布式共享内存的并行计算机结合了前两者的特点，是当今新一代并行计算机的一种重要发展方向。图 5.10 给出了两个节点 4 颗CPU 的分布式共享存储系统。

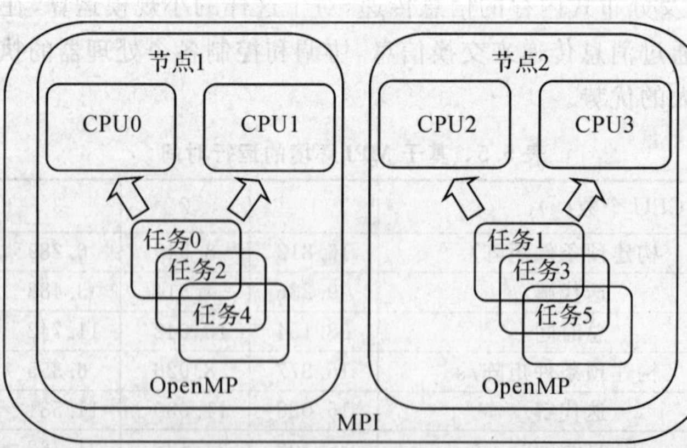

图 5.10　两个节点(每个节点 2 颗 CPU)的分布式共享存储系统

表 5.7　不同计算环境运行时间(50 阶)

算法		Serial (单线程 单 CPU)	OpenMP (4 线程)	MPI (4CPU)	OpenMP+MPI (2CPU2 线程)
最小二乘法	构建 **A**/s	0.936	0.677	0.463	0.614
	构建 **N**/s	12.739	3.375	5.739	4.755
	构建 **b**/s	0.049	0.051	0.048	0.051
	解方程/s	0.778	0.226	0.37	0.681
	总时间/s	14.531	4.400	7.854	7.228
共轭梯度法	构建 **H**/s	1.737	0.255	0.443	0.302
	迭代解/s	0.763	0.285	0.311	0.324
	总时间/s	2.751	0.643	1.978	1.792

由表 5.7 可以看出，相比于 OpenMP，MPI 由于涉及分布式内存的信息传递，对于这样的小规模运算，并未能表现出优势，相反，其运算速度比 OpenMP 还慢；对于不同的并行化方法，同等规模的问题，最小二乘法的非迭代算法比共轭梯度法要花费更多的计算时间。

从以上分析，我们可以得出以下结论：

(1)利用 OpenMP 可以简单地实现算法的并行化。对于小规模的计算，其速度要高于 MPI 并行程序，主要是 MPI 涉及消息传递，总线速度的快慢对其影响较大。

(2)对于多线程并行化，避免内存同时访问同一个存储区；给每一个线程赋予独立的变量空间，当并行结束后再集中所有的存储空间。

(3)确保每一个线程有足够的工作负载，避免线程的开始与结束占用更多的时间。

(4)对于预条件共轭梯度法，采用块矩阵可以节约大量的内存空间。同时，块矩阵算法相比于行向量算法大大提高了计算效率。

(5)对于循环算法的并行化，最好的选择是采用纯 MPI 环境，注意避免更多的消息传递，尤其对于较慢的总线界面，例如传统的网络。

(6)当需要更少的消息传递时，多线程的 MPI 程序的效率要远远高于单线程程序。

第6章 超高阶重力位模型解算技术

§6.1 引 言

在前言中提到，现代地球科学，包括现代大地测量学、地球物理学、地球动力学和海洋学等相关地学学科的发展均迫切需要更加精细的地球重力场信息支持。研究地球深部结构则要求在几十公里到几千公里的波长范围内具有厘米级精度的大地水准面和±1 mGal精度的重力异常；利用卫星测高测定的海面高来研究海面地形和海流，则要求有相应波长的厘米级海洋大地水准面；建立全球统一高程系统要求在50～100 km的波长范围内具有优于5 cm精度的大地水准面，其中用GPS测定正高要求在几千米波长范围内有优于厘米级精度的区域大地水准面。目前全球大地水准面的精细程度与上述要求大约还相差一个量级，确定全波段厘米级精度大地水准面是21世纪初期物理大地测量的主要目标之一。实现这一目标首先取决于在全球范围内测定重力和探测近地空间重力场信息的技术发展水平。传统地面重力测量技术获取全球均匀分布的高精度重力场信息的能力受到多种因素的限制，人造卫星的出现带来了重力测量技术的重大突破，产生了多种卫星重力探测技术，为实现上述目标和全面满足相关地球学科对地球重力场信息的要术提供了可能。

对于早期公认精度最高的360阶全球重力场模型EGM96(Lemoine，1998)，其前70阶位系数主要由卫星地面跟踪数据确定，71～360阶位系数主要由地表(包括海洋卫星测高)重力数据求得。然而，因短波重力场信号随高度增加迅速衰减，由卫星地面跟踪数据得到的重力位系数的精度随着阶次增加而急剧下降。波长小于1 000 km(即高于20阶)以下的重力场精度很难进一步提高。另一方面，虽然地表重力测量数据可以保证短波长的重力场精度，但是由于其空间分布的不均匀性以及存在重力空白区等原因，波长大于100 km(即低于200阶)的精度也很难保证。进入21世纪，由于SST和SGG技术的成功实现，即CHAMP、GRACE与GOCE新一代卫星重力探测计划，轨高都在500 km以下，恢复全球重力场的最高分辨率可达100 km或略优，可在此分辨率上确定厘米级精度的全球大地水准面和毫伽级精度的地面重力异常。据此可初步实现全球高程基准的统一，并基本满足相关地学学科对重力信息的需求。提高重力位模型的分辨率，提供重力场精细结构信息，可满足区域性大地测量(特别是高程测量现代化)、局部精密测绘工程、资源勘探、地壳形变观测、减灾防灾应急测绘工程、中小尺度海洋动力现象探测等，分辨率要求达到 5′×5′(10 km×10 km)或更高,由此提出了研制超高阶重力场模型的新课题。构建超高阶重力场模型需要有相应超高分辨率地面重力数据的支持。目前已拥有全球 5～10 km 分辨率海洋卫星测高重力数据,是建立超高阶重力场模型的数据基础和可行性保证。

§6.2　多源重力数据的全球(5′×5′)覆盖与融合处理

确定超高阶重力位模型需要全球分布的重力数据,这些重力数据通过多种不同的测量技术获得,各自描述了地球重力场不同波段的信息。下面给出相关重力信息的简单描述。

6.2.1　陆地重力数据

陆地重力观测在全球分布是极不均匀的,§3.2 节对全球重力数据的分布做了论述,下面给出若干地面重力数据的描述。以下重力异常单位为 mGal。

1.格陵兰岛

自由空间重力异常:

分辨率 1°×1°,见图 6.1(a),经度范围为－74.5°～－10.5°,纬度范围为 59.5°～83.5°,共 1 625 个点。重力参考系统采用 GRS67。

分辨率 0.5°×0.5°,见图图 6.1(b),经度范围为－74.75°～－10.25°,纬度范围为 59.25°～83.75°,共 6 500 个点。重力参考系统采用 WGS-84。

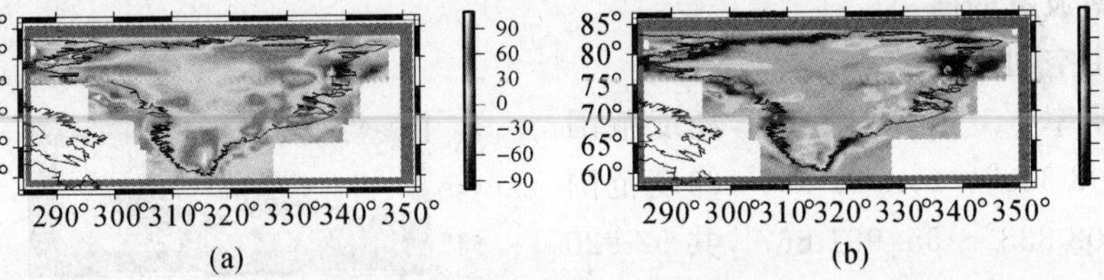

图 6.1　格陵兰岛重力异常分布

2.苏联地区

自由空间重力异常:

分辨率 1°×1°,见图 6.2,经度范围为 20.5°～190.5°,纬度范围为 35.5°～79.5°,共 7 695 个点。重力参考系统采用 WGS-84。

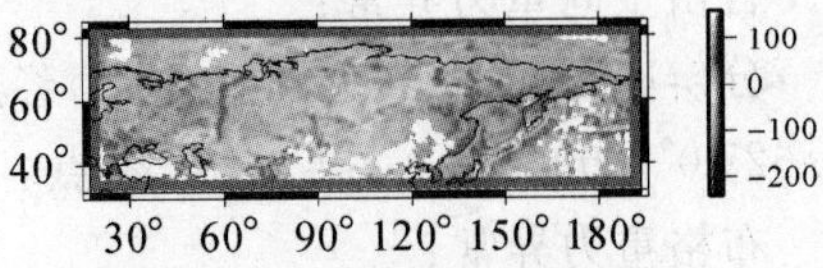

图 6.2　苏联地区重力异常分布

3.匈牙利

自由空间重力异常:

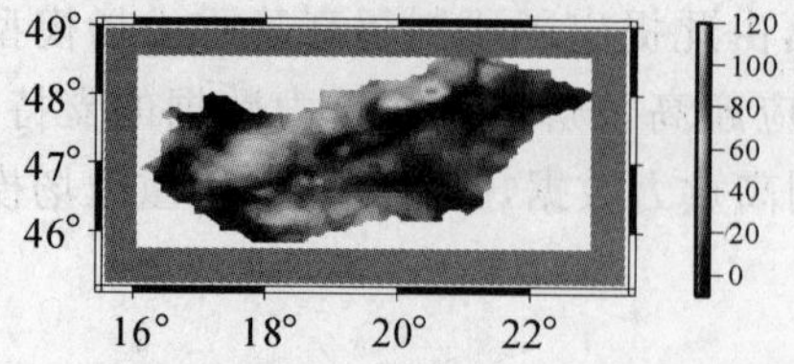

图 6.3 匈牙利重力异常分布

分辨率 7.5′×5′，见图 6.3，经度范围为 16.062 5°～22.937 5°，纬度范围为 45.708 33°～48.541 67°，共 2 530 个点。正常重力参考是 1930 Cassinis 基准。

4. 荷兰

自由空间重力异常：

分辨率 5′×3′，见图 6.4，经度范围为 3.458°～7.208°，纬度范围为 50.825°～53.525°，共 2 530 个点。

5. 波兰

自由空间重力异常：

分辨率 5′×5′，见图 6.5，经度范围为 14.125°～23.958 3°，纬度范围为 49.041 7°～54.875°，共 8 449 个点。

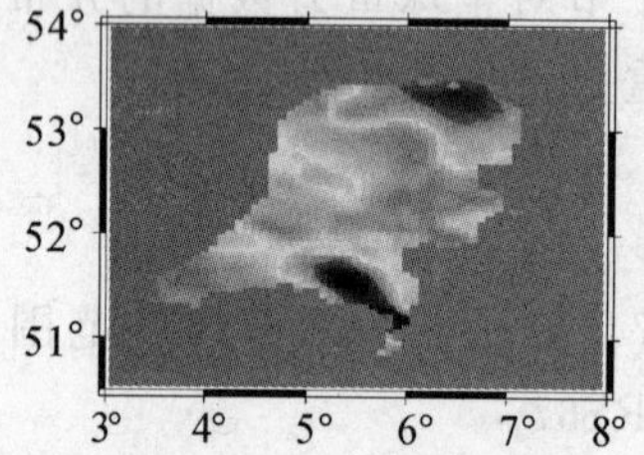

图 6.4 荷兰重力异常分布

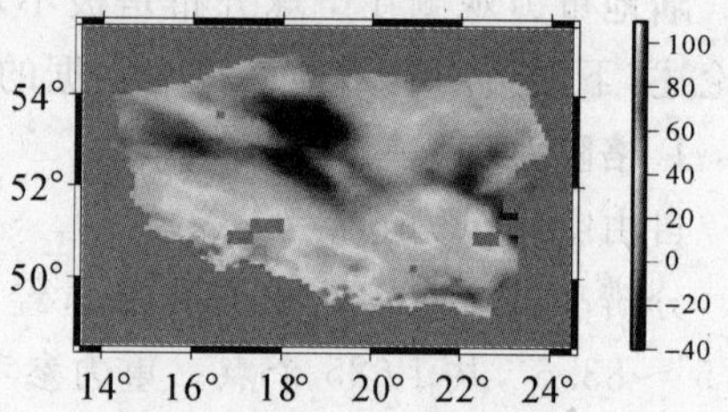

图 6.5 波兰重力异常分布

6. 南波罗的海

自由空间重力异常：

分辨率 1′×1′，见图 6.6，经度范围为 14.008 333°～20.991 666°，纬度范围为 53.908 333°～55.991 667°，共 52 920 个点。重力参考系统 IGSN71，参考椭球 GRS80。

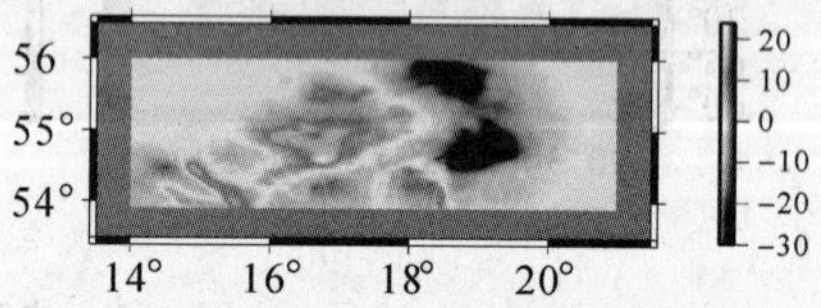

图 6.6 南波罗的海重力异常分布

7. 捷克斯洛伐克

自由空间重力异常：

分辨率 7.5′×5′，见图 6.7(a)，经度范围为 12.312 5°～18.812 5°，纬度范围为 48.625 0°～50.875 0°，共 1 484 个点。参考系统 GRS80。

布格重力异常：

分辨率 7.5′×5′，见图 6.7(b)，经度范围为 12.312 5°～18.812 5°，纬度范围为 48.625 0°～50.875 0°，共 1 484 个点，参考系统 GRS80。

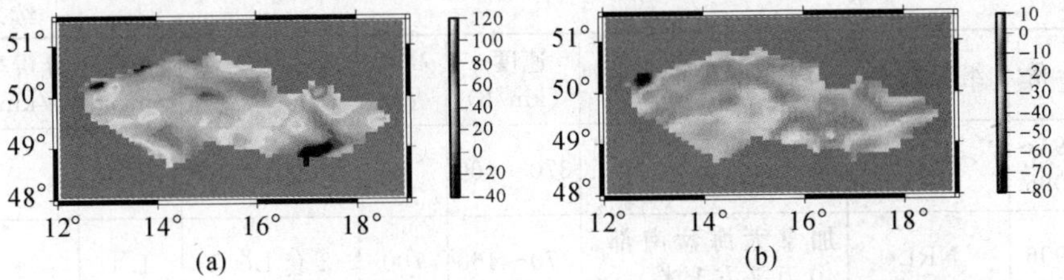

图 6.7 前捷克斯洛伐克重力异常分布

8.罗马尼亚

布格重力异常：

分辨率 7.5′×5′，见图 6.8，经度范围为 20.312 5°～29.687 5°，纬度范围为 43.625 0°～48.291 7°，共 4 332 个点。

图 6.8 罗马尼亚重力异常分布

9.中国地区

自由空间重力异常和布格重力异常均为以下：

分辨率 1°×1°，经度范围为 74.5°～133.5°，纬度范围为 20.5°～53.5°，共 2 040 个点。正常重力 r 的计算公式为：$r=978.030[1+0.005\,302(\sin B\ {**}\ 2)-0.000\,007(\sin 2B\ {**}\ 2)]$。

6.2.2 航空重力数据

“北极地区重力计划”(Arctic gravity project，ArcGP)，主要目标是测量并编辑可公布的北极地区 5′×5′格网空间重力异常和布格重力异常，供大地测量学、地球物理学、海洋科学及地质构造学等研究之用。数据范围为：纬度为 64.041 667°～89.958 333°，经度为 0.041 667°～359.958 333°，包括北冰洋、格陵兰岛、美国北部边界地区和俄罗斯边界地区。ArcGP 数据中航空重力数据占有很大份额，也拥有相当重要的地位。ArcGP 主要的航空重力活动如表 6.1(夏哲仁，2006)。ArcGP 公布的重力数据为 5′×5′分辨率的自由空间重力异常，数据中已加入了大气改正，参考基准为 WGS-84，其他数据还包括高程数据和海深数据。图 6.9 给出了相关数据描述。

表 6.1 北极地区主要航空重力测量概况

年份	组织机构	测区和测量概况	速度/(km/h)	高度/m	重力仪	精度/mGal	分辨率/km
1991～1992	NRL、KMS	格陵兰岛及毗邻海域，20 万千米，25 万平方千米	370～460	4 100	L&R，BGM3	5.0	15～20
1992	NRL	北极地区，7.5 万平方千米	370～460		L&R	2.8	15～20

续表

年份	组织机构	测区和测量概况	速度/(km/h)	高度/m	重力仪	精度/mGal	分辨率/km
1994～1995	NRL	加拿大海盆中北部,65万平方千米[2]	370～460		2套L&R	2.5	
1996	NRL	加拿大海盆南部,40万平方千米	370～460	700	2套L&R	1.4	
1996	NRL、KMS	波弗特海	491	783	L&R	2.0	34
1997	NRL、KMS	楚科奇半岛	479	535	L&R	1.8	22
1998	KMS	格陵兰北岸,斯瓦尔巴群岛	240	150	L&R	2.6	12
1999	KMS	格陵兰东北岸,斯瓦尔巴群岛	240	150	L&R	2.8	12
2000	KMS	格陵兰东南岸和西岸	240	150	L&R	2.8	12
2001	KMS	格陵兰北岸	240	150	L&R	2.4	12

注:NRL为美国海军科学研究所;KMS为丹麦国家测量和地籍局。

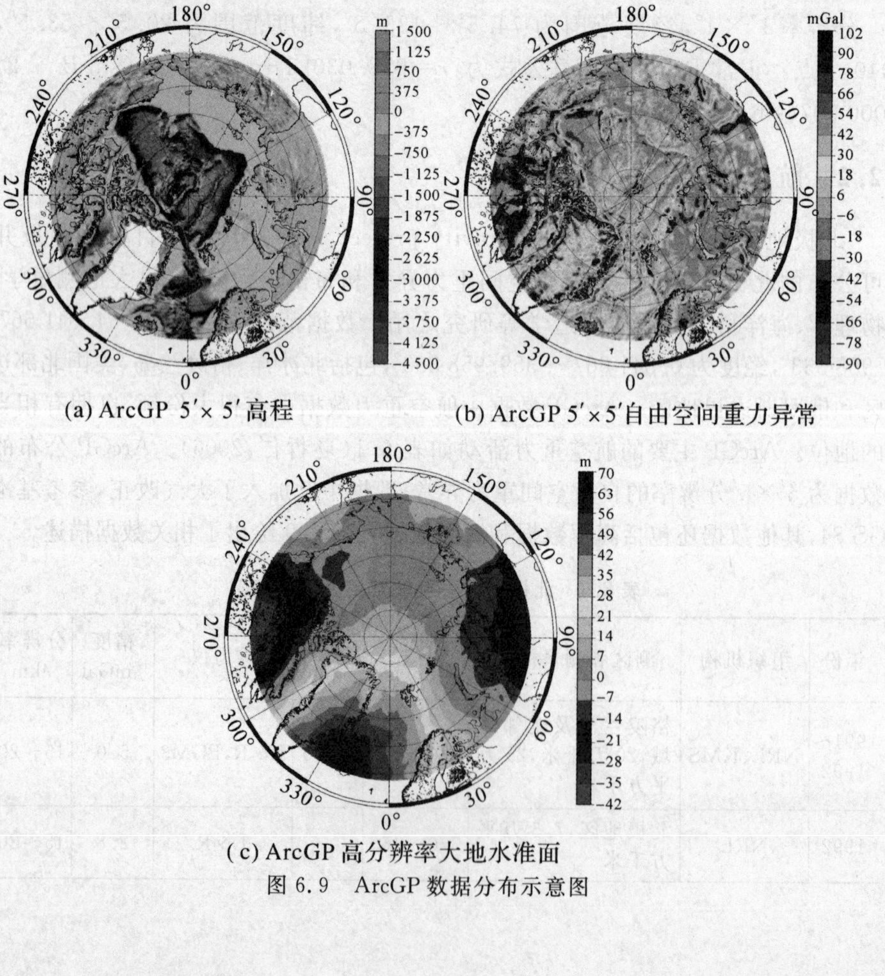

(a) ArcGP 5′× 5′高程　　(b) ArcGP 5′×5′自由空间重力异常

(c) ArcGP高分辨率大地水准面

图6.9　ArcGP数据分布示意图

6.2.3　海洋船测重力数据

海洋重力资料主要是美国国家地球物理数据中心（NGDC）1999 年发布的船测重力数据，该数据集是 NGDC 海洋航迹地球物理数据库（GEODAS）的一个子集。GEODAS 包括自 1953 年至 1999 年的海洋巡航任务采集获得的海深、地磁、重力和地震导航数据，覆盖范围遍布全球，所有数据资料均来源于美国或其他国家的海洋学研究机构以及政府组织。

GEODAS 船测重力资料共经 1 555 次海洋重力测量获得，分布于全球各大洋，包括：墨西哥湾和加勒比海、印度洋、地中海和黑海、大西洋和太平洋，时间跨度为 1961 年至 1996 年，所有船测重力值均以 CD-ROM 形式存储发布。数据格式采用改进的 MGD77 格式，包括观测位置、重力观测值和自由空间重力异常值，共计 16 843 104 个数据记录。图 6.10 是船测重力数据的全球分布图。可以看出，在近岸海域船测轨迹较为密集，开阔海域采样较为稀疏，总体而言，南半球海域重力数据覆盖率低于北半球海域。

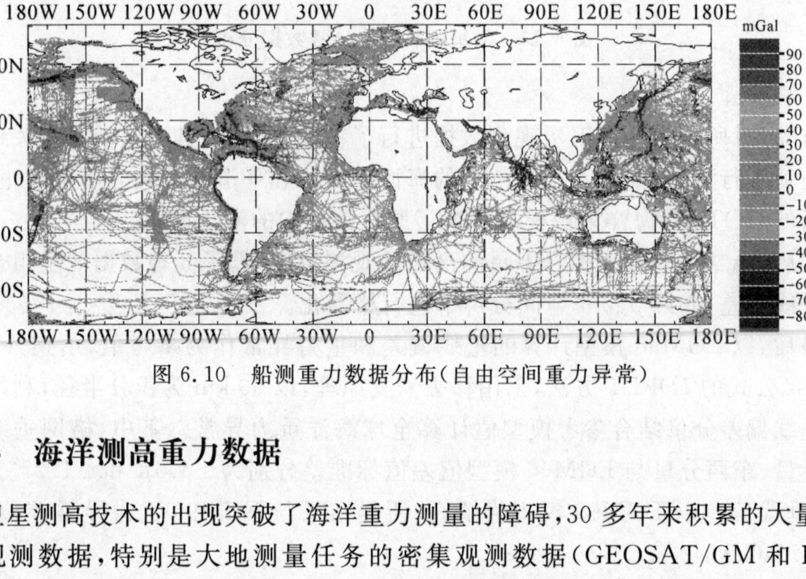

图 6.10　船测重力数据分布（自由空间重力异常）

6.2.4　海洋测高重力数据

卫星测高技术的出现突破了海洋重力测量的障碍，30 多年来积累的大量卫星测高观测数据，特别是大地测量任务的密集观测数据（GEOSAT/GM 和 ERM/168 数据），可获得空间分辨率优于 5 km 的海面高观测值，加入高精度的 TOPEX/POSEIDON测高卫星海面高作为控制，可使数据整体精度优于分米级。利用卫星测高数据反演海洋重力异常的方法主要有最小二乘配置法、整体求解法和 Sandwell 方法。其中，Sandwell 方法在近年得到了更多的重视，它由测高剖面梯度数据计算海洋重力垂线偏差，作为一种观测值，再由逆 Vening-Meinesz 反解重力异常。其主要优点在于垂线偏差由测高观测值的一次差分得到，可以削弱多种系统误差，消除地理位置相关的径向轨道误差，以及长波海面地形等影响。

本书主要选择了 GEOSAT/GM 和 ERM/168 的所有观测数据，同时联合 TOPEX/POSEIDON 卫星中质量最好的 TOPEX-B 任务期内观测值，利用 Sandwell 方法，计算了星间全组合交叉点上垂线偏差，再由逆 Vening-Meinesz 公式求解了海面重力异常（图 6.11）。

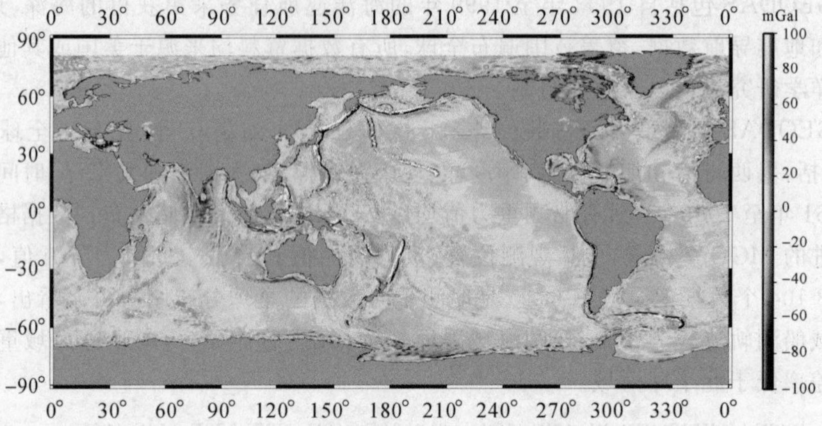

图 6.11 卫星测高重力异常数据分布

计算步骤包括：

首先，对所有的测高卫星观测数据进行了精化预处理，其中包括对相关地球物理改正项进行更新，如顾及高频信号的海面逆气压和平滑的双频电离层改正，并采用最新的 GOT4.7 海洋潮汐模型替换了原有数据中的潮汐改正。

然后，由二次多项式拟合卫星测高弧段观测值，计算了 3 种数据的全组合交叉点上垂线偏差，并以 $5'\times5'$空间分辨率进行格网化。

最后，以 EGM96 模型计算的垂线偏差和重力异常作为参考值，由逆 Vening-Meinesz 公式的 1DFFT 方法，采用移去恢复原理，以 50 km 为积分半径，利用格网化的垂线偏差分量结合参考模型值计算全球海洋重力异常。其中，格网垂线偏差南北分量、东西分量与 EGM96 模型值差值标准差分别为$\pm1.18''$和$\pm1.27''$。在岛屿上，垂线偏差以 EGM96 模型值填充，所得结果与 EGM96 重力异常差值 RMS 为 8.65 mGal。

另外，为了比较分析，利用 Sandwell 提供的 $2'$垂线偏差，重新格网成 $5'\times5'$后，以上述同样方法计算了海洋重力异常，其垂线偏差南北分量、东西分量与 EGM96 模型值差值标准差分别为$\pm1.45''$和$\pm1.35''$，重力异常与 EGM96 模型差值 RMS 为 9.72 mGal。

6.2.5 卫星重力数据

利用纯 GRACE 数据确定的卫星重力场模型 EIGEN-5S 改善平均重力异常中

的中、低频重力场谱分量。EIGEN-5S 展开到 150 阶，是由 GFZ 与 CNES/GRGS 联合发布的 GRACE 重力场模型，采用了 2002 年中期至 2006 年年底的 GRACE 数据解算得到。图 6.12 和图 6.13 分别给出了 EIGEN-5S 描述的椭球面与卫星界面的大地水准面高和重力异常。

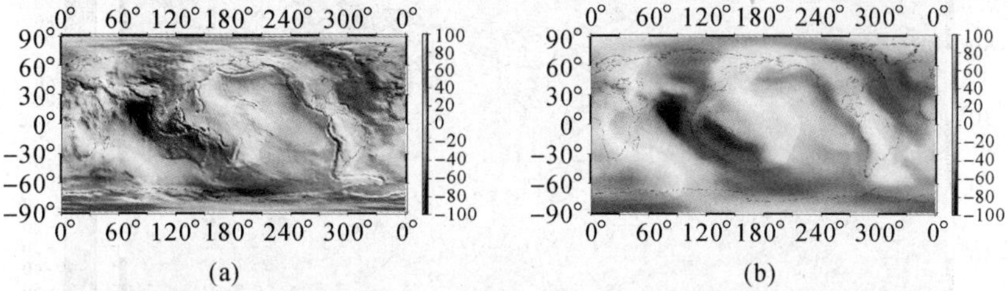

图 6.12　EIGEN-5S 描述的椭球面(a)与卫星界面(b)大地水准面高(m)

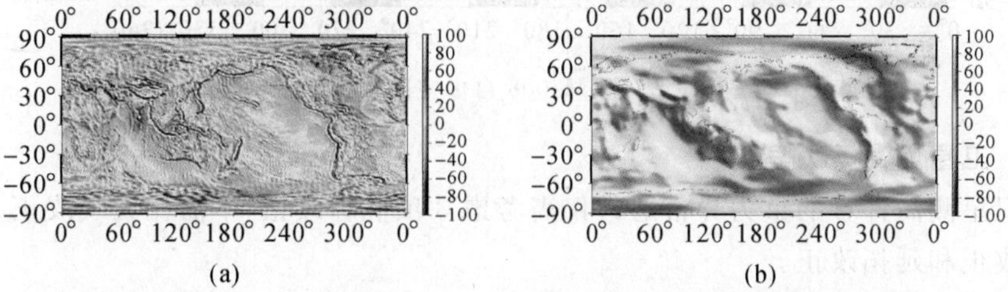

图 6.13　EIGEN-5S 描述的椭球面(a)与卫星界面(b)重力异常(mGal)

6.2.6　模型填充重力数据

由于模型的计算要求全球重力异常数据，对于缺乏卫星测高的海洋区域和陆地重力测量空白的地区，必须考虑通过某种途径进行重力信息的填充。一种经验的做法是利用一个精度较高的重力位模型计算这些空白区域的重力异常。本书利用最新的重力场模型 EGM2008 填充在现有数据基础上仍存在的重力空白数据区，主要是地球两极地区和其他一些陆地空白。EGM2008 是目前国际上公布的最新超高阶重力场模型，是由美国国家地理空间情报局(NGA)地球重力场研发小组于 2008 年发布，其模型展开到 2 160 阶，部分阶次达到了 2 190 阶。图 6.14 描述了 EGM2008 计算的自由空间重力异常分布(NGA)。

6.2.7　数据融合

以上不同来源的重力异常数据以不同的分辨率和精度提供了地球重力异常场的细结构信息，据此可利用数据融合技术形成 $5'\times5'$ 全体格网化平均重力异常，用于构建 2 160 阶全球重力场模型。在使用这些数据之前，必须考虑将全部数据集统一到同一参考基准，采用统一的参考椭球，同时按本书第 2 章给出的相关改正公式和算法对不同类数据集进行相应归算和改正。以下 3 类数据要考虑的归算改正间有较大差异：

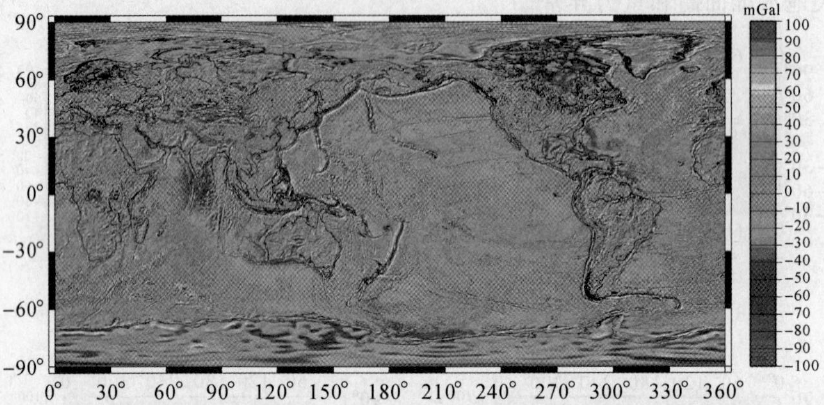

图 6.14　EGM2008 自由空间重力异常

1. 卫星测高重力异常

卫星测高计算的重力异常通常仅需考虑 3 项椭球改正，不需作大气改正、正常重力改正和延拓改正。

2. 地面(包括航空、海洋)重力异常

对于地面重力测量结果，所有的归算和改正都必须顾及。

3. EGM2008 计算的重力异常

由模型计算的重力异常不需要考虑进行任何改正，因为该模型的解算过程对采用的重力异常数据已作了最完善的归算和改正。

经过上述改正的各类重力异常数据，首先要选用合适的格网化方法形成统一的 $5'\times5'$ 格网平均重力异常。现有的各种格网化方法，可详见本书第 3 章内容，数据融合步骤为：

(1)对于全球 $5'\times5'$ 格网，利用 EGM2008 计算的重力异常值作初始化填充。

(2)如果海洋地区有卫星测高数据计算的重力异常，其精度经过预处理检验，则用此数据替换模型值。

(3)对于地中海地区以及一些大的内陆湖泊水域，因为没有船测重力数据，利用卫星测高数据进行填充。

(4)对于海深小于 500 m 的地区，如果没有船测重力数据，才考虑使用卫星测高的结果。

(5)除上述情况外的地区，均采用现有地面重力观测数据进行更新。

§6.3　超高阶地球重力场模型的解算

本书第 2 章和第 4 章讨论了利用球谐展开基于重力异常数据解算地球重力位系数的方法。这种方法更多的适用于近似球面的数值积分运算。对于真实的地球表面重力异常，扰动位的谐函数表达如果采用椭球谐将会有更高的近真度。Jekeli(1988)讨论了谐函数的球谐表达和椭球谐表达之间的关系，并给出了球谐系数与椭球谐系数的封闭转换公式。Gleason(1988)拓展了 Jekeli 的研究成果，更加注重于算法的效率，他的方法通过利用球表面或椭球表面给定的边值直接得到可转换的谐函数表示。下面我们讨论一下如何利用椭球表面的重力异常直接积分地球重力位的球谐系数，即通过考虑球谐与椭球谐之间的数学关系，对原有的球谐积分公式加以修正，得到更为严格的表达。

6.3.1　改进公式

在直角坐标系有 P 点坐标(x,y,z)，引入一旋转椭球，其中心在坐标系原点 O，旋转轴与 Z 轴重合，其线性偏心率为常数 E。P 点的椭球坐标为(u,δ,λ)，u 为过 P 点的椭球短轴，δ 为归化纬度的补角，λ 为一般含义的地心经度。椭球坐标与(x,y,z)的转换关系式为

$$\left.\begin{aligned} x&=(u^2+E^2)^{1/2}\sin\delta\cos\lambda \\ y&=(u^2+E^2)^{1/2}\sin\delta\sin\lambda \\ z&=u\cos\delta \end{aligned}\right\} \tag{6.1}$$

对于给定的任意谐函数 $F(u,\delta,\lambda)$，可以表示为椭球谐展开：

$$F(u,\delta,\lambda)=\sum_{n=0}^{\infty}\sum_{m=-n}^{n}\frac{\overline{S}_{n|m|}(u/E)}{\overline{S}_{n|m|}(b/E)}\overline{f}^{e}_{nm}\overline{Y}_{nm}(\delta,\lambda) \tag{6.2}$$

式中，b 为参考椭球的短轴；$\overline{Y}_{nm}(\delta,\lambda)$由椭球坐标$(\delta,\lambda)$定义；$\overline{S}_{n|m|}$ 为规则化的第二类勒让德函数；$\overline{f}^{e}_{nm}$ 为完全规则化椭球谐系数。

由于函数 $r\Delta g^{c}_{g}(r,\theta,\lambda)$是谐函数，类似式(6.2)，可表示为

$$r\Delta g^{c}(u,\delta,\lambda)=a\sum_{n=0}^{\infty}\sum_{m=-n}^{n}\frac{\overline{S}_{n|m|}(u/E)}{\overline{S}_{n|m|}(b/E)}\overline{g}^{e}_{nm}\overline{Y}_{nm}(\delta,\lambda) \tag{6.3}$$

Jekeli(1988)和 Gleason(1988)给出了椭球谐系数 $\overline{g}^{e}_{nm}$ 转换为球谐系数 $\overline{g}^{s}_{nm}$ 的公式：

$$\overline{g}^{s}_{nm}=\sum_{k=0}^{s'}\frac{1}{\overline{S}_{n-2k,|m|}(b/E)}L_{n,m,k}\overline{g}^{e}_{n-2k,m} \tag{6.4}$$

式中，s'是小于或等于$(n-|m|)/2$ 的最大整数；$L_{n,m,k}$由 Gleason(1988)给出定义：

$$L_{n,m,k}=-\left(\frac{E}{R}\right)^{2k}\cdot\frac{(-1)^{k}(n-k)!\,(2n-4k+1)!}{k!\,(n-2k)!\,(2n-2k+1)!}\cdot$$

$$\sqrt{\frac{(2n-4k+1)!\,(n-m)!\,(n+m)!}{(2n+1)(n-2k-m)!\,(n-2k+m)!}} \tag{6.5}$$

也可由递推公式计算：

$$L_{n,m,k}=-\left(\frac{E}{R}\right)^2\cdot\frac{(2n-2k+3)}{2k(2n-4k+3)(2n-4k+5)}\cdot$$
$$\sqrt{\frac{(2n-4k+1)(n-2k-m+1)(n-2k-m+2)(n-2k+m+1)(n-2k+m+2)}{(2n-4k+5)}}\cdot$$
$$L_{n,m,k-1} \tag{6.6}$$

式中，$n\geqslant 0$；$-n\leqslant m\leqslant n$；$1\leqslant k\leqslant s'$。对于所有的 n 和 m，初值 $L_{n,m,0}=1$。

若由地球表面的重力异常 Δg^c 计算得到参考椭球面上的重力异常 $\Delta g^E(b,\delta,\lambda)$，则式(6.3)变为

$$r\Delta g^E(b,\delta,\lambda)=a\sum_{n=0}^{\infty}\sum_{m=-n}^{n}\overline{\overline{g}}{}^e_{nm}\overline{Y}_{nm}(\delta,\lambda) \tag{6.7}$$

$\overline{\overline{g}}{}^e_{nm}$ 为重新规格化椭球谐系数，利用单位球上 $\overline{Y}_{nm}(\delta,\lambda)$ 的正交性，有

$$\overline{\overline{g}}{}^e_{nm}=\frac{1}{4\pi a}\iint_\sigma[r\Delta g^E(b,\delta,\lambda)]\overline{Y}_{nm}(\delta,\lambda)\mathrm{d}\sigma \tag{6.8}$$

式中，$\mathrm{d}\sigma=\sin\delta\mathrm{d}\delta\mathrm{d}\lambda$，是单位球上的面积元。

真实的情况是，重力异常分布于椭球表面，形成等间隔的离散格网平均值。若格网的间隔是 $\Delta\lambda$，有 $N=180°/\Delta\lambda°$，在第 2 章中给出了离散化表示的数值积分公式，类似式(2.79)，有

$$\overline{\overline{g}}{}^e_{nm}=\frac{1}{4\pi a}\sum_{i=0}^{N-1}\frac{1}{q_n^i}\sum_{j=0}^{2N-1}r\Delta\overline{g}^E_{ij}\int_{\sigma_{ij}}\overline{Y}_{nm}(\delta,\lambda)\mathrm{d}\sigma \tag{6.9}$$

式中，q_n^i 为平滑因子，考虑到 $\overline{g}^s_{nm}=\frac{GM}{a^2}(n-1)\overline{C}^s_{nm}$，则由式(6.4)和式(6.9)可得

$$\overline{C}^s_{nm}=\frac{1}{4\pi a\gamma}\sum_{i=0}^{N-1}r_i^E\sum_{k=0}^{s'}\frac{L_{n,m,k}}{\overline{S}_{n-2k,|m|}(b/E)}\frac{I\overline{P}^i_{n-2k,|m|}}{(n-2k-1)q^i_{n-2k}}\sum_{j=0}^{2N-1}\Delta\overline{g}^E_{ij}\begin{Bmatrix}IC\\IS\end{Bmatrix}_m^j\begin{cases}if & m\geqslant 0\\ if & m<0\end{cases} \tag{6.10}$$

其中，

$$\gamma=GM/a^2 \tag{6.11}$$

$$I\overline{P}^i_{n|m|}=\int_{\delta_i}^{\delta_{i+1}}\overline{P}_{n|m|}(\cos\delta)\sin\delta\mathrm{d}\delta \tag{6.12}$$

$$\begin{Bmatrix}IC\\IS\end{Bmatrix}_m^j=\int_{\lambda_i}^{\lambda_{i+1}}\begin{Bmatrix}\cos m\lambda\\ \sin|m|\lambda\end{Bmatrix}\mathrm{d}\lambda \tag{6.13}$$

式(6.10)是计算扰动位完全规格化球谐系数 $\overline{C}^s_{nm}$ 的实用数学模型，如果定义一个参考椭球，利用地面重力观测数据经过归化得到椭球面 $N\times 2N$ 个离散的格网平均重力异常值，则由式(6.10)可直接积分得到扰动位的球谐展开系数。

6.3.2　重力异常计算流程

为了得到式(6.10)中的 $\Delta\overline{g}^E$，必须要求将多种来源的地表自由空间重力异常数据改正归化到椭球表面，在本书第 2 章对此进行了详细讨论，这里给出计算流程和相应的公式。

(1)计算大气改正 δg_a。

$$\delta g_a = 0.8658 - 9.727 \times 10^{-5} H + 3.482 \times 10^{-9} H^2$$

(2)计算椭球改正 δg_e。

$$\delta g_e = -\left[3J_2\left(\frac{a}{r}\right)^2 + \frac{\omega^2 r^3}{GM'}\right]\sin\theta\cos\theta\frac{\partial T}{r\partial\theta}$$

$$\delta g_{e^1} = e^2\sin\theta\cos\theta\left[\frac{\partial T}{r\partial\theta}\right]$$

$$\delta g_{e^2} = \left[6J_2\frac{a^2}{r^3}P_2(\cos\theta) - \frac{3\omega^2 r^2}{GM'}\sin^2\theta\right]T$$

(3)计算正常重力改正 δg_γ。

$$\delta g_{h^1} \approx -\frac{1}{\gamma_m}\left[\left(\frac{\partial\gamma}{\partial h_r}\right)_0 + \left(\frac{\partial^2\gamma}{\partial h_r^2}\right)_0 (h_r)_k\right]\Delta W_0^k$$

$$\delta g_{h^2} = -3\gamma_0\left[\frac{h_r}{a}\right]^2$$

δg_{r0}(由参考椭球参数计算)

(4)计算向下延拓改正 δg_d。

$$\delta g_d = g_1 = -G\rho h_P\iint_\tau \frac{h - h_P}{l_0^3}\mathrm{d}x\mathrm{d}y$$

最终由地面重力异常得到椭球面重力异常的格网平均值：

$$\Delta\overline{g}_{ij}^E = \Delta\overline{g}_{ij} + (\delta g_a)_{ij} + (\delta g_e)_{ij} + (\delta g_\gamma)_{ij} + (\delta g_d)_{ij} \tag{6.14}$$

需要注意的是，对于不同来源的重力异常数据不是完全需要上面的四项改正。见 6.2.7 节的说明。

6.3.3　数值算法分析与超高阶重力位模型的计算流程

从原理上，最小二乘法求解重力位系数是最为严密适用的方法，但受限于当前计算机水平的发展。目前，对于超高阶重力场模型的解算均是利用式(6.10)给出的数值积分方法获得超高阶位系数。由于地面重力异常数据全球分布不均匀，不同数据源的重力观测的精度也不一致，导致融合后的平均重力异常在中、低阶频谱信号的失真。因此，在使用这些重力异常数据之前，需要通过前文给出的联合平差技术，利用 GRACE 卫星重力场模型位系数所包含的中、低频重力场信息，改善 $5'\times5'$ 平均重力异常的中、低频成分。图 6.15 是基于多源重力观测数据解算扰动位球谐系数的计算流程。

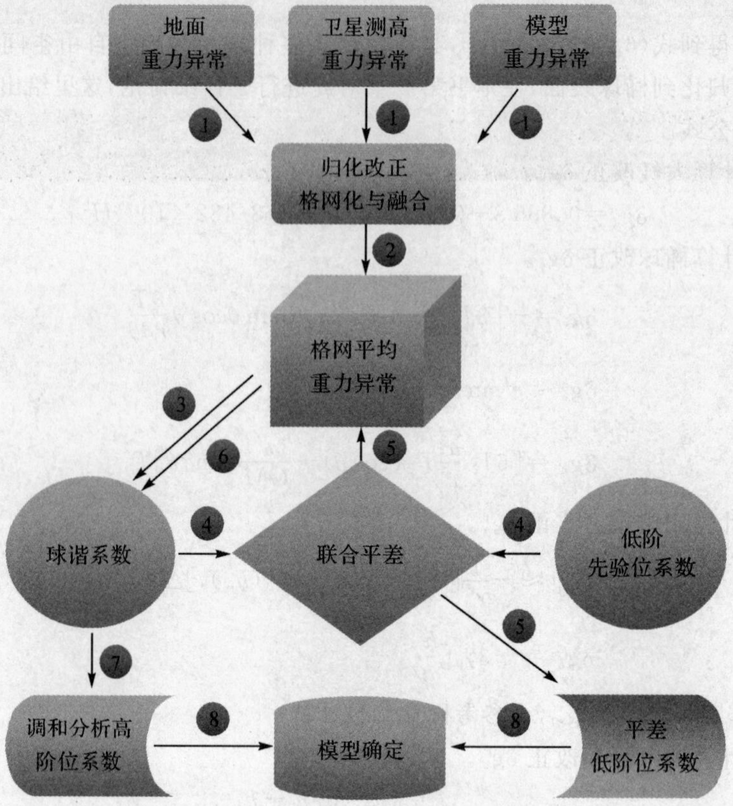

图 6.15　超高阶重力位模型计算流程图

第7章 超高阶重力位模型UGM08的可靠性检验与精度分析

§7.1 引言

重力位模型的可靠性检验借助于多种技术以评价其在卫星动力学、地面和海洋大地水准面、海面地形等应用中的性能。这些检验手段一方面可以评价模型的精度,另一方面有助于在计算最终位系数模型时确定各类数据源的不同权重,以获得各种观测数据之间的最佳权比,从而得到最佳估值。

通常重力位模型的检验所涉及的数据类型包括:卫星轨道跟踪数据、GPS与水准数据、海洋学环流模型、动力海面地形模型联合卫星测高平均海面模型和反演的海洋重力异常等。

卫星跟踪数据主要用来检验模型的长波性能,因为卫星轨道的受摄运动仅对重力位模型的低阶部分敏感。卫星轨道数据来源于全球SLR激光跟踪结果、跟踪高轨数据中继卫星系统(TDRSS)和低轨星载GPS跟踪数据等。为避免模型评价的相关性,更多地需要采用与重力位模型独立的观测量,例如,GPS跟踪轨道最好采用纯几何法确定的运动学轨道。

GPS与水准检验主要是比较由几何原理确定的大地水准面起伏与重力位模型得到的结果之间的差异。这项检验聚焦于陆地的大地水准面。在这些地区,GPS观测与水准测量同时具备,除了敏感于模型的中、长波分量外,检验结果主要反映模型的短波分量精度,这与模型在检验地区所采用的地面重力数据的精度紧密相关。对于大地水准面起伏的另一类比较是基于全球有水准高的多普勒定位站。这项检验同样用来比较几何来源的大地水准面和模型计算的结果。不同于GPS的局部观测分布,测站位置的确定是基于多普勒定位,并且是全球分布的。

海面地形是平均海面高与海洋大地水准面的差距。基于独立的海洋环流模型(由海洋学方法导出)确定的海面地形可用来检验联合卫星测高数据和重力位模型确定的海面地形的精度。对于不同源的卫星测高数据获得的海洋重力异常,是评价重力位模型另外一种独立的外部检核,它提供了一种独立的外部检核手段。

本章将给出重力位模型检验的原理、方法和数据描述以及评价模型各个波段和整体精度的理论方法,并对UGM08模型的精度进行全面分析和比较。

§7.2 当前国际(超)高阶重力位模型发展与评价

目前国际最新的重力位模型主要得益于GRACE卫星重力观测的结果。近几年来,多个国际学术机构连续公布GRACE联合模型,主要包括GFZ、CSR、JPL等机构。公布的GRACE卫星重力场模型均采用动力法确定,即通过精密定轨过程积分卫星轨道,解变分方程以及基于GPS轨道跟踪数据建立的关于卫星初始状态参数、位模型参数等的观测方程,实现位系数与精密轨道的同时确定。对于GRACE联合模型,则综合了GRACE重力观测结果、卫星测高、地面重力观测等联合解算得到。对于GRACE卫星模型,最高阶达到180阶;对于联合模型,由于采用了卫星测高和地面重力数据,其最高阶数达到了360阶。除此以外,美国国家地理空间情报局(NGA)于2008年公布了目前阶数最高的EGM08模型,最高阶数达到了2 190阶。表7.1给出了目前国际上GRACE模型与最新的EGM08模型的综合信息,其中后5个模型将用于本书结果的检验与比较。

表7.1 国际最新重力场模型一览表

模型	发布日期	发布者	数据时间跨度/天	最高阶数	采用数据	大地水准面精度
GPM3E97A	1999	Georg Wenzel		1 800	800 000欧洲5′×5′数据(利用剪接法计算)	欧洲地区2.3~3.9 cm
GGM01S	2003.07.21	UTCSR JPL	111	120	GPS、K波段、姿态、加速度等,未加入其他重力信息	300 km(半波长)分辨率约2 cm
GGM01C	2003.07.21	UTCSR JPL	111	200	GGM01S和TEG4	
GGM02S	2004.10.29	UTCSR JPL	363	160	GPS、K波段、姿态、加速度等,未加入其他重力信息	300 km(半波长)分辨率约7 mm
GGM02C	2004.10.29	UTCSR JPL	363	200	GGM01S和TEG4	
GGM03S	2007	UTCSR,JPL	1460	180	GPS、K波段、姿态、加速度等,未加入其他重力信息	
GGM03C	2007	UTCSR,JPL		360	利用GRACE数据联合地面、海洋重力测量信息	

续表

模型	发布日期	发布者	数据时间跨度/天	最高阶数	采用数据	大地水准面精度
EIGEN-GRACE01S	2003.07.25	GFZ	39	140	GPS、K 波段、姿态、加速度等，加入了 Kaula 约束	360 km（半波长）分辨率约 1 cm
EIGEN-GRACE02S	2004.08.09	GFZ	110	150	GPS、K 波段、姿态、加速度等，未加入其他重力信息	1 000 km（半波长）分辨率经度优于 1 mm
EIGEN-CG01C	2004.10.29	GFZ	200	360	GRACE GPS、K 波段、姿态、加速度等数据，加入 CHAMP、卫星测高及地面重力测量数据	200 km（半波长）分辨率约 4 cm
EIGEN-CG03C	2005.05.12	GFZ	376	360	GRACE GPS、K 波段、姿态、加速度等数据，加入 CHAMP、卫星测高及地面重力测量数据	200 km（半波长）分辨率约 3 cm
EIGEN-5S	2008	GFZ，CNES/GRGS	1 642	150	GRACE GPS、K 波段、姿态、加速度等数据	
EIGEN-5C	2008	GFZ，CNES/GRGS		360	GRACE GPS、K 波段、姿态、加速度等数据，LAGEOS 测量数据以及地面重力和测高数据联合	
EGM2008	2008	NGA		2 190	目前所有能获取的重力数据	中国地区 19 cm

上表中 GPM3E97A 是利用积分迭代算法基于 800 000 欧洲地区，由 EGG97 推算的 5′×5′似大地水准面高，以及 800 000 欧洲之外由 EGM96 推算的似大地水准面高联合解算得到，模型展开到 1 800 阶；GGM03S，180 阶，由 UTCSR 与 JPL 研制的最新 GRACE 卫星重力场模型，采用了 2003 年 1 月至 2006 年 12 月间的 GRACE 测量数据，其在重力场模型解算方法、参考重力场模型的选择方面均进行了一定的优化，模型精度较之 GGM02 系列提高了两个数量级；GGM03C，360 阶，是 UTCSR 和 JPL 利用 GRACE 数据联合地面、海洋重力测量信息解算得到的新一代卫星重力联合位模型，模型解算采用了最新的算法，更好地实现了不同重力观测数据源的有效融合，精度得到了进一步提高；EIGEN-5S，150 阶，由 GFZ 与

CNES/GRGS 联合发布的 GRACE 卫星重力场模型，采用了 2002 年中期至 2006 年年底的 GRACE 数据；EIGEN-5C，360 阶，利用了 GRACE 卫星、LAGEOS 测量数据以及地面重力和测高数据联合解算得到，地面重力数据涵盖了欧洲和澳大利亚最新的重力测量结果，精度较 EIGEN-GL04C 有了较大改进，其与 EIGEN-5S 被 ESA 确定为 GOCE 数据处理过程中的标准参考模型；EGM2008，由美国国家地理空间情报局(NGA)地球重力场研发小组于 2008 年发布的最新超高阶重力场模型，该模型的球谐展开完全阶次达到了 2 160，部分阶次达到了 2 190，经检验，其精度相对于前一版本 EGM96 提高了近一个数量级。

§7.3 地球重力位模型检验方法与技术

地球重力位模型的检验有多种手段，采用的数据不同，对应的检验方法也不同。目前国际上对重力位模型检验主要分为两大类：内符合精度检验和外符合精度检验。

内符合精度检验主要指利用已有的不同重力位模型之间进行比较。如果两个模型之间没有显著差异，则表明模型是稳定的，其稳定性也可以用精度来衡量，这需要通过对多个重力场模型进行相互比较来确定。稳定性精度也是模型的内符合精度的标志。内符合精度仅具有相对意义，模型是否可靠还需要采用外符合检测手段。

常用的内符合精度检验方法主要有以下几种：

(1)与最新的不同重力位模型比较。

(2)分别按 SSG 模式和 SST-hl 模式恢复重力场，比较其重叠带宽内(约 20～40 阶)重力场谱分量的吻合程度(适用于卫星重力位模型)。

(3)利用国外已有的卫星重力测量系统的结果进行比较。

(4)模型轨道自恰检验，即通过卫星轨道观测数据以及加速度计数据确定卫星轨道处的重力值。同时，利用模型也可以计算卫星轨道处的重力值。将模型计算重力值与观测重力值进行比较。

不同的重力位模型之间可以通过计算模型各自的阶方差、误差阶方差及其累积阶方差来比较。

现有的全球模型对地球的长波特征已给出精确的描述，即波长大于数千千米的特征都被很好地表示出来了。对于卫星重力位模型，利用这些模型的对比可以对所恢复重力场的中长波部分进行评估和确认。例如，利用 CHAMP 数据可以评估和确认所恢复重力场的长波分量，GRACE 数据可以评估和确认所恢复重力场的中长波分量，GOCE 数据可以评估和确认所恢复重力场的中短波分量。

虽然 SST-hl 观测对长波重力场十分敏感，SGG 观测对短波重力场敏感，但是长波与短波有一个重叠的中长波部分，即波长 500 千米至数千千米的部分。在此波长范围内，两种观测值对重力场的敏感性是相同的，SST-hl 解和 SGG 解都能各自导出，用于重力场恢复的 GPS 接收机和重力梯度仪可以进行对比和相互认证。

外符合精度检验是重力位模型是否可靠的唯一检测标准。国际上最常用的检测外符合精度的手段是利用 SLR 跟踪卫星轨道、卫星测高结果、地面实测重力数据和 GPS 水准检验。外符合精度检验的最大特点是采用的数据独立于模型的计算，以避免检验结果带有相关性。

将外符合精度检验方法进行分类，主要有以下几种途径：

(1)利用已有的地面重力数据、航空重力数据、海洋重力数据、GPS/水准测量数据进行比较。

(2)与其他测量方式获取的测量数据，例如天文垂线偏差、SRTM 数据、SLR 数据等，进行比较。

(3)地球物理资料检验，通过(时变)重力场信息与地球物理现象的关联模型建立相关关系，并反演出地球物理现象的变化与实测模型进行比较，推断(时变)重力场模型的准确度。

如果模型检验的外符合精度与内符合精度基本一致，则可认为重力位模型的内符合精度就是重力场模型的精度。否则，就必须考虑模型精度的局限性，或者说模型的可靠性程度。如果外符合精度很差，则必须考虑如何修改模型，或者重新建立新的模型。下表给出了主要的重力场模型检验方法的精度和波长等信息。

表 7.2　主要重力场模型检验方法的比较

检验方法	精度	波长	检验量	主要误差源
GPS/水准	0.1～200 cm	1～6 000 km	RMS，mean	数据误差，地壳运动等
点位重力信息	0.01～2 mGal	1～6 000 km	RMS，mean	高程误差，地壳运动等
卫星轨道拟合	3～5 cm	600～40 000 km	残差与交叉点差异	力模型的精度，数据误差等
海面地形模型	10～20 cm	30～40 000 km	RMS，mean	海面地形模型的精度，截断误差等

下面给出重力位模型检验所用到的一些方法及其计算公式与步骤。

7.3.1　重力场功率谱分析

在进行任何独立数据比较之前，地球重力位模型可以通过球谐系数的阶方差进行内符合检验，这个检验结果可以评估所恢复的模型系数的合理性。这种检验方式对于重力位模型的评价是必要的但不是充分的，通常是一项非常有效的内符合精度评价方法。

用 σ_n^2 表示 n 阶系数的阶方差，即 n 阶位场功率谱分量，1966 年考拉给出了此分量的一个理论公式，即著名的考拉规则：

$$\sigma_n^2 \approx \frac{10^{-10}}{n^4} \tag{7.1}$$

后经大量实际解算的经验，功率谱修正为

$$\sigma_n^2 \approx \frac{5\times10^{-11}}{n^4} \tag{7.2}$$

对应的重力异常的阶方差为

$$c_n(\mathrm{mGal}^2) \approx \frac{192}{n+1.5} \tag{7.3}$$

1974 年，Tschering 和 Rapp 给出了重力异常阶方差的另一个解析形式：

$$\left.\begin{aligned} &c_n(\mathrm{mGal}^2) \approx \frac{A(n+2)}{(n+2)(n+B)} s^{n+2}, \quad n>2 \\ &c_n = 7.5\ \mathrm{mGal}^2, \quad n=2 \end{aligned}\right\} \tag{7.4}$$

式中，$s=R_B^2/R^2$，R_B 是嵌入的布耶哈马球半径，$R(=6\ 371\ \mathrm{km})$是平均地球半径。上式有两套不同参数定义(A,B,s)，一套是 Tschering 和 Rapp 给出的：

$$\left.\begin{aligned} &A=425.28\ \mathrm{mGal}^2 \\ &B=24 \\ &s=0.999\ 617 \end{aligned}\right\} \tag{7.5}$$

另一套是 Jekeli 1978 年给出的，其数值大小为

$$\left.\begin{aligned} &A=343.340\ 8\ \mathrm{mGal}^2 \\ &B=24 \\ &s=0.998\ 961 \end{aligned}\right\} \tag{7.6}$$

上面不同模型给出的 c_n 值都是相对于平均地球半径 $R=6\ 371\ \mathrm{km}$。如果给定一个重力位球谐展开，则模型的重力异常阶方差(Pavlis，1991)为

$$c_n(\mathrm{mGal}^2) = \left(\frac{GM}{a^2}\right)^2 (n-1)^2 \left(\frac{a^2}{R^2}\right)^{n+2} \sum_{m=-n}^{n} (\bar{C}_{nm})^2 \tag{7.7}$$

利用上面方程式，可以得到对应于$[n_1, n_2]$阶之间的各个重力场参量的阶方差。

重力异常：

$$\Delta g(n_1, n_2) = \sum_{n=n_1}^{n_2} c_n \tag{7.8}$$

大地水准面：

$$N^2(n_1, n_2) = \frac{R^2}{\gamma^2} \sum_{n=n_1}^{n_2} \frac{1}{(n-1)^2} c_n \tag{7.9}$$

垂线偏差：

$$\theta^2(n_1,n_2)=\frac{1}{\gamma^2}\sum_{n=n_1}^{n_2}\frac{n(n+1)}{(n-1)^2}c_n \tag{7.10}$$

如果已知位系数的标准差 $\varepsilon\bar{C}_{nm}$，则重力异常和大地水准面的误差阶方差可由下面两式得到：

$$\varepsilon c_n=\left(\frac{GM}{a^2}\right)^2(n-1)^2\left(\frac{a^2}{R^2}\right)^{n+2}\sum_{m=-n}^{n}(\varepsilon\,\bar{C}_{nm})^2 \tag{7.11}$$

$$\varepsilon N_n^2=\left(\frac{GM}{a\gamma}\right)^2\left(\frac{a^2}{R^2}\right)^{n+1}\sum_{m=-n}^{n}(\varepsilon\,\bar{C}_{nm})^2 \tag{7.12}$$

如果两个重力位模型系数已知，还可以通过计算一定的阶数对应的位系数差的百分数来表示两种模型的差异。

$$P_n=\left[\frac{\sum_{m=0}^{n}(\Delta C_{nm}^2+\Delta S_{nm}^2)}{\sum_{m=0}^{n}(C_{nm}^2+S_{nm}^2)}\right]^{1/2}\times 100 \tag{7.13}$$

对于阶数在 $[n_1,n_2]$ 之间的平均百分比差值为

$$P_{[n_1,n_2]}=\frac{\sum_{n=n_1}^{n_2}P_n}{(n_2-n_1+1)} \tag{7.14}$$

若平均地球半径取 $R=6\ 378\ 136.3$ m，则各阶大地水准面差距的均方差和对应于 $[n_1,n_2]$ 阶的累积均方差分别为

$$\delta N_n=R\cdot\left[\sum_{m=0}^{n}(\Delta C_{nm}^2+\Delta S_{nm}^2)\right]^{1/2} \tag{7.15}$$

$$\delta N_{[n_1,n_2]}=\left[\sum_{n=n_1}^{n_2}\delta N_n^2\right]^{1/2} \tag{7.16}$$

同样的，各阶重力异常的均方差和对应于 $[n_1,n_2]$ 阶的累积均方差分别为

$$\delta g_n=\gamma(n-1)\cdot\left[\sum_{m=0}^{n}(\Delta C_{nm}^2+\Delta S_{nm}^2)\right]^{1/2} \tag{7.17}$$

$$\delta g_{[n_1,n_2]}=\left[\sum_{n=n_1}^{n_2}\delta g_n^2\right]^{1/2} \tag{7.18}$$

上面各式中 ΔC、ΔS 均表示两种重力位模型完全规格化球谐系数的差值，$\gamma=GM/a^2$。

7.3.2　大地水准面高检验

大地水准面高检验是地球重力位外部检核的最为重要的一种手段。通过利用不同方法确定大地水准面高，与重力位模型计算的结果进行比较，进而得到精度评

定。对于一给定的参考椭球,有几何大地水准面高

$$N_{GE}=H_{\mathrm{GPS}}-h_D \tag{7.19}$$

式中,H_{GPS}是大地高;h_D 是由区域性垂直基准定义的正高。由此高程基准和参考椭球确定的大地水准面相对于理想的平均地球椭球和理想的垂直基准参考表面(统一的全球大地水准面)将产生偏差。利用已有的重力位模型系数计算一个重力大地水准面,用 N_{PC} 表示,其参考椭球等参数采用与几何大地水准面相同的定义,则我们可以直接计算两种大地水准面高的差值。

$$DN=N_{GE}-N_{PC}=H_{\mathrm{GPS}}-h_D-N_{PC} \tag{7.20}$$

通过对一定区域范围内的 DN 做统计分析,可以得到重力位模型在此区域内的实际精度。DN 包含参考基准及其他多种系统性误差。除此以外,另外一种方式是计算不同两点之间的大地水准面差异,这种方法的优点是可以消弱参考基准等各种具有长波特征的系统性偏差,即

$$\Delta N=N_2-N_1 \tag{7.21}$$

上式中 N 是由几何方法确定,因此,

$$\Delta N_{GE}=(H_2-H_1)-(h_2-h_1) \tag{7.22}$$

通过利用不同的重力位模型和不同的测站计算的不同点相互间的大地水准面差值的统计结果,可用来评价模型的绝对精度。相对精度可由不同点之间的距离计算得到。下面给出利用不同方法计算和检验大地水准面高的步骤。

1.由重力位系数计算大地水准面

对于地球表面一点 P,其相对于参考椭球的高度为 H,若设 P 点的正常高为 h_γ,正高为 h,高程异常为 ζ,大地水准面为 N,则它们之间有以下关系:

$$H=h+N=h_\gamma+\zeta \tag{7.23}$$

引入扰动位 $T(r,\theta,\lambda)$,它是地球重力位 W 与正常椭球的正常位 U 之间的差异,有

$$T(r,\theta,\lambda)=W(r,\theta,\lambda)-U(r,\theta) \tag{7.24}$$

如果将 W 和 U 表示为球谐展开,则扰动位 T 可表示为

$$T(r,\theta,\lambda)=\frac{GM}{r}\sum_{n=2}^{\infty}\left(\frac{a}{r}\right)^n\sum_{m=-n}^{n}C_{nm}Y_{nm}(\theta,\lambda) \tag{7.25}$$

利用 Brun's 公式,P 点的高程异常可由下式确定。

$$\zeta_P=\frac{T_P-(W_0-U_0)}{\gamma_P} \tag{7.26}$$

若

$$T_P=T_0+T'_P \tag{7.27}$$

式中,T_0 是扰动位的零阶项;T'_P 是扰动位的其余项,则有

$$T_0=\frac{GM-GM_0}{r} \tag{7.28}$$

式中，GM_0 为参考椭球的地心引力常数；GM 是对应的地球引力常数。式(7.26)可以表示为

$$\zeta_P = \zeta_z + T'_P / \gamma_P \tag{7.29}$$

式中，$\zeta_z = \frac{GM - GM_0}{r_P \gamma_P} - \frac{(W_0 - U_0)}{\gamma_P}$，其值可由已知的 GM 和 W_0 确定。在当前的近似条件下，其精度大约为 10 cm。在一些应用中，ζ_z 取值为零，意味着高程异常的值相对于一特定的参考椭球，其中，$GM_0 = GM$ 和 $W_0 = U_0$。

计算大地水准面起伏 N，有(Heiskanen et al, 1967)

$$N = \zeta + \frac{\bar{g} - \bar{\gamma}}{\bar{\gamma}} h \tag{7.30}$$

式中，$\bar{g}$、$\bar{\gamma}$ 分别表示真实重力与正常重力的平均值，则有

$$\frac{\bar{g} - \bar{\gamma}}{\bar{\gamma}} h \approx \frac{\Delta g_B}{\bar{\gamma}} h \tag{7.31}$$

式中，Δg_B 是布格异常。因此，式(7.30)可写为

$$N = \zeta + \frac{\Delta g_B}{\bar{\gamma}} h \tag{7.32}$$

联合上式和式(7.29)，有

$$N(\theta,\lambda) = \zeta_z + \frac{GM}{r_P \gamma_P} \sum_{n=2}^{N_{\max}} \left(\frac{a}{r_P}\right)^n \sum_{m=-n}^{n} C_{nm} Y_{nm}(\theta,\lambda) + \frac{\Delta g_B(\theta,\lambda)}{\bar{\gamma}_P} h(\theta,\lambda) \tag{7.33}$$

用 ζ^* 表示上式右边第二项，则式(7.32)中的高程异常可表示为

$$\zeta(r,\theta,\lambda) = \zeta_z + \zeta^*(r,\theta,\lambda) \tag{7.34}$$

以椭球面上对应点(r_E,θ,λ)的展开表示 ζ^*，则有

$$\zeta^*(r,\theta,\lambda) = \zeta^*(r_E,\theta,\lambda) + \frac{\partial \zeta^*}{\partial r} H + \frac{\partial \zeta^*}{\partial \gamma}\frac{\partial \gamma}{\partial r} H \tag{7.35}$$

式中，H 为点 P 到椭球面的高度。将上式代入式(7.34)，则

$$\zeta(r,\theta,\lambda) = \zeta_z + \zeta^*(r_E,\theta,\lambda) + C_1(H,\theta,\lambda) + C_2(H,\theta,\lambda) \tag{7.36}$$

上式中的 C_1 项可由式(7.33)右边第二项 ζ^* 的球谐展开对 r 求导数得到。

$$C_1(H,\theta,\lambda) = -H \frac{GM}{r^2 \gamma} \sum_{n=2}^{N_{\max}} (n+1) \left(\frac{a}{r}\right)^n \sum_{m=-n}^{n} C_{nm} Y_{nm}(\theta,\lambda) \tag{7.37}$$

C_2 项的计算可从 ζ^* 对 γ 的微分着手，由$\frac{\partial \zeta^*}{\partial \gamma} = -\frac{H\zeta^*}{\gamma^2}$可得

$$C_2(H,\theta,\lambda) = -\frac{H\zeta^*}{\gamma^2}\frac{\partial \gamma}{\partial r} \tag{7.38}$$

若赤道的正常重力为 γ_{EQ}，则椭球表面大地纬度为 B 的正常重力等于

$$\gamma = \gamma_{EQ} \frac{1 + k\sin^2 B}{\sqrt{1 - e^2 \sin^2 B}} \tag{7.39}$$

式中，$k=\frac{b\gamma_{PO}}{a\gamma_{EQ}}-1$，$a$ 和 b 分别是椭球的长、短半轴，γ_{PO} 是极点的正常重力值。C_2 项的梯度项可由 $\frac{\partial\gamma}{\partial H}$ 出发计算。

$$\frac{\partial\gamma}{\partial H}=-\frac{2\gamma_{EQ}}{a}(1+f+m-2f\sin^2 B) \tag{7.40}$$

式中，$m=\frac{\omega^2 a^2 b}{GM}$。

由以上的推导，我们可以将大地水准面起伏用以下改正项表示为

$$N(\theta,\lambda)=\zeta_z+\zeta^*(r_E,\theta,\lambda)+C_1(H,\theta,\lambda)+C_2(H,\theta,\lambda)+C_3(h,\theta,\lambda) \tag{7.41}$$

C_3 项改正为方程(7.33)右边第三项，有

$$C_3(h,\theta,\lambda)=\frac{\Delta g_B(\theta,\lambda)}{\bar{\gamma}}h(\theta,\lambda) \tag{7.42}$$

式中，$\bar{\gamma}$ 为大地水准面与地面点之间正常重力的平均值，它可由式(7.39)的椭球表面的正常重力值和式(7.40)的梯度项计算得到。

$$\bar{\gamma}=\gamma+\frac{1}{2}\frac{\partial\gamma}{\partial H}H \tag{7.43}$$

对于式中的布格重力异常，可以利用自由空间重力异常和高程数据计算得到，有

$$\Delta g_B(\theta,\lambda)=\Delta g_{FA}(\theta,\lambda)-2\pi\rho G\cdot h(\theta,\lambda) \tag{7.44}$$

式中，G 为引力常数；ρ 是地壳密度。对于给定的重力位系数，自由空间重力异常可由下式计算：

$$\Delta g_{FA}(r,\theta,\lambda)=\frac{GM}{r^2}\sum_{n=2}^{N_{\max}}(n-1)\left(\frac{a}{r}\right)^n\sum_{m=-n}^{n}C_{nm}Y_{nm}(\theta,\lambda) \tag{7.45}$$

对于一给定的重力位模型，由上面给出的各项 C_i 式，可由式(7.41)最终求定大地水准面高。

2. GPS/水准大地水准面

利用 GPS 定位观测和水准测量可以得到 GPS/水准大地水准面，这种大地水准面一般也称为几何大地水准面。为了检验重力位模型计算的重力大地水准面的精度，我们需要绝对意义上的比较，式(7.20)中的 DN 值给出了实现这一目的一种途径。通过每条水准导线或一个水准网点上的 GPS/水准大地水准面高，由式(7.20)可以计算得到 DN 值，其统计结果，包括平均值和标准差等参数，用来评价模型的精度。如果重力位模型得到不断的改进，则 DN 的平均值应当在一个常数左右波动，这个常数反映了几何大地水准面与重力大地水准面之间的系统性基准偏差，而 DN 的标准差则应当随着模型精度的增加不断减小，最终接近达到 GPS/水准测量的噪声水平，这个通常情况下是未知的。

除此以外，还可以利用式(7.22)定义的 ΔN_{GE} 和对应的由重力位模型确定的

ΔN_{PC}进行相对精度比较研究。关键的两个统计结果是 ΔN_{GE} 和 ΔN_{PC} 之差的标准差和平均值，相对误差（10^{-6}）的均值由全部可利用的基线计算平均值得到，计算如下：

$$\frac{\left|(\Delta N_{GE})_{ij}-(\Delta N_{PC})_{ij}\right|}{L_{ij}}\times 10^{6}$$

其中，L_{ij} 是 i、j 两点之间基线的长度或者是分段的导线长度。由于在差分模式下重力位模型的长波分量误差和几何定义大地水准面的长波误差将会被消弱，因此模型检验的相对比较结果对于重力位模型高阶部分的精度更为敏感。

如果基于式(7.20)中的 DN 值拟合一个平面，通过检核这个拟合平面基本轴的倾斜度和方向也是一种有效的评价方法。考虑到所采用的一定数目测站，在点 $P(\varphi,\lambda)$ 上两种大地水准面差别为 $DN(\varphi,\lambda)$，利用多点的残差可以拟合平面：

$$DN(\varphi,\lambda)=\Delta\varphi a+\cos\varphi\Delta\lambda b+c \tag{7.46}$$

式中，$\Delta\varphi=\varphi-\varphi_0$；$\Delta\lambda=\lambda-\lambda_0$；$(\varphi_0,\lambda_0)$为测区的原点。利用最小二乘方法即可确定 3 个未知参数 a、b、c，其中平面的倾斜度在南北方向为 a，在东西方向为 b，它们的单位是距离与度数（弧度）之比。在这里，我们感兴趣的是这个平面相对于水平面的倾斜程度，以及最大倾度和最小倾度的方向，更为方便的表示是采用到原点距离的 10^{-6}的倾斜度。如果 $\Delta\varphi$ 和 $\Delta\lambda$ 以度表示，DN 以米为单位，则残差拟合平面最大的倾斜度 T(F. G. Lemoine et al, 1998)为

$$T=\sqrt{(a^2+b^2)}/0.111 \tag{7.47}$$

其相对于平面原点指北的方位角 A 为

$$A=\tan^{-1}(b/a) \tag{7.48}$$

理想的结果是 T 值小到可以忽略，但事实是一系列误差将导致大的 T 值。这些误差包括：

(1)水准网存在的误差对正高的影响；

(2)GPS 定位的误差；

(3)重力位模型的长波误差对利用位系数计算大地水准面的影响。

虽然分辨这些误差分量的各自贡献是困难的，但对于不同的重力位模型，前面两者的影响是没有变化的。

特别地，对于地球表面点 P，利用 GPS 定位获取的大地经纬度和大地高，可以计算它的余纬 θ_P、经度 λ_P 和地心距 r_P。对于一个理想的平均地球椭球（$\zeta_Z=0$），则 P 点的高程异常为

$$\zeta_P=\frac{GM}{r_P\gamma_P}\sum_{n=2}^{N_{\max}}\left(\frac{a}{r_P}\right)^n\sum_{m=-n}^{n}C_{nm}Y_{nm}(\theta_P,\lambda_P) \tag{7.49}$$

由上式计算得到的 ζ_P 可用来直接与 GPS/水准得到的大地水准面或高程异常比较。如果 GPS/水准数据提供了高程异常值，这种方法则是严格有效的；如果 GPS/水准提供了大地水准面数据，则对于高精度的模型检验是不适用的，但对于

评价不同模型的相对精度，利用上式的近似公式仍有能力识别模型精度的高低。

3.海洋大地水准面

重力位模型的检验，在陆地地区可以通过 GPS/水准实现，在广大的海洋区域，利用重力位模型可以计算海洋地区大地水准面，借助于海洋学观测和卫星测高的结果，有多种途径实现对其的比较和检验。动力海面地形分离了海洋表面和海洋大地水准面，其数值范围为－200～70 cm，标准差近似±62 cm。海面地形的确定可以利用基于物理海洋观测数据建立的全球的洋流模型或者由卫星测高得到的海面高与已知的重力位模型计算的海洋大地水准面之差得到。与此同时，海面地形还可用于计算海洋表面地转流大小和方向，这些不同来源、彼此独立的数据可实现在海洋地区对重力位模型的检验。概括起来，一般常用的方法有 3 种：

(1)基于正交规格化函数的动力海面地形比较；

(2)海洋上表面地转流比较；

(3)基于卫星测高和海洋环流模型确定的大地水准面比较。

下面分别给出以上方法的基本方程和计算步骤。

1)基于正交函数的动力海面地形比较

利用已知的重力位模型，在一定的长波范围内，可以准确地计算海洋大地水准面。如果对应尺度的海面高已知，基于海面高/大地水准面确定的海面地形(以下简称测高海面地形)可以与由全球洋流模型导出的海面地形(以下简称洋流海面地形)比较。这里需要引入规格化正交函数，利用具有给定先验特性的最小二乘估计将海面地形展开成一定阶数的球谐系数表示，采用球谐系数的先验信息用以避免陆地地区没有海面地形带来的偏差。为了评价海洋特定区域的精度，全球尺度球谐系数展开将转换成海盆域的规格化正交基函数展开。分别来自于全球洋流模型和海面地形的规格化正交函数展开可实现对某一阶或累加到某一阶的谱分量的比较和检验，这是一个通过海洋大地水准面独立检验重力位模型的方法。

用 ζ_{SST} 表示海面地形，球谐展开表示为(Rapp et al, 1991)：

$$\zeta_{SST}(\theta,\lambda)=\sum_{n=0}^{k}\sum_{m=0}^{n}c_{nm}R_{nm}(\theta,\lambda)+s_{nm}S_{nm}(\theta,\lambda) \tag{7.50}$$

式中，θ 是地心余纬；λ 是经度；R_{nm} 和 S_{nm} 是完全规格化的球谐函数；c_{nm} 和 s_{nm} 是动力海面地形的完全规格化球谐系数。球谐展开最高阶为 k。R_{nm} 和 S_{nm} 通常是全球正交基函数系，是定义在($0\leqslant\theta\leqslant\pi$)和($0\leqslant\lambda\leqslant 2\pi$)的周期函数，在局域不满足正交条件。当要求将 ζ_{SST} 展开为限于全球海域的正交基函数系，必须构建特殊的局域正交基函数系，分别用规格化函数 $O_{nm}(\theta,\lambda)$ 和 $Q_{nm}(\theta,\lambda)$ 表示，其对应规格化系数为 a_{nm} 和 b_{nm}，则有

$$\zeta_{SST}(\theta,\lambda)=\sum_{n=0}^{k}\sum_{m=0}^{n}a_{nm}O_{nm}(\theta,\lambda)+b_{nm}Q_{nm}(\theta,\lambda) \tag{7.51}$$

局域正交规格化函数系定义于特定的海洋域，除了南北极各25°以外，所有的陆地地区，以及包括黑海、里海、地中海地区、红海、哈德逊湾和浅水沿岸地区都被排除在外。此外，百慕大群岛和克格伦群岛也未被考虑。对于给定的动力海面地形数据作为观测值，利用式(7.51)按最小二乘法估计正交规格化系数 a_{nm} 和 b_{nm}。

当卫星测高数据经过基准统一和包括潮汐改正、地球物理环境改正、逆气压改正等各项改正后，再采用交叉点和共线平差方法及格网化处理，可建立全球海洋平均海面高模型，由待检评的地球重力位模型计算对应格网点的海洋大地水准面，则动力海面地形可由下式确定：

$$\zeta_{SST}(\theta,\lambda)=h_{MSS}(\theta,\lambda)-N_M(\theta,\lambda) \tag{7.52}$$

式中，h_{MSS} 为平均海面高；N_M 为重力模型大地水准面。利用上式计算的海面地形，基于最小二乘平差可解算球谐系数。在此步计算过程中，当采用通常球谐展开，采用 R_{nm} 和 S_{nm} 作为全球域正交基函数系，则应对陆地区域的海面地形值取零（利用先验的阶方差信息实现），用作约束陆地区域球谐系数的条件，可采用带约束条件的间接平差求解展开系数 c_{nm} 和 s_{nm}。

同样可以利用洋流海面地形，例如POCM-4B，采用同样的方法解得相应的正交规格化系数，用 $a_{nm(1)}$ 和 $b_{nm(1)}$、$a_{nm(2)}$ 和 $b_{nm(2)}$ 分别表示测高海面地形和洋流海面地形的展开系数，则对应于最高阶数 n 的海面地形的差异为

$$\Delta\zeta_n=\left[\sum_{m=0}^{n}(a_{nm(2)}-a_{nm(1)})^2+(b_{nm(2)}-b_{nm(1)})^2\right]^{1/2} \tag{7.53}$$

海面地形按阶的累计误差为

$$\Delta\zeta_k=\left[\sum_{m=0}^{k}(\Delta\zeta_k)^2\right]^{1/2} \tag{7.54}$$

其单位为cm或m。对应于不同的 k 值，$\Delta\zeta_k$ 和 $\Delta\zeta_n$ 给出不同的连续分布。

在此方法中，若重力位模型对应的 $\Delta\zeta_k$ 和 $\Delta\zeta_n$ 越小，则说明此模型的精度越高。需要注意的是，由于 $\Delta\zeta$ 代表的仅是待检评模型在海洋区域的精度水平，因此利用两种海面地形的差值绘制全球海洋分布图，其展示的分布结构可有助于了解模型改进的主要和次要部分。

2）海洋上表面地转流比较

动力海面地形可以直接用于计算海洋上表面地转流速度的大小和方向，有标准方程(Tsaoussi et al, 1994)：

$$u(\varphi,\lambda)=\frac{-g}{2R\omega\sin\varphi}\frac{\partial\zeta(\varphi,\lambda)}{\partial\varphi} \tag{7.55}$$

$$v(\varphi,\lambda)=\frac{g}{2R\omega\sin\varphi\cos\varphi}\frac{\partial\zeta(\varphi,\lambda)}{\partial\lambda} \tag{7.56}$$

式中，u 是速度的东西分量；v 是速度的南北分量；R 是地球平均半径；g 是平均重力；ω 是地球自转角速度。则地转流速度的大小 V 和方向 A 可由下式计算。

$$V(\varphi,\lambda)=(u^2+v^2)^{1/2} \tag{7.57}$$

$$A(\varphi,\lambda)=\tan^{-1}(u/v) \tag{7.58}$$

这些量既可以利用卫星测高与模型大地水准面得到的海面地形球谐系数计算，也可以用全球洋流模型计算，两者之差可用来评价不同模型的精度，差值越小，模型的精度越高。

3)基于卫星测高和海洋环流模型确定的大地水准面比较

利用测高卫星精密定轨确定的卫星质心的椭球高 H_S（大地高），减去卫星雷达测定的卫星至其海面星下点的垂向距离 h_a（假定已做了各种改正），相应点海面高 $H_{SSH}=H_S-h_a$，同时利用海洋学方法确定动力海面地形 ζ_{dy}，则海面对应星下点的大地水准面高为

$$N_{alt}=H_{SSH}-\zeta_{dy} \tag{7.59}$$

利用这种独立方式确定的大地水准面 N_{alt} 可用来评价由待检评重力位模型系数计算的大地水准面 N_{mod}。

N_{alt} 中所包含的误差来源于测高的距离观测以及各种改正项的误差、卫星径向轨道误差和海洋学动力海面地形的误差。由于当前卫星精密定轨技术的发展，目前最新测高卫星的轨道精度优于 2～3 cm，通过基准统一、交叉点平差等数据精化技术，确定全球海面高的精度可达到 5 cm 以内。由于由纯海洋学方法确定的动力海面地形，不论是洋流海面地形，还是由海洋水准确定的海面地形，都独立于测高数据，并且不含有任何先验的大地水准面信息，因此它是检评 N_{mod} 较理想的方法。此种检验有两种指标：第一种是直接统计两种大地水准面的差值，即

$$\Delta_i=(N_{alt})_i-(N_{\text{mod}})_i=H_{SSH}-\zeta_{\text{dy}}-(N_{\text{mod}})_i \tag{7.60}$$

第二种是比较残差大地水准面的斜率，定义为

$$s_{ij}=\frac{[(N_{alt})_j-(N_{\text{mod}})_j]-[(N_{alt})_i-(N_{\text{mod}})_i]}{d_{ij}} \tag{7.61}$$

式中，d_{ij} 是两个星下点 i、j 之间的距离。在一些特殊的情况下，动力海面地形的斜率可以忽略，则有(Lemoine et al, 1998)：

$$s_{ij}=\frac{[(H_{SSH})_j-(N_{\text{mod}})_j]-[(H_{SSH})_i-(N_{\text{mod}})_i]}{d_{ij}} \tag{7.62}$$

需要注意的是，在比较 N_{mod} 和 N_{alt} 时，要仔细顾及不同的永久潮汐系统，包括无潮汐系统、平均潮汐系统和零潮汐系统。由于卫星测高得到的大地水准面是相对于平均潮汐系统，对于一些二阶带谐项中采用无潮汐系统的重力位模型，在检核之前，必须将模型大地水准面转换到平均潮汐系统(Rapp et al, 1990)：

$$(N_{\text{mod}})_{mean}=(N_{\text{mod}})_{non-tidal}-0.257\cdot\left(\frac{3}{2}\cdot\sin^2\varphi-\frac{1}{2}\right) \tag{7.63}$$

对于无潮汐系统的模型大地水准面，可直接由下式计算。

$$(N_{\text{mod}})_{non-tidal}=\frac{GM}{r_e\gamma_e}\sum_{n=2}^{N_{\max}}\left(\frac{a}{r_e}\right)^n\sum_{m=-n}^{n}\overline{C}_{nm}\overline{Y}_{nm}(\theta,\lambda) \tag{7.64}$$

计算的大地水准面是相对于一个理想的平均地球椭球，其赤道半径仍不确定，零阶大地水准面高等于零，两种大地水准面差值 Δ 的平均值则表示了卫星测高海面高定义的赤道半径与理想的赤道半径差和卫星测高测距偏差的聚集效应。

由于卫星测高得到的 N_{alt} 是卫星高度计观测的采样，因此它具有丰富的高频信号。Δ，尤其是 s，共同提供了一种敏感的指示器，以检测重力位模型更高阶次的海洋大地水准面精度，其中 Δ 可以对模型的全波段（$N=2, N_{\max}$）进行检核。

4. 多普勒定位大地水准面

利用卫星多普勒定位得到 x、y 和 z 坐标可以计算大地水准面，用以检核重力位模型计算的大地水准面高，这是一项外部独立检核手段。如果令 H_R 表示测站多普勒参考框架（NWL9D，1977 年 6 月 15 日之前；NSWC9Z-2，1977 年 6 月 15 日之后）的椭球高，H_G 表示相对于理想椭球参数描述的地心参考系统的高度，忽略小的旋转项影响，则（Rapp et al, 1990）：

$$\begin{aligned}H_G=H_R&+\cos\varphi\cos\lambda\Delta x+\cos\varphi\sin\lambda\Delta y+\sin\varphi\Delta z-\\&W\Delta a+\frac{a(1-f)}{W}\sin^2\varphi\Delta f+(aW+H_R)\Delta L\end{aligned} \tag{7.65}$$

式中，Δx、Δy、Δz 是地心原点的位移；Δa 和 Δf 是椭球参数的变化；ΔL 是新旧系统的比例系数差值；$W=(1-e^2\sin^2\varphi)^{1/2}$。对于初始卫星定位参考框架，假定采用椭球参数 $a=6\ 378\ 145$ m 和 $1/f=1/298.25$，IERS 地球参考框架若采用 $a=6\ 378\ 136.2$ m和 $1/f=1/298.257$ 定义，则两个框架的转换参数为

$$\left.\begin{aligned}\Delta x&=-0.071\text{ m}\\\Delta y&=-0.509\text{ m}\\\Delta z&=4.66\text{ m}\\\Delta L&=-0.583\times10^{-6}\end{aligned}\right\} \tag{7.66}$$

若已知多普勒站水准正高 h，则利用计算得到的 H_G 可以获得多普勒大地水准面起伏，有

$$N_D=H_G-h \tag{7.67}$$

利用这个结果可以计算相对于待检评重力位模型大地水准面差值的统计信息，作为外部检核的一种独立指标。

目前全球同时存在两个卫星多普勒永久网：一个是美国国防制图局负责的 DMA 网，另一个是法国大地测量研究所负责的 MEDOC 网。其分布示意图见图 7.1。在使用这些多普勒测站之前，为了得到更高质量的测站坐标、正高和正常高，约 1 800 个测站需要在一定的编辑准则下使用，这些准则包括：

（1）大地水准面绝对差值小于 4 m；

(2)测站必须在地方基准中测量；

(3)测站必须有卫星(NAVSTAR 或者 GPS)计算的位置和椭球高；

(4)测站的高程必须是相对于地方水准基准(大多数情况是平均海水面)；

(5)用于计算测站位置的弧段不少于 30 条；

(6)卫星计算的测站 X、Y 和 Z 坐标分量不确定性必须小于 3 m。

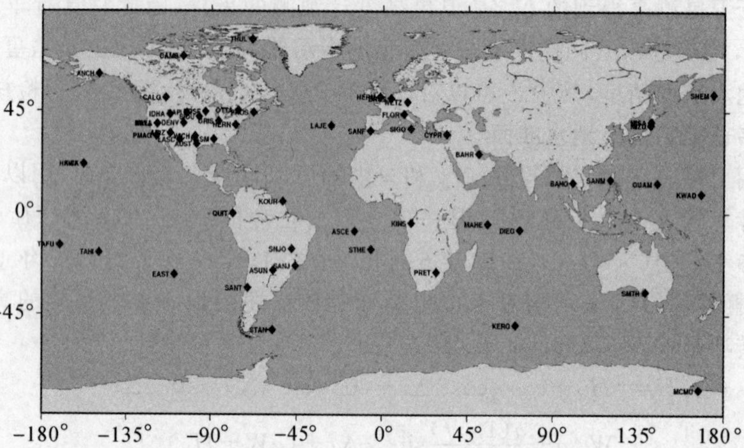

图 7.1　全球部分多普勒测站分布示意图

对于编辑准则的第一条，不同的重力位模型导致计算的大地水准面差值不同，因此在进行结果统计分析时，由于删除测站数目不同而使得标准差的计算存在偏差。为此，需要对同一次检核选择固定数目的测站进行，这是一个需要注意的问题。对于由地球重力位模型系数计算大地水准面同样采用式(7.33)，这里 ζ_z 和布格异常项都取零值。忽略从高程异常到大地水准面的改正项，主要是考虑到对于给定的高程并没有指定其明确定义。如果是正高，则要求计算改正项；如果是正常高，则没有改正项需要计算。由于存在多项误差，包括多普勒测量 H、参考框架转换、正高和正常高、水平与垂直基准等问题，多普勒几何大地水准面的精度在 1 m 左右，因此忽略改正项也是合理的。利用 850 个测站进行实际检验，改正项考虑与否对于大地水准面差值 DN 的标准差影响是 4 mm。DN 的标准差是重力位模型质量检验的基本准则。

7.3.3　卫星轨道检核

地球重力位模型的最为重要的应用是卫星的精密定轨。因此，独立于重力位模型的多种观测手段确定的卫星轨道成为重力场模型检验的常用方法。利用全球 SLR 激光跟踪、高轨数据中继卫星系统(TDRSS)跟踪和低轨卫星星载 GPS 跟踪等技术手段，可以选取不同卫星不同时段的飞行弧段，这些轨道数据可用来评价模型的中长波分量的精度。

地球对外部空间点的引力位可以由完全规格化重力位函数表示。

$$V(r,\varphi,\lambda)=\frac{GM}{r}\left[1+\sum_{l=2}^{\infty}\sum_{m=0}^{l}\left(\frac{a}{r}\right)^{l}\bar{P}_{lm}(\sin\varphi)\cdot(\bar{C}_{lm}\cos m\lambda+\bar{S}_{lm}\sin m\lambda)\right] \quad (7.68)$$

式中，GM 是地球引力常数；r 是卫星至地心的距离；φ、λ 分别是地心纬度和地心经度；a 是地球平均赤道半径；$\bar{P}_{lm}(\sin\varphi)$ 为 l 阶 m 次的规格化勒让德函数；$\bar{C}_{lm}$ 和 $\bar{S}_{lm}$ 为规格化球谐系数。方程右边第一项即为地球的中心引力 $\frac{GM}{r}$，于是地球的摄动位可表示为

$$R(r,\varphi,\lambda)=\frac{GM}{r}\left[\sum_{l=2}^{\infty}\sum_{m=0}^{l}\left(\frac{a}{r}\right)^{l}\bar{P}_{lm}(\sin\varphi)\cdot(\bar{C}_{lm}\cos m\lambda+\bar{S}_{lm}\sin m\lambda)\right] \quad (7.69)$$

上式表示的地球摄动位是在地固系 CTS 中建立的，一般地球摄动位是在空固系 CIS 中计算，为得到地球摄动力在空固系中的表示，假设卫星在地固系中的笛卡尔坐标为 (x,y,z)，则卫星受到的地球摄动(扰动)引力为

$$\vec{f}_{\mathrm{CTS}}=\begin{pmatrix}\frac{\partial R}{\partial x}\\ \frac{\partial R}{\partial y}\\ \frac{\partial R}{\partial z}\end{pmatrix}=\begin{pmatrix}\frac{\partial R}{\partial(r,\varphi,\lambda)}\cdot\frac{\partial(r,\varphi,\lambda)}{\partial x}\\ \frac{\partial R}{\partial(r,\varphi,\lambda)}\cdot\frac{\partial(r,\varphi,\lambda)}{\partial y}\\ \frac{\partial R}{\partial(r,\varphi,\lambda)}\cdot\frac{\partial(r,\varphi,\lambda)}{\partial z}\end{pmatrix}=\frac{\partial R}{\partial(r,\varphi,\lambda)}\cdot\frac{\partial(r,\varphi,\lambda)}{\partial(x,y,z)} \quad (7.70)$$

利用球坐标与笛卡儿坐标的转换关系

$$\begin{pmatrix}x\\ y\\ z\end{pmatrix}=\begin{pmatrix}r\cos\varphi\cos\lambda\\ r\cos\varphi\sin\lambda\\ r\sin\varphi\end{pmatrix} \quad (7.71)$$

$$\begin{pmatrix}r\\ \varphi\\ \lambda\end{pmatrix}=\begin{pmatrix}\sqrt{x^2+y^2+z^2}\\ \tan^{-1}(z/\sqrt{x^2+y^2})\\ \tan^{-1}(y/x)\end{pmatrix} \quad (7.72)$$

可以得到

$$\frac{\partial(r,\varphi,\lambda)}{\partial(x,y,z)}=\begin{bmatrix}\cos\varphi\cos\lambda & \cos\varphi\sin\lambda & \sin\varphi\\ -\frac{1}{r}\sin\varphi\cos\lambda & -\frac{1}{r}\sin\varphi\sin\lambda & \frac{1}{r}\cos\varphi\\ -\frac{1}{r}\frac{\sin\lambda}{\cos\varphi} & \frac{1}{r}\frac{\cos\lambda}{\cos\varphi} & 0\end{bmatrix} \quad (7.73)$$

对于勒让德函数，因为只与 φ 有关，所以

$$\frac{\mathrm{d}\bar{P}_{lm}(\sin\varphi)}{\mathrm{d}\varphi}=\vartheta\cdot\bar{P}_{l(m+1)}(\sin\varphi)-m\cdot\tan\varphi\cdot\bar{P}_{lm}(\sin\varphi) \quad (7.74)$$

式中，$\vartheta=\begin{cases}\left[\dfrac{(l-m)(l+m+1)}{2}\right]^{1/2}, & m=0\\ \left[(l-m)(l+m+1)\right]^{1/2}, & m\neq 0\end{cases}$。则有：

$$\left.\begin{aligned}
\frac{\partial R}{\partial r}&=-\frac{GM}{r^2}\left[\sum_{l=2}^{\infty}\sum_{m=0}^{l}(l+1)\left(\frac{a}{r}\right)^{l}\overline{P}_{lm}(\sin\varphi)\cdot(\overline{C}_{lm}\cos m\lambda+\overline{S}_{lm}\sin m\lambda)\right]\\
\frac{\partial R}{\partial \varphi}&=\frac{GM}{r}\left[\sum_{l=2}^{\infty}\sum_{m=0}^{l}\left(\frac{a}{r}\right)^{l}(\vartheta\cdot\overline{P}_{l(m+1)}(\sin\varphi)-m\cdot\tan\varphi\cdot\overline{P}_{lm}(\sin\varphi))\cdot\right.\\
&\qquad\left.(\overline{C}_{lm}\cos m\lambda+\overline{S}_{lm}\sin m\lambda)\right]\\
\frac{\partial R}{\partial \lambda}&=\frac{GM}{r}\left[\sum_{l=2}^{\infty}\sum_{m=0}^{l}m\cdot\left(\frac{a}{r}\right)^{l}\overline{P}_{lm}(\sin\varphi)\cdot(-\overline{C}_{lm}\sin m\lambda+\overline{S}_{lm}\cos m\lambda)\right]
\end{aligned}\right\}\tag{7.75}$$

至此可以计算得到 $\vec{f}_{\mathrm{CTS}}$，再由坐标系转换关系式得到空固系下地球引力位的摄动力 $\vec{f}_R$

$$\vec{f}_R=R_P^{-1}R_N^{-1}R_S^{-1}R_M^{-1}\cdot\vec{f}_{\mathrm{CTS}}\tag{7.76}$$

上式中 4 个转换矩阵详见文献(王正涛，2005)。

在惯性坐标系 CIS 下，方程 $m\ddot{\vec{r}}=\vec{f}$ 描述卫星的摄动运动，式中 $\vec{f}$ 即为卫星所受摄动力向量，包括保守力和非保守力，$\ddot{\vec{r}}$为摄动加速度向量。该方程为二阶常微分方程，可以等价降阶表示成两个一阶常微分方程(黄谟涛 等，2001)：

$$\left.\begin{aligned}
\frac{\mathrm{d}\vec{r}}{\mathrm{d}t}&=\dot{\vec{r}}\\
\frac{\mathrm{d}\dot{\vec{r}}}{\mathrm{d}t}&=\frac{\vec{f}}{m}
\end{aligned}\right\}\tag{7.77}$$

如果由卫星各种摄动力模型确定了任意时刻对应的摄动加速度 $\vec{f}/m$，则由数值积分方法，以 t_0 时刻的初始状态矢量 $\vec{X}_{t_0}$ 为初值积分，得到任意 t 时刻的状态矢量 $\vec{X}_t=(\vec{r}_t,\dot{\vec{r}}_t)^{\mathrm{T}}$。由于卫星所受摄动包括保守力摄动和非保守力摄动，还存在一些不能模型化的摄动力，通过选取比较精确的力模型和引入一定的经验参数或经验模型。若认为除地球引力位外，其余各种摄动模型都能满足精度要求(事实上，对于短弧段积分，这些模型可以保证足够的精度)，则对于不同的重力位模型积分得到的轨道与已知的精密轨道的残差可用来评价对应重力位模型的精度。

鉴于卫星轨道高度与重力场模型分辨率的对应关系，对于不同高度的卫星需要确定检验模型对应的最大展开阶数。卫星轨道越低，地球引力场的摄动加速度越大，从 2 万千米高空的 GPS 卫星到 400 km 高的 CHAMP 卫星，摄动加速度量级由 10^{-4} 增大到 10^{-1}。对于 GPS 卫星，地球重力场球谐展开 10 阶以上将不会对摄动力有大的影响，而对于 CHAMP 卫星，则要求引力场摄动球谐展开最小到 60 阶次(王正涛，2005)。卫星轨道检核主要用来检验模型的中长波性能。为避免模型评价的相关性，更多的需要采用与重力位模型独立的观测量，例如，GPS 跟踪轨道最好采用纯几何法确定的运动学轨道。

7.3.4　重力异常检验

重力异常提供了一种独立的、精确的重力位模型的检验数据源。为保证外部检核的独立性，所选用的重力异常数据与重力位模型不能相关，因此重力异常的检验多用于纯卫星重力位模型。例如早期的由卫星轨道确定的重力场和最近的重力卫星 CHAMP、GRACE 的重力场模型，它们的共同特点在于没有使用任何的地面重力异常数据，仅依靠卫星观测的结果反演重力位模型系数。

对于陆地、海洋或航空重力测量，它们测得的结果是重力异常直接观测量，利用本书 § 2.4 节给出的模型重力异常计算公式，可以直接得到两种重力异常的差值统计结果，用来评价重力位模型的精度。对于由卫星测高数据反演的重力异常，如果得到的是高分辨率的平均重力异常，则需要考虑利用高阶重力位模型消除重力异常的高频部分。例如，计算了 5°分辨率的测高平均重力异常，用 $\Delta\bar{g}_{alt}$ 表示，则对应的测高重力位模型展开到最高 70 阶，为了比较同样阶次波段重力场能量，则重力位模型高于 70 阶的影响必须滤除，高频分量用 $\Delta\bar{g}_{hf}$ 表示，则在椭球表面有

$$(\Delta\bar{g}_{hf})_{ij}=\frac{1}{\Delta\sigma_i}\frac{GM}{(r_i^e)^2}\sum_{n=71}^{N_{\max}}(n-1)\left(\frac{a}{r_i^e}\right)^n\sum_{m=-n}^{n}\bar{C}_{nm}\bar{Y}_{nm}^{ij}\tag{7.78}$$

因此，可用于检验的测高重力异常为

$$\Delta\bar{g}_{eva}=\Delta\bar{g}_{alt}-\Delta\bar{g}_{hf}\tag{7.79}$$

重力位模型重力异常可由下式计算：

$$(\Delta\bar{g}_{\mathrm{mod}})_{ij}=\frac{1}{\Delta\sigma_i}\frac{GM}{(r_i^e)^2}\sum_{n=2}^{M}(n-1)\left(\frac{a}{r_i^e}\right)^n\sum_{m=-n}^{n}\bar{C}_{nm}\bar{Y}_{nm}^{ij}\tag{7.80}$$

通过改变展开的最高阶数 M，可得到一定阶数对应的重力异常 $\Delta\bar{g}_{\mathrm{mod}}^{M}$，则对于每一阶 $M=2$、…、70，两种重力异常的差值为

$$(d^M)_{ij}=(\Delta\bar{g}_{eva})_{ij}-(\Delta\bar{g}_{\mathrm{mod}}^{M})\tag{7.81}$$

d^M 的统计结果表示卫星重力位模型随阶数 M 变化的精度。当 M 接近等于 70 时，d^M 的非零平均值则表示在卫星测高重力异常中存在的长波信号误差，这些误差源于卫星轨道误差的残差（与地球物理改正相关）和应用到测高距离观测改正的长波信号误差。对于不同重力位模型检验得到变化的 d^M 平均值，则反映了对应模型的长波部分的差异，这种差异不仅提供了卫星重力位模型精度的评定指标，也表明了卫星测高重力异常 $\Delta\bar{g}_{alt}$ 对高频 $\Delta\bar{g}_{hf}$ 的捕获能力。

对于重力场模型联合解，重力异常的检验方法不能够给出严格的精度估计，因为联合模型包含了大量的直接重力异常观测（地面、海洋、航空）或间接推导的重力异常观测（卫星测高等）。虽然此种形式的检验仍可用于联合模型，但检验结果仅

仅表明联合解与所采用的重力异常数据的匹配适应能力，当然，对于模型的解算方法是一种严格的检验，因为两者是互逆的。

§7.4 UGM08 可靠性检验与精度分析

基于本书提出的扩程算法，将其成功应用于超高阶重力位系数解算，解决了超高阶重力位模型计算中缔合勒让德函数递推算法的溢出与稳定性问题，分别基于WDM94 推算的中国区域重力数据、EGM08 和 EIGEN-5S 对空白区域的重力填充以及其他多源重力数据，计算了(超)高阶重力位 UGM08 系列，包括：

UGM08A，展开到 719 阶；

UGM08B1，UGM08B2，展开到 1439 阶；

UGM08C1，UGM08C2，展开到 2159 阶。

其中，UGM08A、UGM08B2 和 UGM08C2 考虑了 EIGEN-5S 对 150 阶以内重力位模型的中长波分量的贡献(后文无特别注明，UGM08B 表示 UGM08B2，UGM08C 表示 UGM08C2)，书中正文后的彩色插页分别给出了 UGM08C2 模型描述的大地水准面、重力异常和垂线偏差。UGM08 系列模型精度的检验主要采用以下几种方式的比较：一是与现有国际最新重力位模型之间的比较；二是与GPS/水准数据的比较；三是与地面实测重力数据(包括航空重力和海洋船测重力数据)的比较；四是与卫星测高海洋大地水准面和重力异常的比较。

1.与现有重力场模型之间的比较

所选比较模型包括：

(1)EGM96-360 阶。它联合了卫星和地面数据，是 EGM2008 发布前国际上公认的精度最高的地球重力场模型，且被广泛采用。

(2)WDM94-360 阶。是原武汉测绘科技大学研制的地球重力场模型，包含了OSU91 模型(EGM96 之前的最好模型)所用全球数据(其中 TDM 数据有改进)以及我国地面数据，其精度与 OSU91 相近，用于我国区域较优，精度低于 EGM96 模型。

(3)GGM03S-180 阶。由 UTCSR 与 JPL 研制的最新 GRACE 重力场模型，其采用了 2003 年 1 月至 2006 年 12 月间的 GRACE 测量数据，其在重力场模型解算方法、参考重力场模型的选择方面均进行了一定的优化，精度较之 GGM02 系列提高了两个数量级。

(4)GGM03C-360 阶。是 UTCSR 和 JPL 利用 GRACE 数据联合地面、海洋重力测量信息解算得到的新一代重力场模型，采用了最新的算法，更好地实现了不同重力测量源的有效融合，带来了精度的进一步提高。

(5)EIGEN-5S-150 阶。由 GFZ 与 CNES/GRGS 联合发布的 GRACE 重力场模型，采用了 2002 年中期至 2006 年年底的 GRACE 数据解算得到。

(6)EIGEN-5C-360 阶。采用了 GRACE 卫星、LAGEOS 测量数据以及地面重力和测高数据联合解算得到，涵盖了欧洲和澳大利亚最新重力测量数据，精度较之 EIGEN-GL04C 有了较大改进，与 EIGEN-5S 一同被 ESA 确定为 GOCE 数据处理过程中的标准模型。

(7)EGM2008-2190 阶。由美国国家地理空间情报局(NGA)地球重力场研发小组于 2008 年发布的超高阶重力场模型，该模型的完全球谐展开阶数达到了 2 159，部分阶次达到了 2 190。

本书所选用重力场模型的具体信息参见表 7.1。比较项目包括：①模型位系数精度谱分析的比较；②模型阶方差曲线以及阶方差之差的比较；③模型大地水准面与重力异常的全球比较。

图 7.2 绘制了不同重力场模型的系数误差精度谱图。就内符合精度而言，GGM03S 与 EGM96 模型的精度较差，EGM2008 和 EIGEN 系列的精度较高；其中 GGM03S 模型的高阶部分精度比低阶精度差，但精度分布比较均匀；GGM03C 与 EIGEN-5C 模型精度分布相近，在 120～200 阶之间精度较差；EIGEN-5S 模型精度呈阶梯状分布，EGM2008 模型的整体精度最高，精度与阶数成阶梯对应分布，在 360 阶附近和 1 440 阶以上模型精度相对较差。

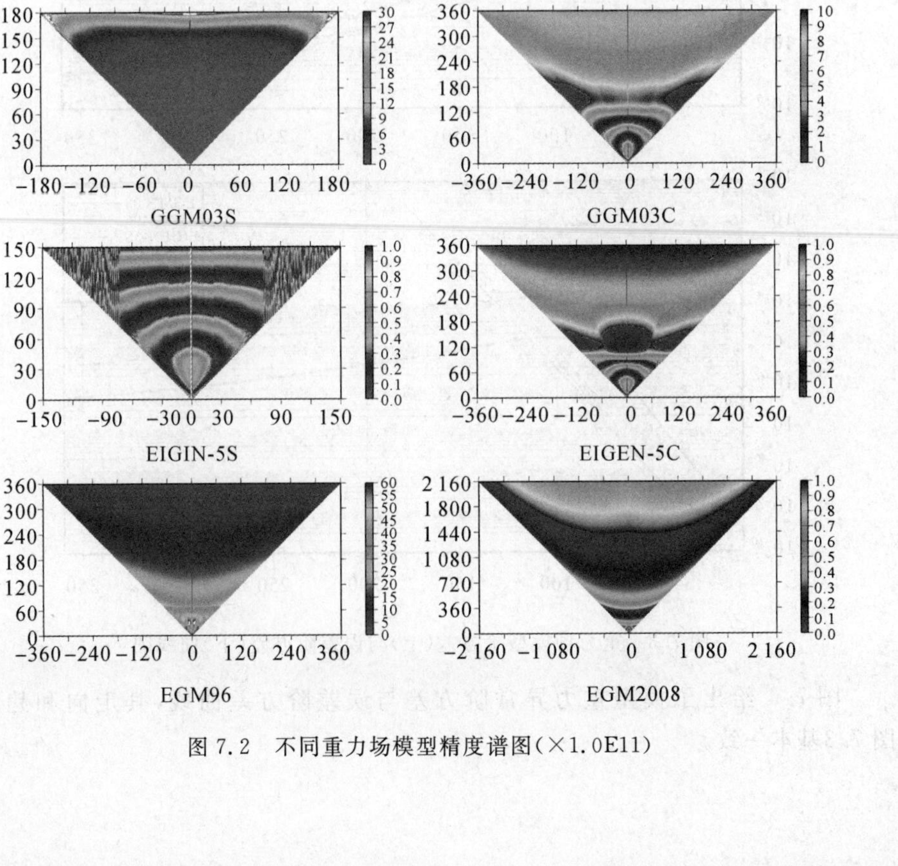

图 7.2　不同重力场模型精度谱图(×1.0E11)

图 7.3 分别给出了不同模型的阶方差和误差阶方差曲线。所检验的模型的阶方差曲线与 Kaula 曲线趋势一致，其中低于 36 阶的中长波段信号功率谱略低于 Kaula 曲线，高于 36 阶的短波段则略高于 Kaula 曲线；UGM08C 模型高于 180 阶的阶方差低于 Kaula 曲线；其他模型在 300 左右开始趋向于 Kaula 曲线。下图描述了模型误差阶方差，其中 EIGEN 系列和 GGM 系列曲线基本一致，表明 GRACE 数据在其中的决定性作用；EGM2008 和 EGM96 在 120 阶以内的精度比上述 4 个模型精度相对较低；160 阶以上的曲线表明 EGM96、GGM03C、EIGEN-5C 和 EGM2008 模型精度呈递增趋势，模型的中、长波误差呈上升趋势，高于 120 阶呈下降趋势。

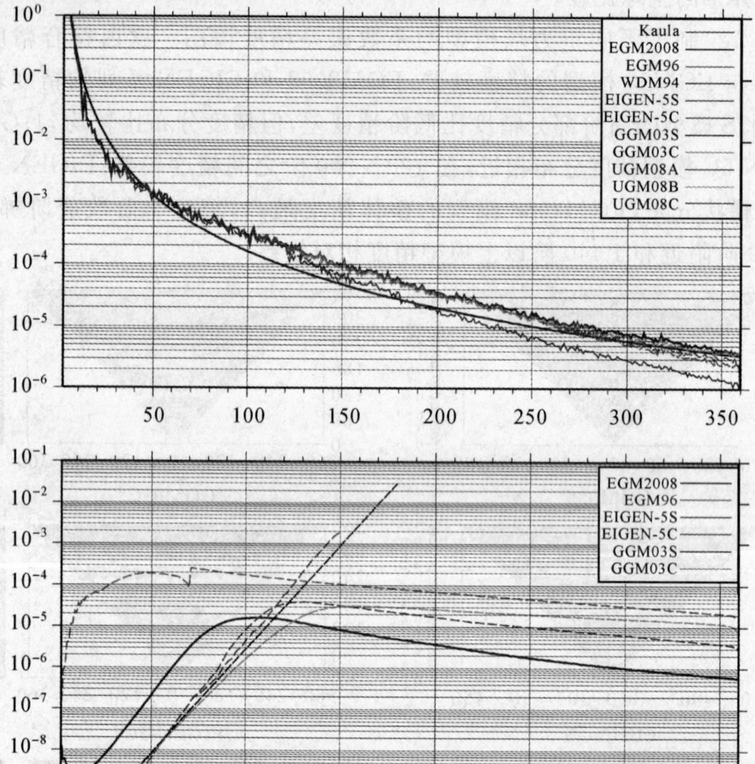

图 7.3　重力场模型阶方差(上)与误差阶方差(下)曲线图

图 7.4 给出了模型重力异常阶方差与误差阶方差曲线，其走向和趋势与图 7.3基本一致。

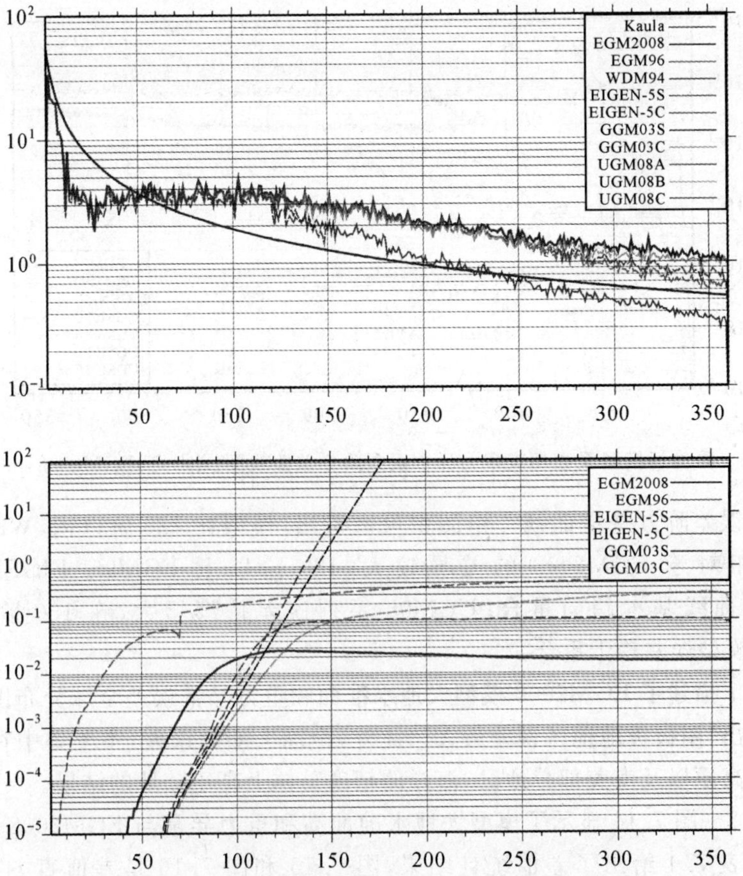

图 7.4　重力场模型重力异常阶方差与误差阶方差曲线图(mGal²)

图 7.5 和图 7.6 分别给出了模型相对于 EGM2008 系数误差的阶方差和相应

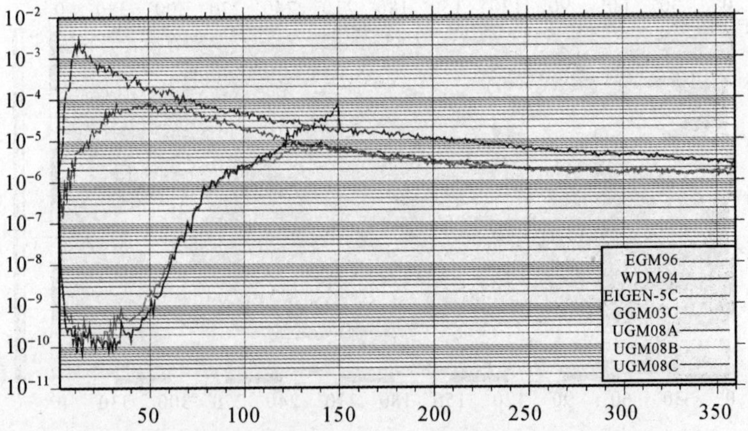

图 7.5　重力场模型系数误差阶方差曲线图(相比于 EGM2008)

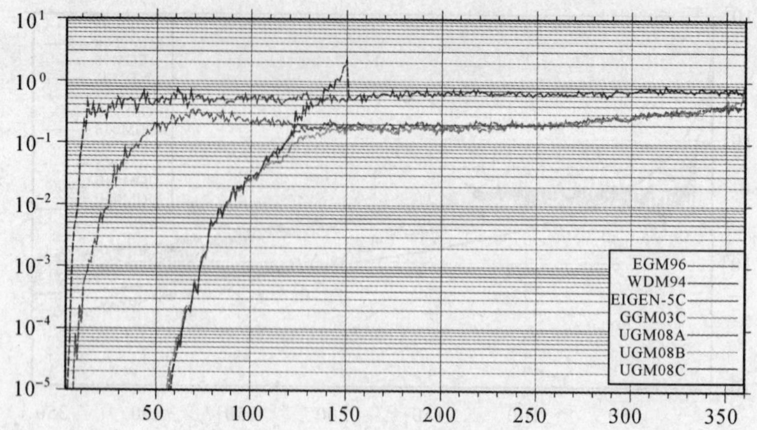

图 7.6　重力场模型系数相应重力异常误差阶方差曲线图(相比于 EGM2008,mGal²)

重力异常误差阶方差谱曲线。由图中可以看出,模型在 120 阶以内,WDM94 和 EGM96 相对于 EGM2008 的差异较大;120 阶以上 EGM96、EIGEN-5C 和 GGM03C 曲线基本趋向重合;UGM08 系列误差持续增大,在 150 阶以上与 WDM94 模型误差趋于重合。

图 7.7 描述了 EGM2008 模型大地水准面和重力异常误差全球分布图。从图中可以看出,南极极地地区误差最大。此外,全球大陆的误差,主要集中在非洲中部和青藏高原以及南美部分地区,海洋的精度总体上高于陆地的结果。

图 7.8～图 7.14 显示了模型大地水准面高和重力异常与 EGM2008 的比较,表 7.3 和表 7.4 给出了差值统计结果,图 7.15 和图 7.16 是差值直方图显示。图 7.8 给出了 UGM08C 与 EGM2008 的比较,其差值的分布明显在局部重力数据缺乏地区(西半球山区和海洋及南美高原地区),其中南北两极的差值最大。

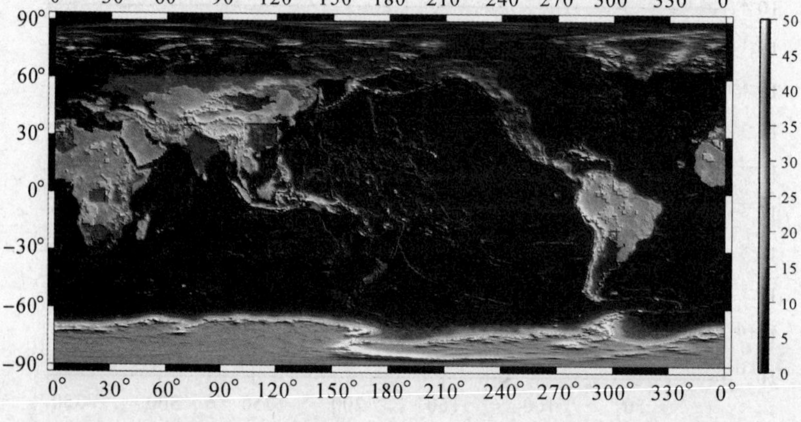

图 7.7　EGM2008 模型大地水准面(上:cm)与重力异常(下:mGal)误差分布

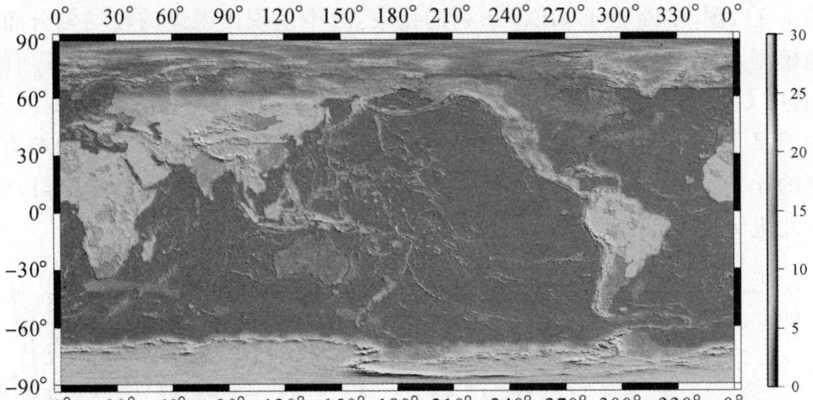

图 7.7　EGM2008 模型大地水准面(上:cm)与重力异常(下:mGal)误差分布(续)

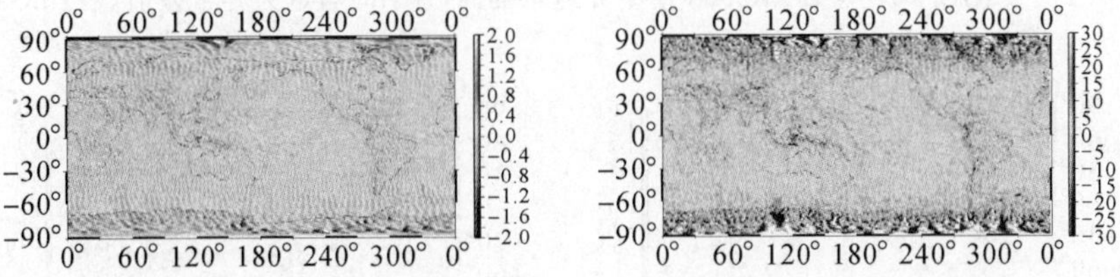

图 7.8　UGM08C 与 EGM2008 模型大地水准面(左:m)与重力异常差值(右:mGal)

图 7.9 和图 7.10 是 WDM94 和 EGM96 分别与 EGM08 的比较。由图中可以看出,EGM96 模型与 EGM2008 较为接近;而 WDM94 有明显的局部变化,两个模型差别相对较大;共同之处是在两极均差别较大。

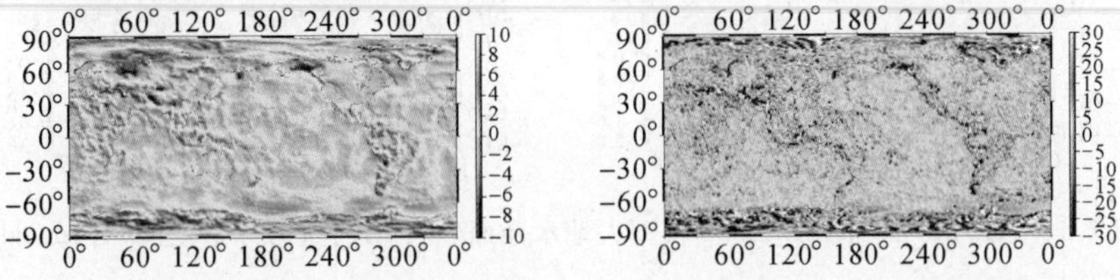

图 7.9　WDM94 与 EGM2008 模型大地水准面(左:m)与重力异常差值(右:mGal)

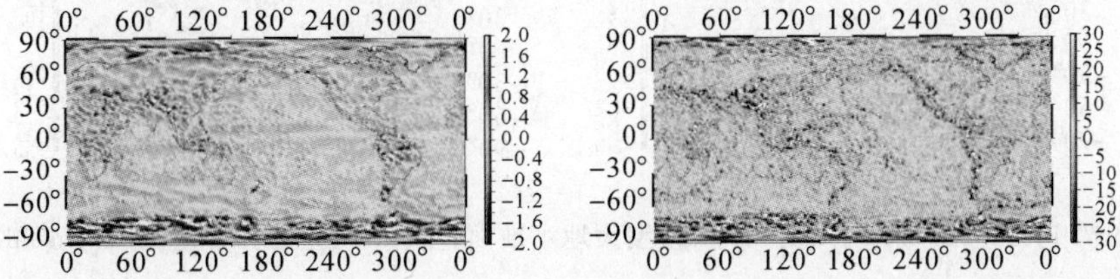

图 7.10　EGM96 与 EGM2008 模型大地水准面(左:m)与重力异常差值(右:mGal)

图 7.11、图 7.12 是 EIGEN 系列的比较，图中呈现出误差的较均匀分布，相比于其他模型，在南北两极误差相对较小。图 7.13 和图 7.14 是 GGM 系列的比较结果，其中 GGM03S 突出反应有较大的局部不均匀，图上差值大的突变区表现出较强的卫星飞行轨迹，这与 GRACE 数据观测飞行轨迹地面的不均匀分布有关，根据前面的比较，可反映 GGM03S 精度较低；GGM03C 整体精度比较均匀，但重力异常在北极经度 60°和 240°有两处极大误差值，暂无法解释。

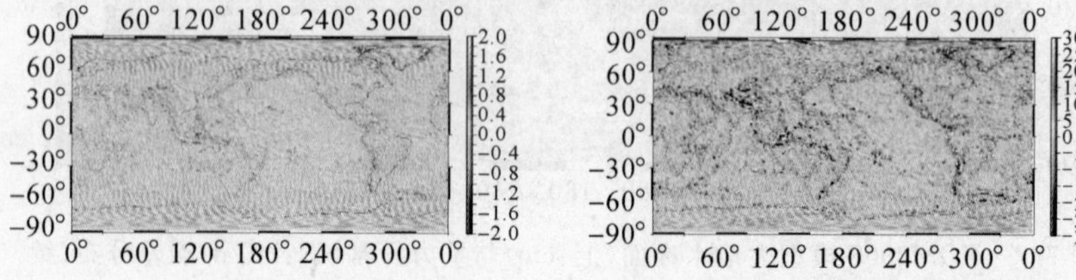

图 7.11 EIGEN-5S 与 EGM2008 模型大地水准面(左:m)与重力异常差值(右:mGal)

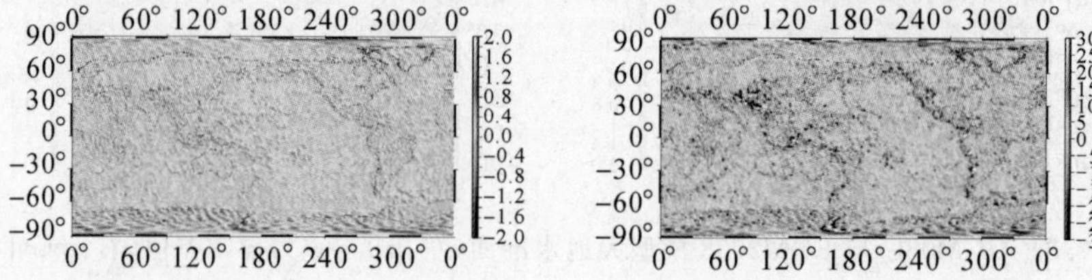

图 7.12 EIGEN-5C 与 EGM2008 模型大地水准面(左:m)与重力异常差值(右:mGal)

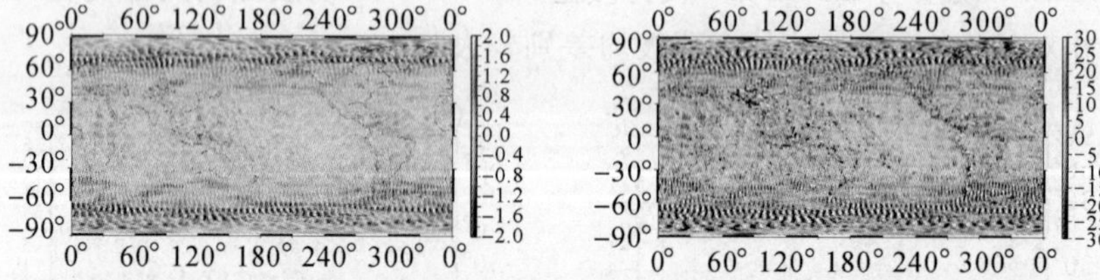

图 7.13 GGM03S 与 EGM2008 模型大地水准面(左:m)与重力异常差值(右:mGal)

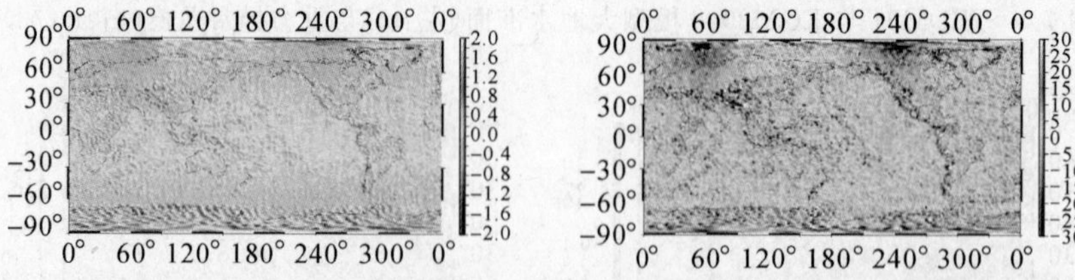

图 7.14 GGM03C 与 EGM2008 模型大地水准面(左:m)与重力异常差值(右:mGal)

表 7.3　全球大地水准面高与 EGM2008 模型差值统计

模型	阶数	平均值/m	最大值/m	最小值/m	标准差/m
EGM96	360	−0.002	12.037	−6.991	0.740
WDM94	360	−0.027	14.825	−15.833	1.673
EIGEN-5S	150	0.016	5.745	−12.771	0.629
EIGEN-5C	360	0.002	5.921	−5.076	0.351
GGM03S	180	−0.009	6.463	−7.975	1.323
GGM03C	360	−0.024	4.909	−5.518	0.331
UGM08A	719	0.015	7.769	−8.209	0.550
UGM08B1	1 439	−0.029	14.823	−15.822	1.666
UGM08B2	1 439	0.014	7.768	−8.204	0.548
UGM08C1	2 159	−0.029	14.819	−15.833	1.667
UGM08C2	2 159	0.014	7.712	−8.250	0.550

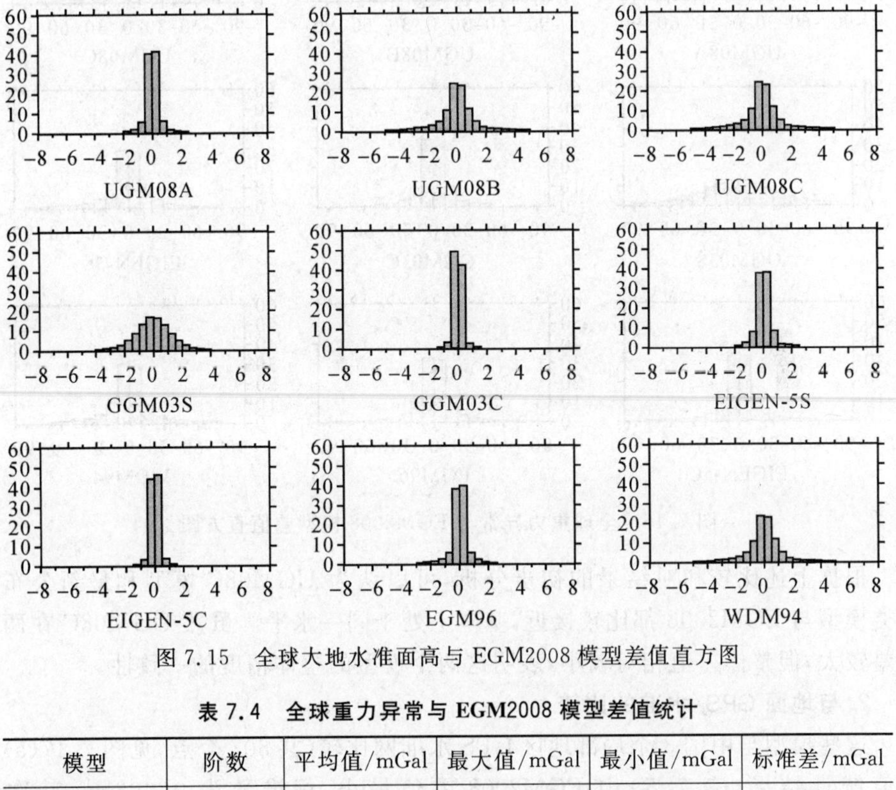

图 7.15　全球大地水准面高与 EGM2008 模型差值直方图

表 7.4　全球重力异常与 EGM2008 模型差值统计

模型	阶数	平均值/mGal	最大值/mGal	最小值/mGal	标准差/mGal
EGM96	360	0.045	514.167	−386.81	20.618
WDM94	360	0.151	356.746	−423.792	24.580
EIGEN-5S	150	0.505	316.565	−510.194	23.448
EIGEN-5C	360	0.177	365.945	−350.479	18.503

续表

模型	阶数	平均值/mGal	最大值/mGal	最小值/mGal	标准差/mGal
GGM03S	180	0.308	303.361	－408.853	39.045
GGM03C	360	－0.437	295.606	－354.425	17.602
UGM08A	719	0.464	307.175	－374.591	20.442
UGM08B1	1 439	0.018	354.753	－349.113	20.649
UGM08B2	1 439	0.350	306.065	－317.629	19.109
UGM08C1	2 159	0.145	335.087	－354.364	26.208
UGM08C2	2 159	0.478	286.399	－334.883	25.116

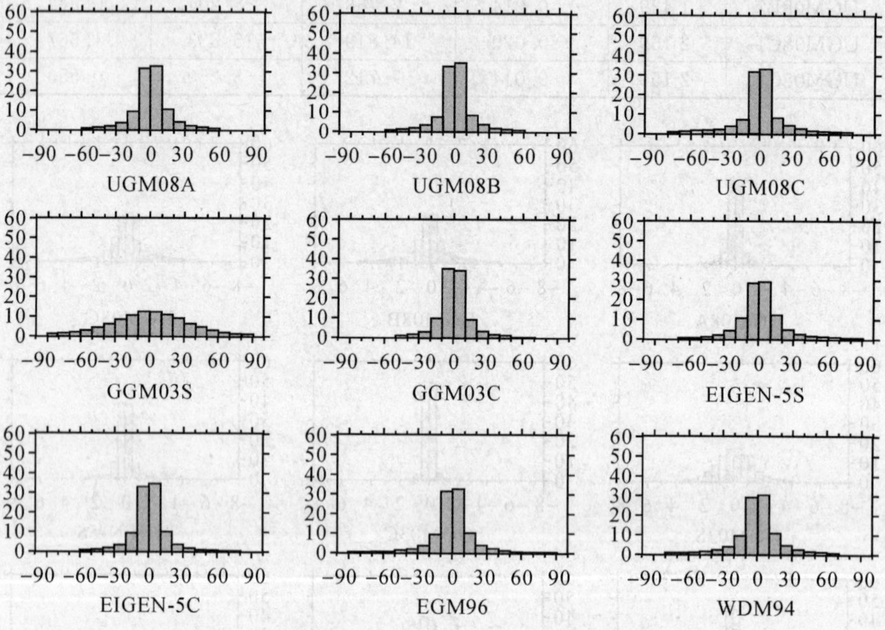

图 7.16　全球重力异常与 EGM2008 模型差值直方图

根据上述比较和对结果的初步分析，可以认为 UGM08C 模型和最新公布的同类模型与 EGM2008 都比较接近，基本上处于同一水平。虽然 UGM08C 在两极误差较大，但整体差值相对较小，表明这两个模型的整体精度的一致性。

2.与地面 GPS/水准的比较

这些模型与中国 3 个局部地区 GPS 水准网比较(共 307 个点，见图 7.17(a))，差值统计结果(表 7.5)中 EGM2008 差值最小，标准差为 0.403 m，其次是 GGM03C，为 0.457 m，两者相差仅 0.054 m；WDM94 相比于 EGM96，精度略高，分别为 0.638 m 和 0.660 m；对 UGM08 系列模型，A、B2、C2 模型精度几乎一致，约为 0.49 m；GGM03S 的相对精度最差，达到了 1.247 m。

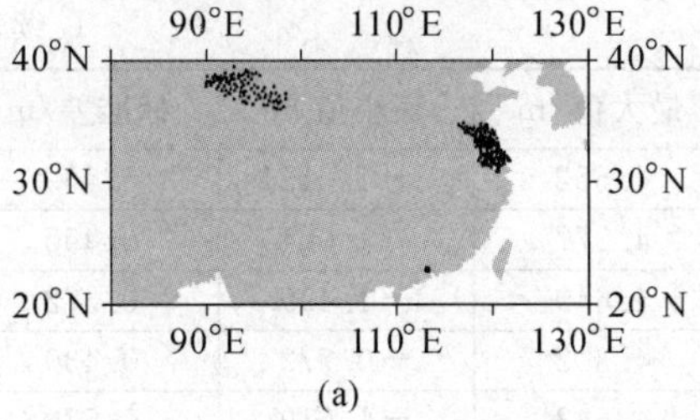

图 7.17　GPS/水准点位分布图

表 7.5　GPS/水准检验结果统计(中国)

模型	阶数	平均值/m	最大值/m	最小值/m	标准差/m
EGM2008	2 190	0.129	3.994	−2.729	0.403
EGM96	360	0.044	3.165	−2.929	0.660
WDM94	360	0.534	5.278	−2.808	0.638
EIGEN-5S	150	0.278	5.892	−2.888	0.788
EIGEN-5C	360	0.250	4.138	−3.019	0.470
GGM03S	180	0.045	4.742	−2.907	1.247
GGM03C	360	0.199	3.804	−3.019	0.457
UGM08A	719	0.205	4.795	−2.805	0.491
UGM08B1	1 439	0.482	5.517	−2.747	0.615
UGM08B2	1 439	0.186	4.773	−2.813	0.486
UGM08C1	2 159	0.479	5.514	−2.749	0.614
UGM08C2	2 159	0.183	4.770	−2.815	0.489

主要和美国的 GPS 水准 A 级和 B 级网的比较(共 2 723 个点,见图 7.17(b)),表 7.6 为差值统计结果。EGM96 和 WDM94 分别为 0.523 m 和 0.580 m,前者比后者精度高 0.06 m;GRACE 模型系列中,与 GGM03C 差值最小,为 0.459 m;EIGEN-5C 差值基本相同,为 0.464 m;UGM08 系列中,A、B2、C2 精度最高,分别为 0.455 m、0.430 m 和 0.426 m。上述模型精度均高于 EGM96 和 WDM94;模型精度最高的是 EGM2008,为 0.358 m;精度最差的仍为 GGM03S,为 1.260 m。

表 7.6　GPS/水准检验结果统计(美国)

模型	阶数	平均值/m	最大值/m	最小值/m	标准差/m
EGM2008	2 190	1.022	4.697	−0.673	0.358
EGM96	360	1.061	4.884	−1.664	0.523
WDM94	360	0.774	4.636	−2.071	0.580
EIGEN-5S	150	1.090	4.611	−2.424	0.695
EIGEN-5C	360	1.065	4.679	−1.694	0.464
GGM03S	180	1.125	5.704	−2.829	1.260

续表

模型	阶数	平均值/m	最大值/m	最小值/m	标准差/m
GGM03C	360	1.059	4.652	−1.612	0.459
UGM08A	719	1.060	4.277	−1.084	0.455
UGM08B1	1 439	0.737	4.649	−1.499	0.572
UGM08B2	1 439	1.042	4.302	−0.772	0.430
UGM08C1	2 159	0.733	4.643	−1.519	0.575
UGM08C2	2 159	1.038	4.296	−0.792	0.426

上述比较表明，UGM08 系列模型的精度略优于 GRACE 联合解的精度，图 7.18和图 7.19 分别给出了 GPS/水准检验结果的直方图。

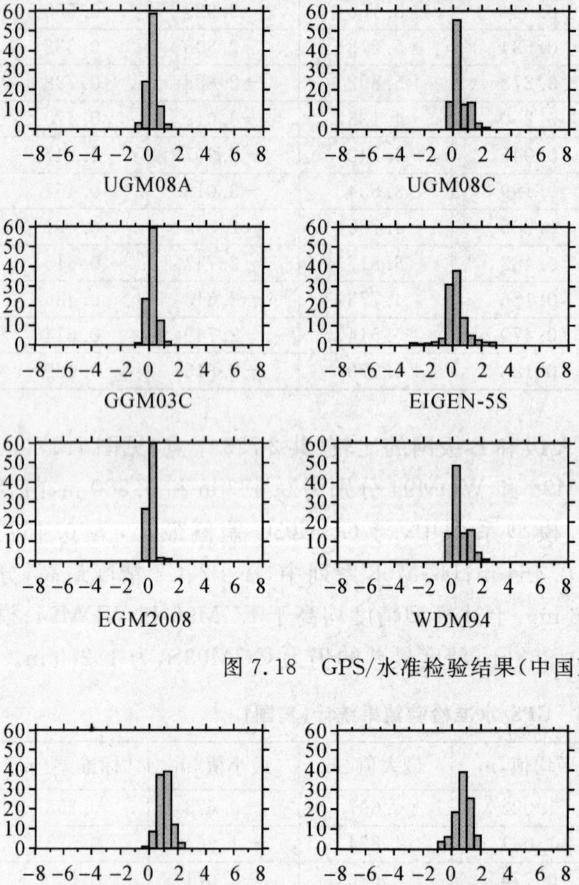

图 7.18　GPS/水准检验结果(中国)直方图

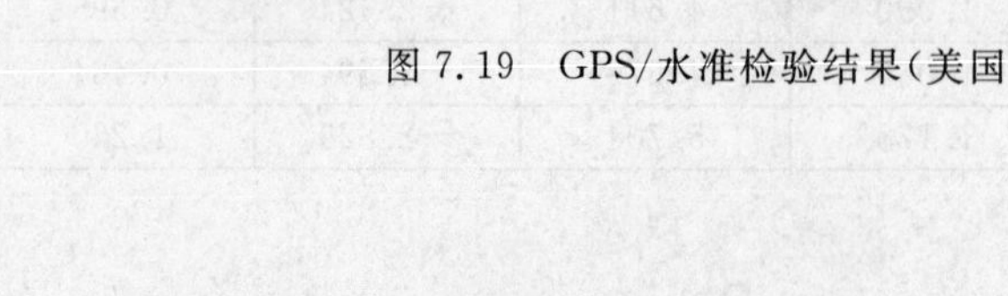

图 7.19　GPS/水准检验结果(美国)直方图

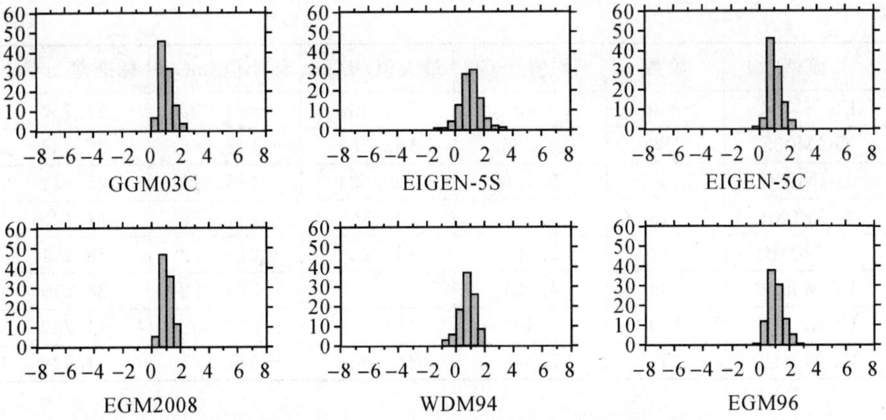

图 7.19　GPS/水准检验结果(美国)直方图(续)

3.与地面实测重力数据比较

分别选取 3 类重力异常数据,表 7.7 给出了与海洋船测重力异常数据的比较结果;表 7.8 给出了与中国大陆地区重力异常比较结果;表 7.9 给出了与 ArcGP 重力异常的比较结果。图 7.20、图 7.21 和图 7.22 分别给出了重力异常检验结果的直方图。

表 7.7　重力异常检验结果统计(海洋船测)

模型	阶数	平均值/mGal	最大值/mGal	最小值/mGal	标准差/mGal
EGM2008	2 190	−0.062	40.676	−53.039	10.163
EGM96	360	−2.657	98.451	−92.685	16.500
WDM94	360	−1.858	100.097	−105.797	18.064
EIGEN-5S	150	−2.099	102.477	−128.286	21.063
EIGEN-5C	360	−2.521	97.967	−89.169	16.425
GGM03S	180	0.948	149.506	−121.428	37.728
GGM03C	360	−2.467	95.395	−98.897	16.651
UGM08A	719	−0.307	67.674	−95.608	15.389
UGM08B1	1 439	0.859	53.606	−64.754	13.506
UGM08B2	1 439	0.651	52.788	−66.244	13.611
UGM08C1	2 159	0.880	60.046	−54.079	13.381
UGM08C2	2 159	0.672	59.100	−59.174	13.486

表 7.8　重力异常检验结果统计(中国)

模型	阶数	平均值/mGal	最大值/mGal	最小值/mGal	标准差/mGal
EGM2008	2 190	5.722	264.039	−204.573	46.111
EGM96	360	6.233	407.779	−105.715	30.156
WDM94	360	3.876	182.949	−130.515	23.117
EIGEN-5S	150	5.408	189.122	−111.032	23.764

续表

模型	阶数	平均值/mGal	最大值/mGal	最小值/mGal	标准差/mGal
EIGEN-5C	360	5.040	174.432	−83.305	21.750
GGM03S	180	5.586	193.285	−141.666	36.441
GGM03C	360	5.438	300.034	−105.811	25.612
UGM08A	719	5.910	224.305	−151.776	31.128
UGM08B1	1 439	2.802	187.224	−219.512	38.171
UGM08B2	1 439	4.454	234.053	−223.322	38.519
UGM08C1	2 159	3.496	216.941	−308.068	44.780
UGM08C2	2 159	5.148	219.861	−311.877	44.924

表 7.9　重力异常检验结果统计(ArcGP)

模型	阶数	平均值/mGal	最大值/mGal	最小值/mGal	标准差/mGal
EGM2008	2 190	0.115	83.952	−55.407	4.390
EGM96	360	−0.216	156.080	−141.063	19.820
WDM94	360	−0.040	224.687	−151.030	26.844
EIGEN-5S	150	0.617	132.611	−138.461	22.897
EIGEN-5C	360	0.162	139.547	−128.027	15.025
GGM03S	180	0.163	150.362	−121.981	28.092
GGM03C	360	0.112	137.961	−120.241	15.626
UGM08A	719	0.937	170.912	−134.361	23.703
UGM08B1	1 439	−0.004	181.742	−146.214	25.460
UGM08B2	1 439	0.728	166.241	−133.702	24.412
UGM08C1	2 159	−0.765	225.229	−206.059	43.539
UGM08C2	2 159	−0.0326	209.728	−193.274	43.122

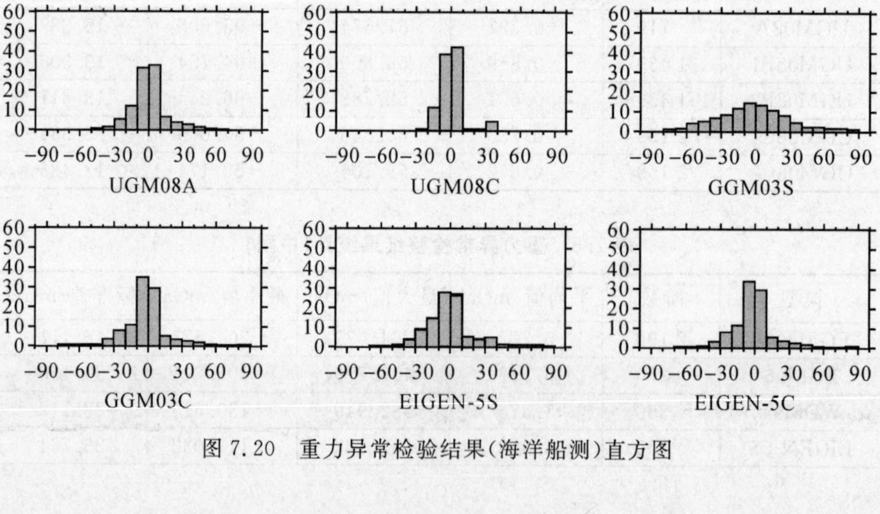

图 7.20　重力异常检验结果(海洋船测)直方图

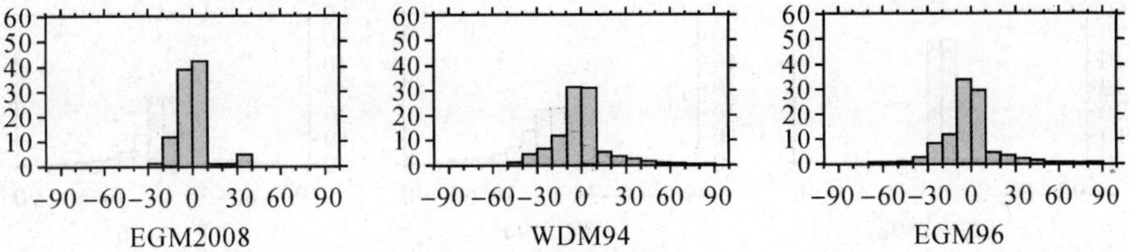

图 7.20　重力异常检验结果(海洋船测)直方图(续)

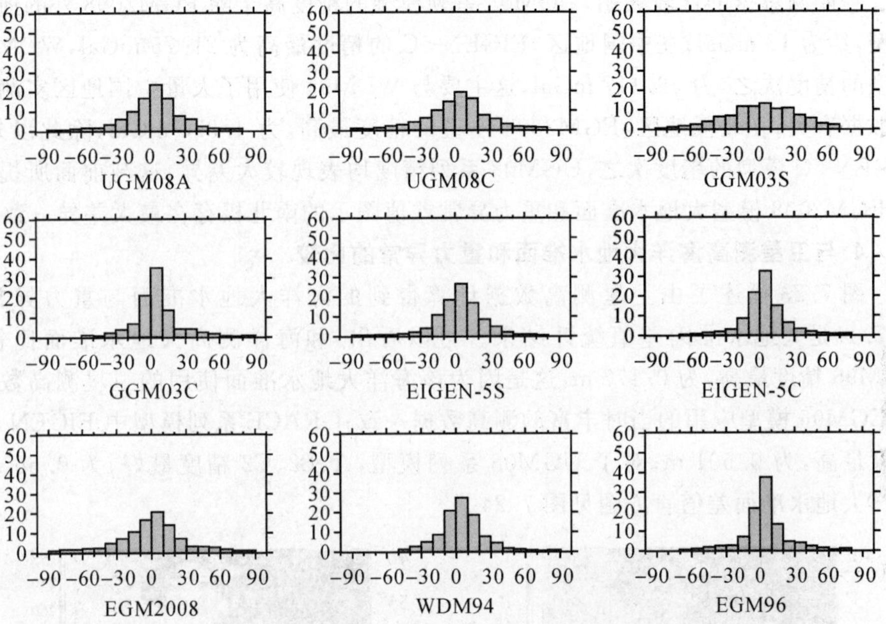

图 7.21　重力异常检验结果(中国)直方图

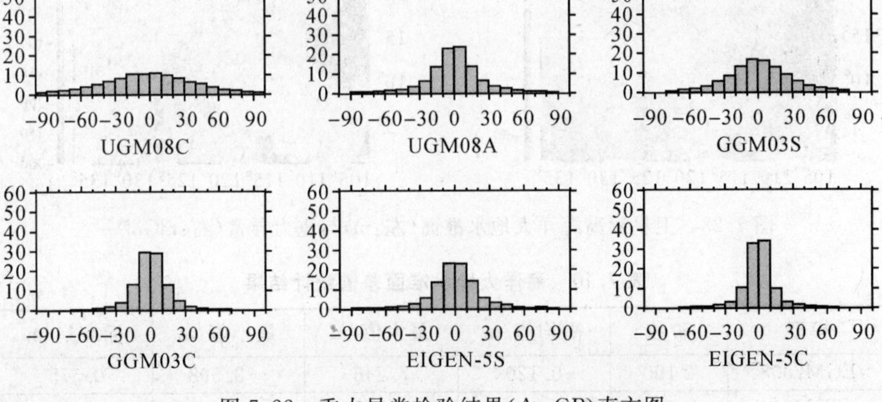

图 7.22　重力异常检验结果(ArcGP)直方图

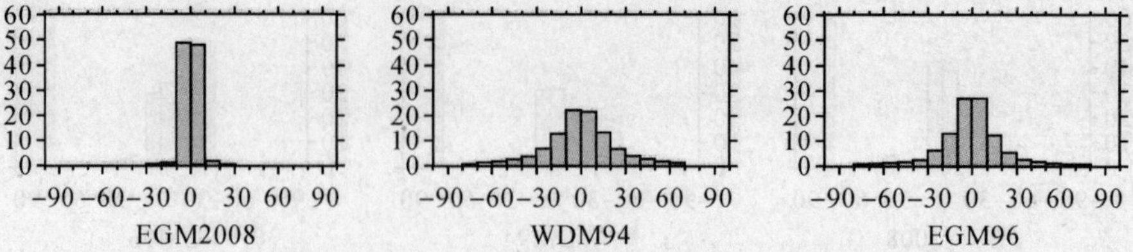

图 7.22　重力异常检验结果(ArcGP)直方图(续)

与船测数据的比较表明,UGM08 系列模型的精度高于除 EGM2008 外的所有模型,约为 13 mGal;在中国地区,EIGEN-5C 的精度最高为 21.75 mGal,WDM94 模型的精度次之,为 23.117 mGal,这主要与 WDM94 使用了大量中国地区实测重力数据有关;在北极地区,EGM2008 模型的精度最高,为 4.390 mGal,除此以外,EIGEN-5C 模型的精度次之,UGM08 系列精度均表现较大差异,这与前面所提到的 EGM2008 模型大地水准面和重力异常差值图示的南北极存在最大差异一致。

4.与卫星测高海洋大地水准面和重力异常的比较

图 7.23 描述了由卫星测高数据计算得到的海洋大地水准面与重力异常。表 7.10是大地水准面差值统计结果。可以看出,和海洋测高大地水准面比较,EGM96 精度最高,为 0.177 m,这是因为该海洋大地水准面使用的卫星测高数据与 EGM96 模型应用的当时丰富的测高数据一致;GRACE 系列模型中 EIGEN-5C 精度最高,为 0.501 m;对于 UGM08 系列模型,A、B2、C2 精度最好,为 0.66 m。海洋大地水准面差值直方图见图 7.24。

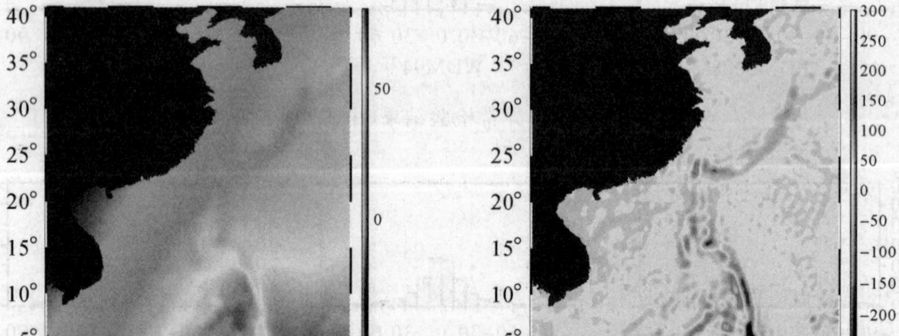

图 7.23　卫星测高海洋大地水准面(左:m)与重力异常(右:mGal)

表 7.10　海洋大地水准面差值统计结果

模型	阶数	平均值/m	最大值/m	最小值/m	标准差/m
EGM2008	2 190	0.120	7.246	−2.598	0.575
EGM96	360	0.106	0.928	−0.534	0.177

续表

模型	阶数	平均值/m	最大值/m	最小值/m	标准差/m
WDM94	360	0.133	6.308	−5.920	1.059
EIGEN-5S	150	0.121	5.708	−5.581	0.843
EIGEN-5C	360	0.120	6.121	−2.706	0.501
GGM03S	180	0.143	7.078	−5.280	1.435
GGM03C	360	0.135	6.623	−3.677	0.519
UGM08A	719	0.120	6.079	−3.051	0.661
UGM08B1	1 439	0.133	6.358	−6.308	1.088
UGM08B2	1 439	0.120	6.159	−3.075	0.665
UGM08C1	2 159	0.133	6.352	−6.254	1.088
UGM08C2	2 159	0.120	6.204	−2.947	0.665

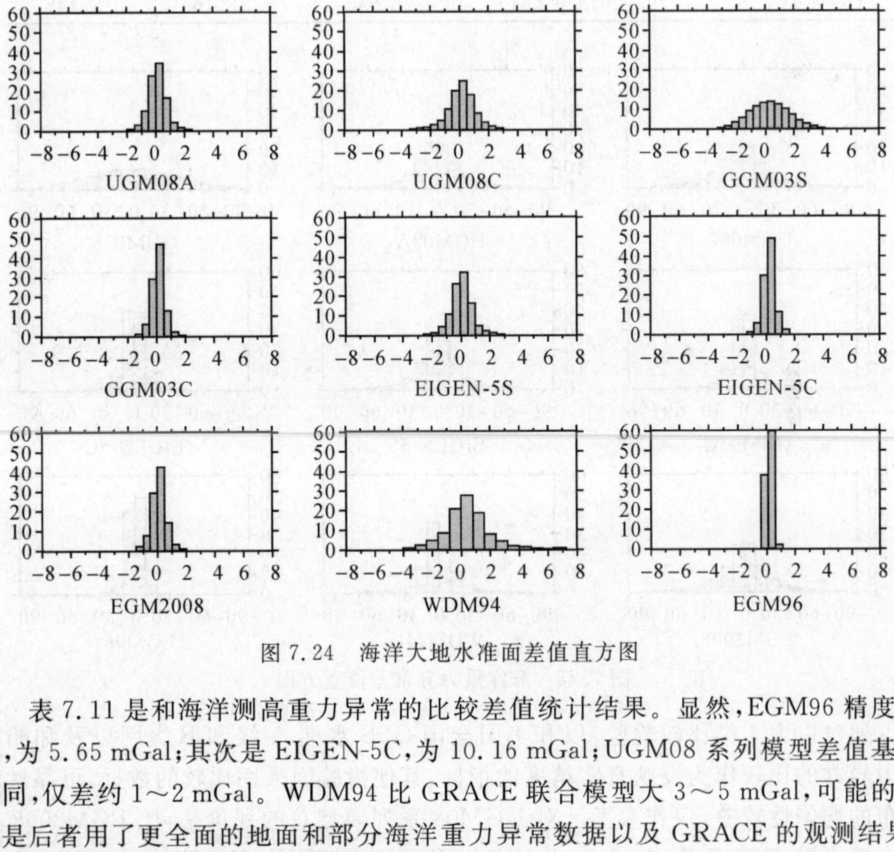

图 7.24　海洋大地水准面差值直方图

表 7.11 是和海洋测高重力异常的比较差值统计结果。显然，EGM96 精度最高，为 5.65 mGal；其次是 EIGEN-5C，为 10.16 mGal；UGM08 系列模型差值基本相同，仅差约 1～2 mGal。WDM94 比 GRACE 联合模型大 3～5 mGal，可能的原因是后者用了更全面的地面和部分海洋重力异常数据以及 GRACE 的观测结果。图 7.25 给出了海洋重力异常差值直方图。

表 7.11　海洋重力异常差值统计结果

模型	阶数	平均值/mGal	最大值/mGal	最小值/mGal	标准差/mGal
EGM2008	2 190	0.038	257.373	−164.955	23.682
EGM96	360	0.028	36.232	−35.083	5.650
WDM94	360	0.279	119.952	−149.403	15.248
EIGEN-5S	150	0.072	158.005	−182.531	23.192
EIGEN-5C	360	0.054	119.562	−74.384	10.160
GGM03S	180	0.270	172.915	−177.868	38.695
GGM03C	360	0.062	161.446	−127.639	12.531
UGM08A	719	0.046	180.111	−149.299	22.260
UGM08B1	1 439	0.274	212.070	−221.143	24.888
UGM08B2	1 439	0.045	211.258	−177.964	24.559
UGM08C1	2 159	0.281	229.358	−186.607	25.453
UGM08C2	2 159	0.051	228.545	−178.165	25.142

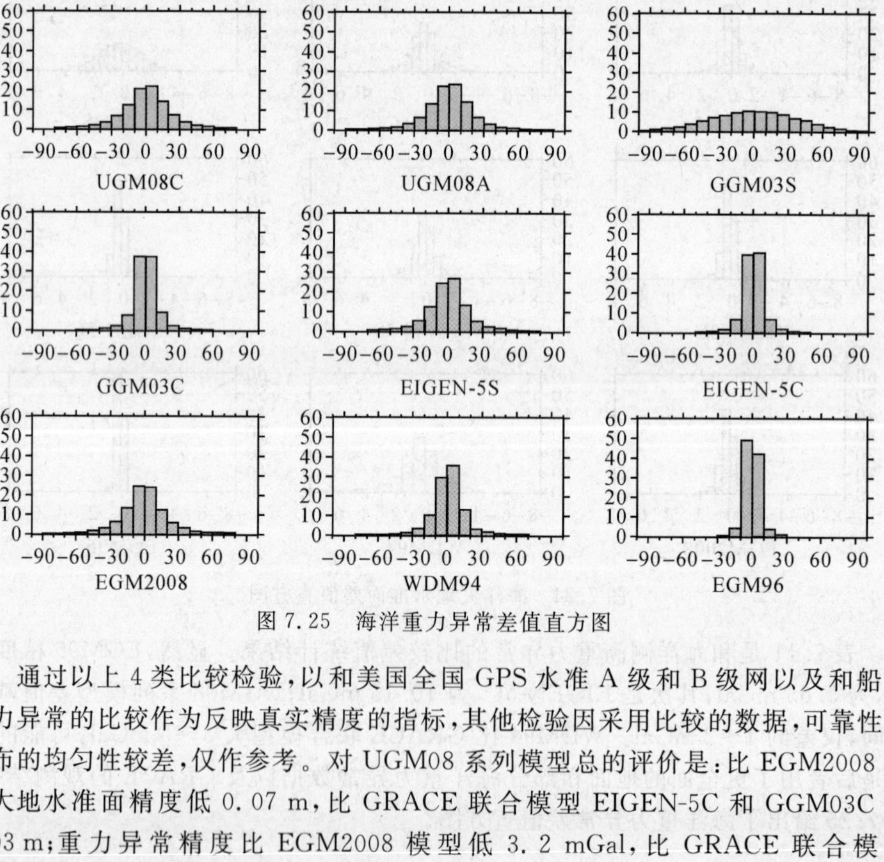

图 7.25　海洋重力异常差值直方图

通过以上 4 类比较检验，以和美国全国 GPS 水准 A 级和 B 级网以及和船测重力异常的比较作为反映真实精度的指标，其他检验因采用比较的数据，可靠性和分布的均匀性较差，仅作参考。对 UGM08 系列模型总的评价是：比 EGM2008 模型大地水准面精度低 0.07 m，比 GRACE 联合模型 EIGEN-5C 和 GGM03C 高 0.03 m；重力异常精度比 EGM2008 模型低 3.2 mGal，比 GRACE 联合模型 EIGEN-5C 和 GGM03C 高 3.3 mGal。

参考文献

安德林 A J 著. 1991. 空间大地测量与地球动力学[M]. 胡国理, 李军, 苏华 译. 北京: 解放军出版社.

边少锋. 1992. 大地测量边值问题数值解法与地球重力场逼近[D]. 武汉: 武汉测绘科技大学.

晁定波. 2003. 关于 Stokes 公式的球面卷积和平面卷积的注记[J]. 武汉大学学报: 信息科学版, 28(S1): 52-54.

晁定波, 申文斌, 王正涛. 2007. 确定全球厘米级精度大地水准面的可能性和方法探讨[J]. 测绘学报, 36(4): 370-376.

褚永海. 2007. 卫星测高波形处理理论研究及应用[D]. 武汉: 武汉大学.

戈卢布 G H, 范洛恩 C F 著. 2001. 矩阵计算[M]. 袁亚湘 等译. 北京: 科学出版社.

管泽霖, 管铮, 黄谟涛. 1997. 局部重力场逼近理论和方法[M]. 北京: 测绘出版社.

管泽霖, 宁津生. 1981. 地球形状及外部重力场(上、下)[M]. 北京: 测绘出版社.

郭俊义. 1994. 物理大地测量学基础[M]. 武汉: 武汉测绘科技大学出版社.

郭俊义. 2001. 地球物理学基础[M]. 北京: 测绘出版社.

海斯卡涅 H, 莫里兹 著. 1979. 物理大地测量学[M]. 卢福康 等译. 北京: 测绘出版社.

赫尔墨特, 莫里兹 著. 1984. 高等物理大地测量学[M]. 宁津生, 管泽霖 译. 北京: 测绘出版社.

黄谟涛, 翟国君, 欧阳永忠, 等. 2001. 扩展超高阶地球位模型的理论方法与实践[J]. 海洋测绘(3): 4-10.

姜卫平. 2001. 卫星测高技术在大地测量学中的应用[D]. 武汉: 武汉大学.

李建成. 1993. 物理大地测量中的谱方法[D]. 武汉: 武汉测绘科技大学.

李建成, 陈俊勇, 宁津生, 等. 2003. 地球重力场逼近理论与中国 2000 似大地水准面的确定[M]. 武汉: 武汉大学出版社.

李建成, 宁津生. 1999. 局部大地水准面精化的理论和方法[C]//陈永龄院士九十寿辰专辑. 北京: 测绘出版社: 71-83.

李建成, 宁津生, 晁定波. 1996. 卫星测高在物理大地测量应用中的若干问题[J]. 武汉测绘科技大学学报, 21(1): 9-14.

李建成, 宁津生, 陈俊勇, 等. 2001a. 联合 Topex/Poseidon、ERS2 和 GEOSat 卫星测高资料确定中国南海重力异常[J]. 测绘学报, 30(3): 197-201.

李迎春. 2004. 利用卫星重力梯度测量数据恢复地球重力场的理论与方法[D]. 郑州: 解放军信息工程大学.

李征航, 徐德宝, 董挹英, 等. 1998. 空间大地测量理论基础[M]. 武汉: 武汉测绘科技大学出版社.

刘贤赵. 2005. 地球科学基础[M]. 北京: 科学出版社.

刘缵武, 陆仲连. 1998. 不完全阶次球谐位系数模型的研究[J]. 地球物理学报, 41(3): 362-370.

陆洋, 许厚泽. 1994. 区域高阶重力场模型与青藏地区局部位系数模型[J]. 地球物理学报,

37(2):487-498.

陆洋,许厚泽. 1998. 720 阶高分辨率重力场模型 IGG97L 研究[J]. 地壳形变与地震,18(Suppl.):1-7.

陆仲连,吴晓平. 1994. 人造地球卫星与地球重力场[M]. 北京:测绘出版社.

罗佳. 2003. 利用卫星跟踪卫星确定地球重力场的理论和方法[D]. 武汉:武汉大学.

罗志才. 1996. 利用卫星重力梯度数据确定地球重力场的理论和方法[D]. 武汉:武汉测绘科技大学.

罗志才,晁定波,宁津生. 1997. 重力梯度张量的球谐分析[J]. 武汉测绘科技大学学报,22(4):346-349.

宁津生. 2001. 跟踪世界发展动态致力地球重力场研究[J]. 武汉大学学报:信息科学版,26(6):471-474.

宁津生. 2002. 卫星重力探测技术与地球重力场研究[J]. 大地测量与地球动力学,22:1-5.

宁津生,李建成. 1994. WDM94 360 阶地球重力场模型研究[J]. 武汉测绘科技大学学报,19(4):283-291.

宁津生,李建成,晁定波,等. 1994. WDM94 360 阶地球重力场模型研究[J]. 武汉测绘科技大学学报,19(4):283-291.

宁津生,李建成,晁定波. 1996. 由地面重力数据确定扰动位径向二阶梯度[J]. 武汉测绘科技大学学报,21(3):201-206.

宁津生,罗志才,晁定波. 1996. 卫星重力梯度测量的研究现状及其在物理大地测量中的应用前景[J]. 武汉测绘科技大学学报,21(4):3-8.

宁津生,邱卫根,陶本藻. 1990. 地球重力场模型理论[M]. 武汉:武汉测绘科技大学出版社.

彭富清,夏哲仁. 2004. 超高阶扰动场元的计算方法[J]. 地球物理学报,47(6):1023-1028.

申文斌. 2004. 引力位虚拟压缩恢复法[J]. 武汉大学学报:信息科学版,29(8):720-724.

石磐. 1994. 利用局部重力数据改进重力模型[J]. 测绘学报,23(4):276-281.

王克平,徐广袖 ,陆秀平. 2001. 超高阶地球位模型的计算与分析[J]. 测绘学报,30(3):208-213.

王强,陈华安. 2005. 高分辨率重力数据改进区域高阶重力场模型[J]. 华东师范大学学报:自然科学版(5/6):157-164.

王正涛. 2005. 卫星跟踪卫星测量确定地球重力场的理论和方法[D]. 武汉:武汉大学.

王竹谿,郭敦仁. 1979. 特殊函数概论[M]. 北京:科学出版社.

吴星,刘雁雨. 2006. 多种超高阶次缔合勒让德函数计算方法的比较[J]. 测绘科学技术学报,23(3):188-191.

夏哲仁,李迎春. 2003. 高分辨率区域重力场模型 DQM2000[J]. 武汉大学学报:信息科学版,28(特刊):124-128.

夏哲仁,林丽. 1995. 360 阶地球重力场模型 DQM94A 及其精度分析[J]. 地球物理学报,38(6):788-795.

于锦海. 1992. 物理大地测量边值问题的理论[D]. 武汉:中国科学院测量与地球物理研究所.

ADJAOUT A,SARRAILH M. 1967. A new gravity map:a new marine geoid around Japan and the detection of the Kuroshio current[J]. Journal of Geodesy,71:725-735.

ALBERTELLA A, MIGLIACCIO F, SANSO F. 2000. Direct and local comparison between different satellite missions for the gravity field[C]// Geodesy beyond 2000: The challenges of the first decade, KP Schwarz (eds.), IAG symposium 121: 75-82.

ALBERTELLA A, MIGLIACCIO F, SANSO F. 2001. Data gaps in finite-dimensional boundary value problems for satellite gradiometry[J]. J. Geodesy, 75: 641-646.

ALBERTELLA A, SACERDOTE F. 1995. Spectral analysis of block averaged data in geopotential global model determination[J]. Journal of Geodesy, 70(3): 166-175.

ALBERTELLA A, SANSO F, SNEEUW N. 1999. Band-limited functions on a bounded spherical domain: the Slepian problem on the sphere[J]. J. Geodesy, 73: 436-447.

BIANCALE R, BALMINO G, LEMOINE J M, et al. 2000. A new global Earth's gravity field model from satellite orbit perturbations: GRIM5-S1[J]. Geophysical Research Letter, 27: 3611-3614.

BLAIS J A R, PROVINS D A. 2002. Spherical harmonic analysis and synthesis for global multiresolution applications[J]. Journal of Geodesy, 76(1): 29-35.

BOUMAN J. 1993. Quality assessment of satellite based global gravity field models[J]. Neth Geod Comm, Publications on Geodesy, 48, Delft: 107-113.

BOUMAN J, KOOP R. 1997. Quality differences between Tikhonov regularization and generalized biased estimation in gradiometric analysis[J]. DEOS Progress Letters, 97(1): 42-48.

BOUMAN J, KOOP R. 2003a. Error assessment of GOCE SGG data using along track interpolation[J]. Advances in GEOSciences(1): 27-32.

BOUMAN J, KOOP R. 2003b. Geodetic methods for calibration of GRACE and GOCE[J]. Space Science Reviews, 108(1/2): 293-303.

BOUMAN J, KOOP R, TSCHERNING C C, et al. 2004. Calibration of GOCE SGG data using high-low SST, terrestrial gravity data, and global gravity field models[J]. J. Geodesy, 78 (1/2): 124-137.

CANAVAN E R, MOODY M V, PAIK H J, et al. 1996. Predicted performance of the superconducting gravity gradiometer on the space shuttle[J]. Cryogenics, 36: 795-804.

CAPOZZIELLO S, LAMBIASE G. 2000. Higher-order corrections to the effective gravitational action from Noether symmetry[J]. General Relativity and Gravitation, 32(2): 295-311.

CESARE S. 2002. Performance requirements and budgets for the gradiometric mission[R]. Technical Note, GOC-TN-AI-0027, Alenia Spazio, Turin, Italy.

CHEN J L, WILSON C R, FAMIGLIETTI J S, et al. 2005. Spatial sensitivity of the gravity recovery and climate experiment (grace) time-variable gravity observations[J]. J. Geophys. Res. -Solid Earth: 110.

COLOMBO O L. 1981. Numerical methods for harmonic analysis on the sphere[R]. Report 310, Dept. of Godetic Science, The Ohio State University, Columbus, Ohio.

COLOMBO O L. 1989. Advanced techniques for high-resolution mapping of the gravitational field

[C]// Theory of satellite geodesy and gravity field determination. Springer-Verlag : F. Sanso and R. Rummel:335-372.

DITMAR P, KLEES R, KOSTENKO F. 2003a. Fast and accurate computation of spherical harmonic coefficients from satellite gravity gradiometry data[J]. Journal of Geodesy, 76: 690-705.

DITMAR P, KUSCHE J. 2003b. Computation of spherical harmonic coefficients from gravity gradiometry data to be acquired by the GOCE satellite: regularization issues[J]. Journal of Geodesy, 77:465-477.

DITMAR P, VISSER P, KLEES R. 2003c. On the joint inversion of SGG and SST data from the GOCE mission[J]. Advances in GEOSciences(1):87-94.

DRISCOLL J R, HEALY D M. 1994. Computing Fourier transforms and convolutions on the 2-sphere[J]. Advances in Applied Mathematics, 15(2):202-250.

FLOBERGHAGEN R. 2007. GOCE development status[C]// Presented at joint international GSTM and DFG SPP symposium, October 15-17, GFZ Potsdam.

FLURY J. 2006. Short-wavelength spectral properties of the gravity field from a range of regional data sets[J]. Journal of Geodesy, 79(10/11):624-640.

FORSTE C A. 2005. New high resolution global gravity field model derived from combination of GRACE and CHAMP mission and altimetry/gravimetry surface gravity data[C]// EGU General Assembly 2005, Vienna, Austria.

FORSTE C, FLECHTNER F, SCHMIDT R, et al. 2005. A new high resolution global gravity field model derived from combination of GRACE and CHAMP mission and altimetry/gravimetry surface gravity data[C]// Presented at EGU general assembly 2005, Vienna, Austria, 24-29.

FORWARD R L. 1974. Review of artificial satellite gravity gradiometer techniques for geodesy [C]// Proc. Symp. On the use of artificial satellites for geodesy and geodynamics. Authens, 157-192.

FREEDEN W, GERVENS T, SCHREINER M. 1994. Tensor spherical harmonics and tensor spherical splines[J]. Manuscripta Geodaetica, 19:70-100.

GARMIER R, BARRIOT J, KONOPLIV A S, et al. 2002. Modeling of the eros gravity field as an ellipsoidal harmonic expansion from the near Doppler tracking data[J]. Geophys. Res. Lett., 29(8):1231.

GELDEREN M V, RUMMEL R. 2001. The solution of the general geodetic boundary value problem[J]. Journal of Geodesy, 75:1-11.

GIRARD D. 1989. A fast 'Monte-Carlo cross-validation' procedure for large least squares problems with noisy data[J]. Numer. Math, 56:1-23.

GLASER R, SHERRY E J. 1972. Relationship of gravity gradients to spherical harmonics[R]. Jet Propulsion Laboratory. California Institue of Technology, Pasadena.

HAINES B J, BORN G H, WILLIAMSON R G, et al. 1994. Application of the GEM-T2 gravity field to altimetric satellite orbit computation[J]. Journal of Geophysical Research, 99: 16237-16254.

HAN S C. 2003. Efficient global gravity field determination from satellite-to-satellite tracking (SST)[R]. Dept. of Geodetic Science, The Ohio State University, Columbus, Ohio.

HEALY D M, ROCKMORE D N, KOSTELEC P J, et al. 2003. FFTs for the 2-sphere-improvements and variations[J]. Journal of Fourier Analysis and Applications, 9(4): 341-385.

HECK B. 1997. Formulation and linearization of boundary value problems: from observables to a mathematical model[C]// Geodetic boundary value problems in view of the one centimeter geoid. Lecture notes in Earth sciences 65, Springer, Berlin, Heidelberg, New York, 121-160.

HEISKANEN W A, MORITZ H. 1967. Physical geodesy[M]. W. H. Freeman and Company, San Francisco.

HEISKANEN W A, MORITZ H. 1975. Physical geodesy [M]. W. H. Freeman and Company, San Francisco.

HOBSON E W. 1931. Theory of spherical and ellipsoidal harmorrics[M]. Cambrige: Cambrige University Press.

HOLMES S A, FEATHERSTONE W E. 2002. A unified approach to the Clenshaw summation and the recursive computation of very high degree and order normalised associated Legendre functions[J]. Journal of Geodesy, 76(5): 279-299.

HOLOTA P. 1989. Boundary value problems and invariants of the gravitational tensor in satellite gradiometry[C]//Theory of satellite of geodesy and gravity field determination. F. Sansò, R. Rummel, Lecture notes in Earth sciences 25, Springer, Berlin, Heidelberg, New York, 447-457.

HUANG M T. 1967. Marine gravity surveying line system adjustment[J]. Journal of Geodesy, 70: 158-165.

ILK K H. 1993. Regularization for high resolution gravity field recovery by future satellite techniques[C]// Inverse problems: principles and applications in geophysics, technology and medicine, Anger, G. et al. Math. Research, 74, Akademie Verlag: 189-214.

JEKELI C. 1999. The determination of gravitational potential differences from satellite-to-satellite tracking[J]. Celestial Mechanics and Dynamical Astronomy, 75: 85-101.

JEKELI C, LEE J K, KWON J H. 2007. On the computation and approximation of ultra-high-degree spherical harmonic series[J]. Communications in Mathematical Physics, 274(3): 795-819.

KAULA W M. 1966. Theory of satellite geodesy[M]. Blaisdell Publishing Company, Waltham Massachusetts.

KLESS R. 1997. Topics on boundary element methods[C]//Geodetic boundary value problems in view of the one centimeter geoid. F. Sansò, R. Rummel, Lecture notes in Earth sciences 65, Springer, Berlin, Heidelberg, New York, 482-531.

KLEES R, DITMAR P, BROERSEN P. 2003. How to handle colored observation noise in large least-squares problems[J]. Journal of Geodesy, 76(11/12): 629-640.

KLEES R, KOOP R, VISSER P, et al. 2000a. Efficient gravity field recovery from GOCE gravity gradient observations[J]. J. Geodesy, 74 (7/8): 561-571.

KOCH K R, KUSCHE J. 2002. Regularization of geopotential determination from satellite data by variance components[J]. Journal of Geodesy, 76(5): 259-68.

KOHNLEIN W. 1967. On the gravity gradient at satellite altitudes[R]. Smithonian Astrophysical Observatory, Cambridge, Mass.

KONOPLIV A S, BANERDT W B, SJOGREN W L. 1999. Venus gravity: 180th degree and order model[J]. Icarus, 139: 3-18.

KUSCHE J. 2001a. Implementation of multigrid solvers for satellite gravity anomaly recovery [J]. Journal of Geodesy, 74: 773-782.

KUSCHE J, KLEES R. 2002a. Regularization of the gravity field estimation from satellite gravity gradients[J]. J. Geodesy, 76: 359-368.

KUSCHE J, MAYER-GÜRR T. 2001. On the iterative solution of ill-conditioned normal equations by the use of Lanczos methods(C) // Vistas for geodesy in the new millennium, Ádám and Schwarz, IAG symposium, Springer, 125: 248-252.

KUSCHE J, RUDOLPH S. 2002b. Satellite gravity anomaly recovery using multigrid methods [C] // Gravity, geoid and geodynamics 2000. F. Sansò, IAG symposium, Springer, 123: 91-96.

LEMOINE F G, KENYON S C, FACTOR J K, et al. 1997. The development of the NASA GSFC and NIMA joint geo-potential model[C] // In: IAG sym 117, gravity, geoid, marine geodesy. Berlin: Springer, 461-469.

LEMOINE F G, KENYON S C, FACTOR J K, et al. 1998. The development of the joint NASA GSFC and NIMA geopotential model EGM96 [R]. NASA Goddard Space Flight Center, Greenbelt, Maryland. 20771 USA.

LERCH F J. 1991. Optimum data weighting and error calibration for estimation of gravitational parameters[J]. Bulletin Geodesique, 65: 44-52.

LERCH F J, KLOSKO S M, PATEL G. B. 1982. A refined gravity model from LAGEOS GEM-L2[J]. Geophysical Research Letters(9): 1263-1266.

LI J. 2002. A formula for computing the gravity disturbance from the second radial derivative of the disturbing potential[J]. Journal of Geodesy, 76(4): 226-231.

LI J C. 2005. Integral formulas for computing the disturbing potential, gravity anomaly and the deflection of the vertical from the second-order radial gradient of the disturbing potential[J]. Journal of Geodesy, 79(1/2/3): 64-70.

LONKHUYZEN M V, KLEES R, BOUMAN J. 2002. Regularization for the gravity field recovery from GOCE observations[C] // Gravity, Geoid and Geodynamics 2000. F Sansò, IAG symposium, Springer, 123: 117-122.

MARTINEC Z. 2004. Green ' s function solution to spherical gradiometric boundary-value problems[J]. Journal of Geodesy, 77: 41-49.

MIGLIACCIO F, REGUZZONI M, SANSÒ F. 2004. Space-wise approach to satellite gravity field determination in the presence of coloured noise[J]. Journal of Geodesy, 78(4/5): 304-313.

MIGLIACCIO F, SACERDOTE F, SANSÒ F. 1990. The boundary value problem approach to the data reduction for a spaceborne gradiometer mission [C] // Gravity, gradiometry and gravimetry. R. Rummel, R. Hipkins, General meeting IAG, Edinburgh, 8-10 August 1989, Springer Verlag, 67-77.

OBERNDORFER H, DOROBANTU R, GERLACH C, et al. 1999. GOCE sensor combination and error analysis[J]. Bollettino di Geofisica Teorica ed Applicata, 40: 303-307.

OBERNDORFER H, MÜLLER J, RUMMEL R, et al. 2002. A simulation tool for the new gravity field satellite missions[J]. Adv. Space Res, 30(2): 227-232.

PAIK H J, LEUNG J S, MORGAN S H, et al. 1988. Global gravity survey by an orbiting gravity gradiometer[J]. EOS Trans., 69: 1601.

PAIK H J, LUMLEY J M. 1996. Superconducting gravity gradiometers on STEP and GEM[J]. Class. and Quantum Gruv., 13: 19-27.

PAIL R, PLANK G. 2002. Assessment of three numerical solution strategies for gravity field recovery from GOCE satellite gravity gradiometry implemented on a parallel platform[J]. J. Geodesy, 76: 462-474.

PAIL R, PLANK G, SCHUH W D. 2001. Spatially restricted data distribution on the sphere: the method of orthonormalized functions and applications[J]. J. Geodesy, 75: 44-56.

PAIL R, WERMUTH M. 2003. GOCE SGG and SST quick-look gravity field analysis [J]. Advances in GEOSciences (1): 5-9.

PAVLIS N K, HOLMES S A, KENYON S C, et al. 2005. A preliminary gravitational model to degree 2160[C] // Gravity, Geoid and Space Missions. Berlin: Springer. 18-23.

PAVLIS N K, RAPP R H. 1990. The development of an isostatic gravitational model to degree 360 and its use in global gravity modeling[J]. Geophys. J. Int., 100(3): 369-378.

PAVLIS N K, SALEH J. 2005. Error propagation with geographic specificity for very high degree geopotential models[C] // Gravity, Geoid and Space Missions. Berlin: Springer. 149-154.

PETROVSKAYA M S, ZIELINSKI J B. 2000. Recovering the global gravitational field from satellite measurements of the full gravity gradient[C] // Geodesy beyond 2000: The challenges of the first decade. KP Schwarz, IAG symposium 121, Springer, 63-67.

PRINCE R A, FORSYTH D W. 1984. A simple objective method for minimizing crossover errors in marine gravity data[J]. Geophysics, 49(7): 1070-1083.

RAPP R H, CRUZ J Y. 1986. Spherical harmonic expansions of the Earth's gravitational potential to degree 360 using 30′ mean anomalies[R]. Dept. of Geodetic Science and Surveying, The Ohio State University, Columbus.

RAPP R II, PAVLIS N K. 1990. The development and analysis of geopotential coefficient models to spherical harmonic degree 360[J]. Journal of Geophysical Research, 95(13): 21885-21911.

RAPP R H, WANG Y M, PAVLIS N K. 1991. The Ohio State 1991 geopotential and sea surface topography harmonic coefficient models[R]. Dept of Geodet Sci and Surv, Ohio State Univ,

Columbus.

RAPPAPORT N J, KONOPLIV A S, KUCINSKAS A B, et al. 1999. An improved 360 degree and order model of the Venus topography[C]. Icarus, 139: 19-31.

REIGBER C, BALMINO G, SCHWINTZER P, et al. 2002a. A high-quality global gravity field model from CHAMP GPS tracking data and accelerometry EIGEN-1S [J]. Geophysical Research Letter, 29: 1692-1695.

REIGBER C, JOCHMANN H, WUNSCH J, et al. 2005a. Earth gravity field and seasonal variability from CHAMP[C]// Earth observation with CHAMP—results from three years in orbit. Berlin, Springer Verlag: 25-30.

REIGBER C, LTIHR H, SCHWINTZER P. 2002c. CHAMP mission status[J]. Advances Space Reseach, 30(2): 129-134.

REIGBER C, SCHMIDT R, FLECHTNER F, et al. 2005b. An Earth gravity field model complete to degree and order 150 from GRACE: EIGEN-GRACE02S [J]. Journal of Geodynamics, 39 (1): 1-10.

REIGBER C, SCHWINTZER P, NEUMAYER K H, et al. 2003. The CHAMP-only Earth gravity field model EIGEN-2[J]. Advances in Space Research, 31: 1883-1888.

REIGBER C, SCHWINTZER P, STUBENVOLL R, et al. 2004. A high-resolution global gravity field model combining CHAMP and GRACE satellite mission and surface gravity data: EIGEN-CG01C[J]. Solid Earth Abst, 16, 24.

RUMMEL R. 1979. Determination of short-wavelength components of the gravity field from satellite-to-satellite tracking or satellite gradiometry: an attempt to and identificatoin of problem areas[J]. Manuscripta Geodetica, 4: 107-148.

RUMMEL R. 1989. Uniquely and overdetermined geodetic boundary value problems by least squares[J]. Bulletin Geodesique, 63: 1-33.

RUMMEL R. 1997. Spherical spectral properties of the Earth's gravitational potential and its first and second derivatives [C] // Geodetic boundary value problems in view of the one centimeter geoid. F Sansò and R Rummel, Lecture Notes in Earth Sciences 65, 359-404.

RUMMEL R, COLOMBO O L. 1985. Gravity field determination from satellite gradiometry[J]. Bulletin Geodesique, 57: 233-246.

RUMMEL R, GELDEREN M V. 1992a. Spectral analysis of the full gravity tensor[J]. Geophys J. Int, 111: 159-169.

RUMMEL R, GELDEREN M V. 1995. Meissl scheme-spectral characteristics of physical geodesy [J]. Manuscripta Geodetica, 20: 379-385.

RUMMEL R, SCHWARZ K, GERSTL M. 1979. Least squares collocation and regularization[J]. Bulletin Géodésique, 53: 343-361.

SACERDOTE F, SANSÒ F. 1985. Overdetermined boundary value problem in physical geodesy [J]. Manuscripta Geodatica, 10: 195-207.

SACERDOTE F, SANSÒ F. 1987. New developments of boundary value problem in physical geodesy[C]. Preoceedings of the IAG Symposia, Tome II, 369-390.

SANSÒ F. 1989. On the aliasing problem with the harmonic analysis on the sphere[C] // Ⅱ Hotine-Marussi Symposium, Pisa, Italy, June, 3-5.

SANSÒ F, RUMMEL R. 1997. Geodetic boundary value problems in view of the one centimeter geoid[M]. Lecture Notes in Earth Sciences 65, Springer.

SCHRAMA E J O. 1991. Gravity field error analysis: applications of Global Positioning System receivers and gradiometers on low orbiting platforms[J]. Journal of Geophysical Research, 96(12): 20041 - 20051.

SCHRAMA E J O. 2003. Error characteristics estimated from CHAMP, GRACE and GOCE derived geoids and from satellite altimetry derived mean dynamic topography[J]. Space Science Reviews, 108(1-2): 179-193.

SCHUH W D. 1996. Tailored numerical solution strategies for the global determination of the Earth's gravity field[R]. Mitteilungen der Geodätischen Institute der TU Graz, Folge 81.

SHI P. 1984. The computation of the Earth's gravity field model combining different types of data[R]. Xi'an: Xi'an Research Institute of Surveying and Mapping.

SJOBERG L E. 1988. New integral approach to geopotential coefficient determinations from terrestrial gravity or satellite altimetry data[J]. Bull Geod, 62: 93-101.

SJOBERG L E. 2000. Topographic effects by the Stokes-Helmert method of geoid and quasi-geoid determinations[J]. Journal of Geodesy, 74: 255-268.

SJOBERG L E, NAHAVANDCHI H. 1999. On the indirect effect in the Stokes-Helmert method of determination[J]. Jounal of Geodesy, 73: 87-93.

SNEEUW N. 1994. Gobal spherical harmonic analysis by least-squares and numerical quadrature methods in historical perspective[J]. Geophysical Journal International, 118(3): 707-716.

SNEEUW N. 2003. Space-wise, time-wise, torus and Rosborough representation in gravity field modelling[J]. Space Science Reviews, 8 (1/2): 37-46.

SNEEUW N J. 1992. Representation coefficients and their use in satellite geodesy [J]. Manuscripta Geodaetica, 17: 117-123.

SNEEUW N J. 2000. A semi-analytical approach to gravity field analysis from satellite. observations[D]. Munich: Technische Universität München.

SNEEUW N J. IJSSEL V D, KOOP R, et al. 2002. Validation of fast pre-mission error analysis of the GOCE gradiometry mission by a full gravity field recovery simulation [J]. Journal of Geodynamics, 33 (1/2): 43-52.

STRANG VAN HEES G L. 1983. Gravity survey of the North Sea[J]. Marine Geodesy, 6(2): 167-182.

SUDA R, TAKAMI M. 2002. A fast transform for spherical harmonics [J]. Mathematics of Computation, 238 (71): 703-715.

TAPLEY B D, BETTADPUR S, WATKINS M, et al. 2004. The gravity recovery and climate experiment: mission overview and early results [J]. Geophysical Research Letter, 31: 9607-

9610.

TAPLEY B D, CHAMBERS D P, BETTADPUR S, et al. 2003. Large scale ocean circulation from the GRACE GGM01 geoid[J]. Geophysical Research Letter, 30: 1-6.

TAPLEY B D, RIES J, BETTADPUR S, et al. 2005. GGM02 an improved Earth gravity field model from GRACE[J]. Journal of Geodesy, 79: 467-478.

TAPLEY B D, WATKINS M M, RIES J C, et al. 1996. The joint gravity model 3[J]. Journal of Geophysical Research, 101: 28029-28050.

THALHAMMER M. 1994. The geographical truncation error in satellite gravity gradiometer measurements[J]. Manuscripta Geodaetica, 19: 45-54.

TSCHERNING C C. 2001. Computation of spherical harmonic coefficients and their error estimates using least squares collocation[J]. J. Geodesy, 75: 12-18.

TSCHERNING C C, FORSBERG R, VERMEER M. 1990. Methods for the regional gravity field modelling from SST and SGG data[R]. Reports of the Finnish Geodetic Institute, Helsinki.

VANÈCEK P, HUANG J, NOVAK P, et al, 1999. Determination of the boundary values for the Stokes-Helmert problem[J]. Journal of Geodesy, 73: 180-192.

WAHR J, MOLENAAR M, BRYAN F. 1998. Time variability of the Earth's gravity field: hydrological and oceanic effects and their possible detection using GRACE[J]. J. Geophys. Res., 103: 30205-30229.

WAHR J, SWENSON S, VELICOGNA I. 2006. Accuracy of GRACE mass estimates[J]. Geophys. Res. Lett., 33: L06401, doi: 10.1029/2005GL025305.

WAHR J, SWENSON S, ZLOTNICKI V, et al. 2004. Time-variable gravity from GRACE: first results[J]. Geophys. Res. Lett., 31: L11501, doi: 10.1029/2004GL019779.

WANG Y M. 2001. GSFCOO mean sea surface, gravity anomaly and vertical gravity gradient from satellite altimeter data[J]. J. Geophys. Res., 106 (C12): 31167-31175.

WENZEL H G. Ultra high degree geo-potential models GPM3E97A to degree and order 1800 tailored to Europe[C]//Proceedings second continental workshop on geoid in Europe. Vermeer M and Adam J. Reports of the Finish Geodetic Institute, Marsala, Finland. 98(4): 71-80.

WESSEL P, WATTS A B. 1988. On the accuracy of marine gravity measurements[J]. J. Geophys. Res., 93(B1): 393-413.

WOLFF M. 1969. Direct measurements of the Earth's gravitational potential using a satellite pair [J]. J. Geophys. Res, 74(22): 5295-5300.

XIAO H D, LU Y. 2007. Parallel computation for spherical harmonic synthesis and analysis[J]. Computers & Geosciences, 33(3): 311-317.

XIE J. 2005. Implementation of parallel least-square algorithm for gravity field estimation[R]. Dept. of Geodetic Science, The Ohio State University, Columbus, Ohio.

XU P L. 1992. Determination of surface gravity anomalies using gradiometric observables[J]. Geophys. J. Int., 110: 321-332.

XU P L, RUMMEL R. 1994. A generalized ridge regression method with applications in determination of potential fields[J]. Manuscripta Geodaetica,20:8-20.

YI YUCHAN. 1995. Determination of gridded mean sea surface from TOPEX, ERS-1 and GEOSAT altimeter data [M]. Department of Geodetic Science and Surveying, Ohio State University Columbus. Rep. NO434.

YU N, KOHEL M J, RAMIREZ-SERRANO J, et al. 2004. Progress towards a space-borne quantum gravity gradiometer [C] // Earth Science Technology Conference. NASA: Crowne Plaza.

附录　本书引用的缩写词和常数

缩写词

Abbreviations

1DFFT	One Dimension-FFT
ASI	Italian Space Agency
AU	Astronomical Units
CHAMP	Challenging Mini-satellite Payload
CIO	Conventional International Origin
CIS	Conventional Inertial Reference System
CNES	Centre National d'Etudes Spatiales
CRF	Conventional Reference Frame
CSR	Center for Space Research
CTS	Conventional Terrestrial System
DEM	Digital Elevation Model
DLR	Deutsches Zentrum für Luft und Raumfahrte
DORIS	Doppler Orbitography and Radiopositioning Integrated by Satellite
DTM	Digital Terrain Model
EGM	Earth Gravity Model
EOP	Earth Observation Programmes
ESA	European Space Agency
ESOC	European Space Operations Centre
EU	European Union
FFT	Fast Fourier Transform
GBVP	Geodetic Boundary Value Problem
GEM	Goddard Earth Model
GEOS	Geodynamics Experimental Ocean Satellite
GEOSAT	Geodetic Satellite
GFO	GEOSAT-FOLLOW-ON
GFZ	GeoForschungsZentrum Potsdam
GGM	GRACE Gravity Model
GLONASS	Global Navigation Satellite System
GOCE	Gravity and Ocean Circulation Explorer
GPS	Global Positioning System
GRACE	Gravity Recovery and Climate Experiment

GRGS	Groupe de Research en Geodesie Spatiale
GRM	Geopotential Research Mission
GRS	Geodetic Reference System
GSFC	Goddard Space Flight Center
HPC	High Performance Computing
HPF	High Level Processing Facility
IAG	International Association of Geodesy
IAPG	Insitut für Astronomische und Physikalische Geodäsie
IAU	International Astronomical Union
ICESat	Ice,Cloud,and land Elevation Satellite
ICRS	International Celestial Reference System
IERS	International Earth Rotation Service
IFX	Accelerometer Instrument Fixed System
IGS	International GPS Geodynamics Service
INS	Inertial Navigation System
IPCC	Intergoverment Panel on Climate Change
IRS	Inertial Reference System
ITRF	IERS Terrestrial Reference Frame
ITRS	International Terrestrial Reference System
IUGG	International Union for Geodesy and Geophysics
JGM	Joint Gravity Model
JPL	Jet Propulsion Laboratory
KBR	K-Band Ranging System
KMS	National Survey and Cadastre (Denmark)
LAGEOS	Laser Geodynamic Satellite
LS	Least Squares (adjustment)
LSC	Least-Square Collocation
MIT	Massachusetts Institute of Technology
NASA	National Aeronautics and Space Administration
NAVSTAR	Navigation System with Time and Ranging
NGS	National Geodetic Survey
NIMA	National Imagery and Mapping Agency
OSU	Ohio State University
PCCG	PreConditioned Conjugate Gradinet
PCGMA	Preconditioned Conjugate Gradient Multiple Adjustment
POD	Precise Orbit Determination
PRARE	Precise Range and Range RateEquipment
PSD	Power Spectral Density

QGG	Quantam Gravity Gradiometer
RMS	Root Mean Square
SAO	Smithsonian Astrophysical Observation
SCA	Star Camera Assembly
SGG	Satellite Gravity Gradiometry
SGGM	Superconductor Gravity Gradiometer Mission
Skylab	Sky Laboratory
SLALOM	Space Laser Low-Orbit Mission
SLR	Satellite Laser Ranging
SRA	Satellite Radar Altimetry
SST	Satellite-Satellite Tracking
SST-hl	Satellite-Satellite Tracking in High-Low Model
SST-ll	Satellite-Satellite Tracking in Low-Low Model
TOPEX	(Ocean) Topography Experiment
TW	Time-Wise
TWFD	Time-Wise in the Frequency Domain
TWTD	Time-Wise in the Time Domain
UTC	Universal Time Coordinated
VLBI	Very Long Baseline Interferometry
WCRP	World Climate Research Programme
WGS	World Geodetic System
WOCE	World Ocean Circulation Experiment

常数

Constants

符号	值	单位	描述
a_e	6 378 137	m	地球半长轴
AU	149 597 870 691	m	天文单位
b	6 356 751	m	地球短半轴
c	299 792 458	$m \cdot s^{-1}$	光速
e	8.181 930 154 725e-2	—	第一偏心率
f_e	1/298.257 223 563	—	地球扁率
G	6.672 59e-11	$m^3 \cdot s^{-2} \cdot kg^{-1}$	引力常数
J_2	0.001 082 63	—	地球 J_2 项
k	24	GHz	K 波段测距载波频率
ka	32	GHz	Ka 波段测距载波频率
γ_e	9.780 327 581 57e+5	mGal	赤道正常重力
γ_p	9.832 187 077 45	mGal	极区正常重力
$C_{2,0}$	−0.484 169 650 276e-3		二阶带谐项
$C_{4,0}$	0.790 314 704 521e-6		四阶带谐项
$C_{6,0}$	−0.168 729 437 964e-8		六阶带谐项
$C_{8,0}$	0.346 071 647 263e-11		八阶带谐项
$C_{10,0}$	−0.265 086 254 269e-14		十阶带谐项
GM	3.986 004 415e14	$m^3 \cdot s^{-2}$	地球引力常数

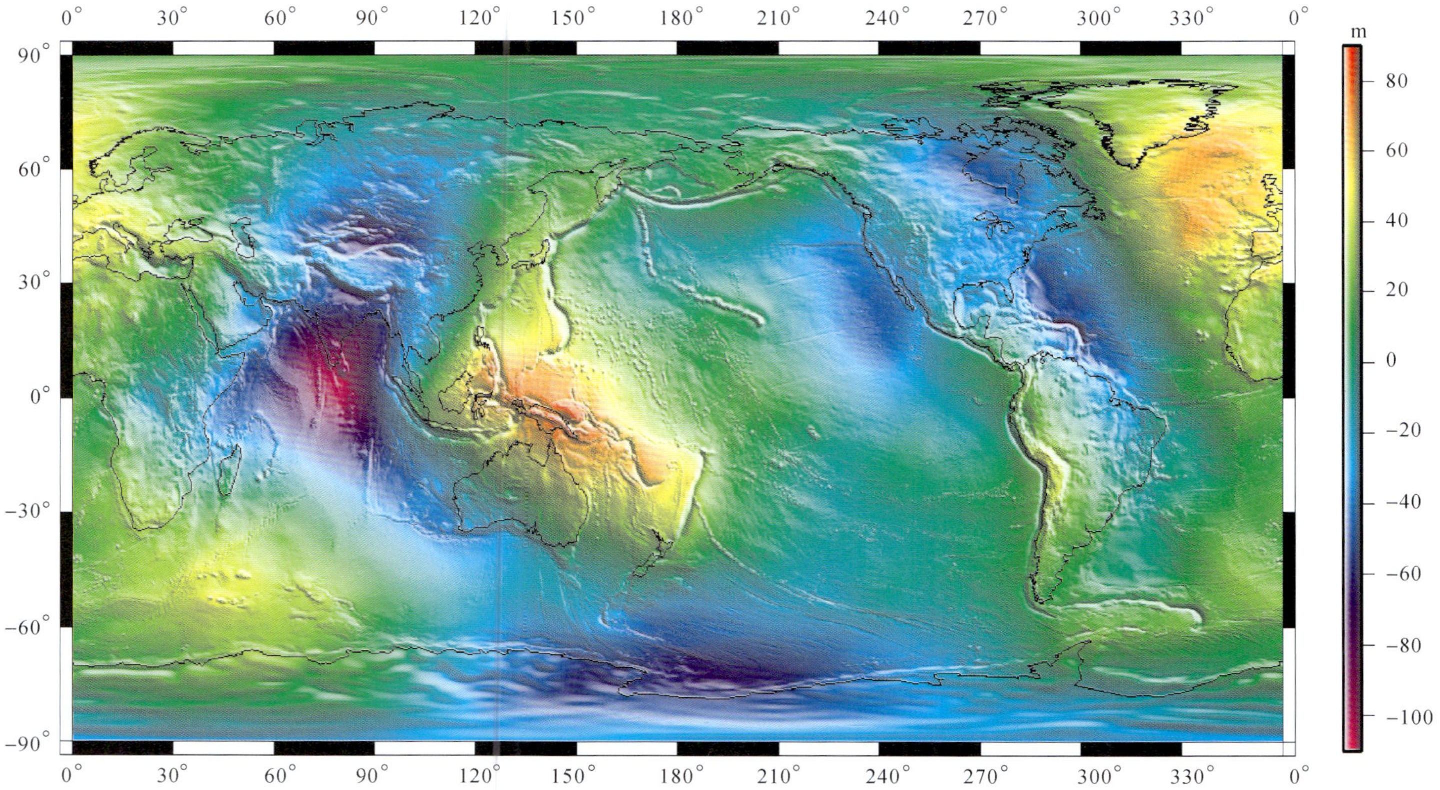

彩图1　UGM08C地球重力场模型大地水准面高(5′×5′)

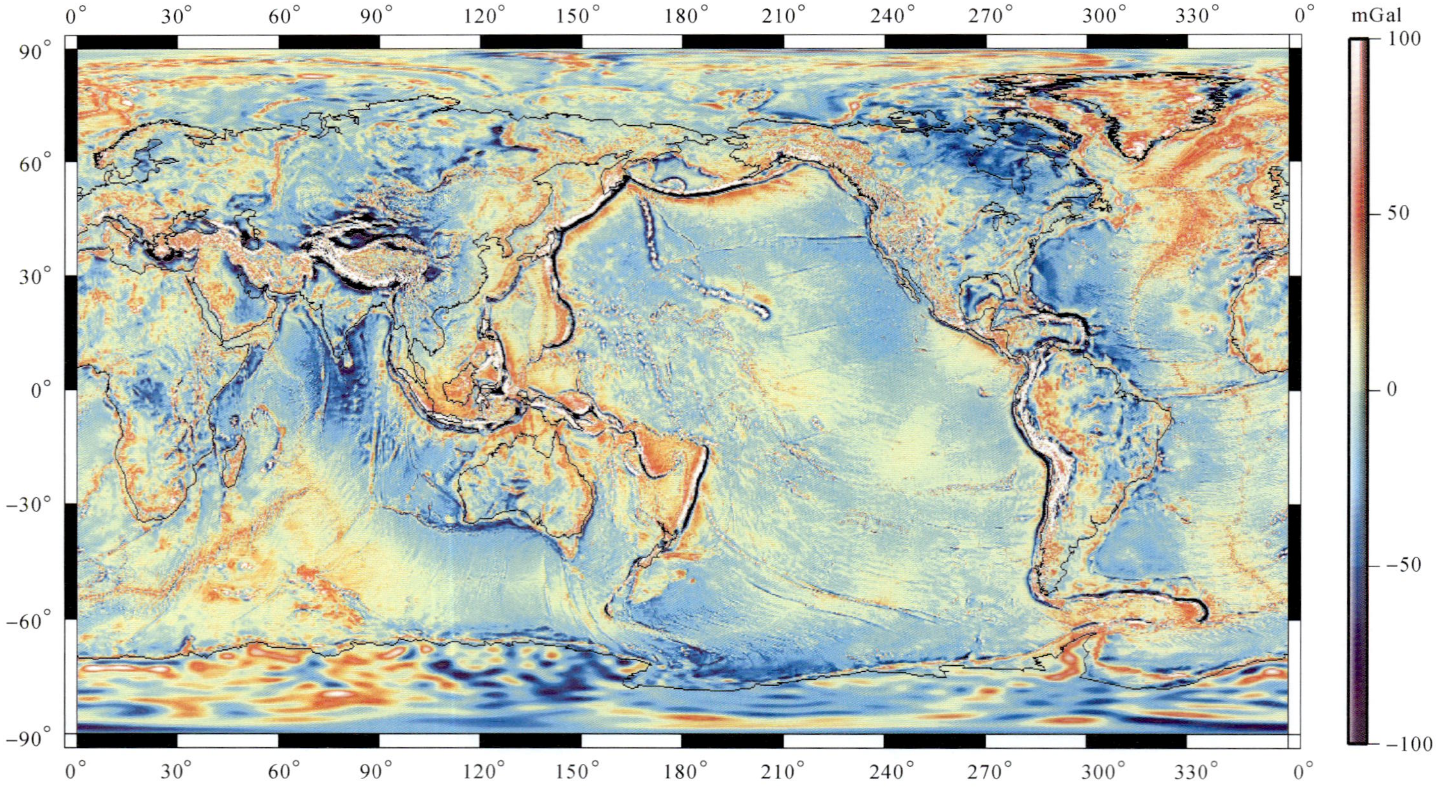

彩图2　UGM08C地球重力场模型重力异常分布(5′×5′)

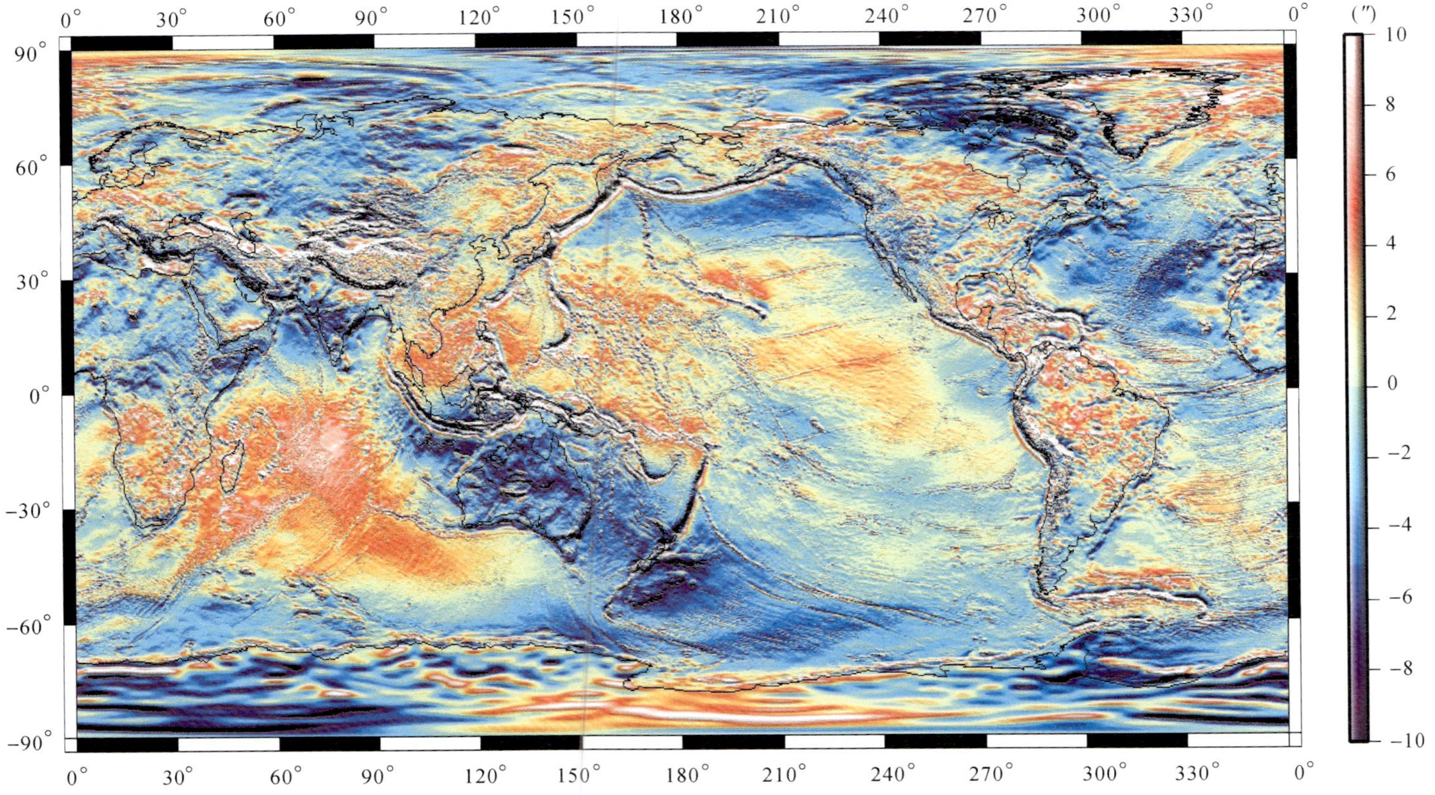

彩图3　UGM08C地球重力场模型垂线偏差ξ分量(5′×5′)

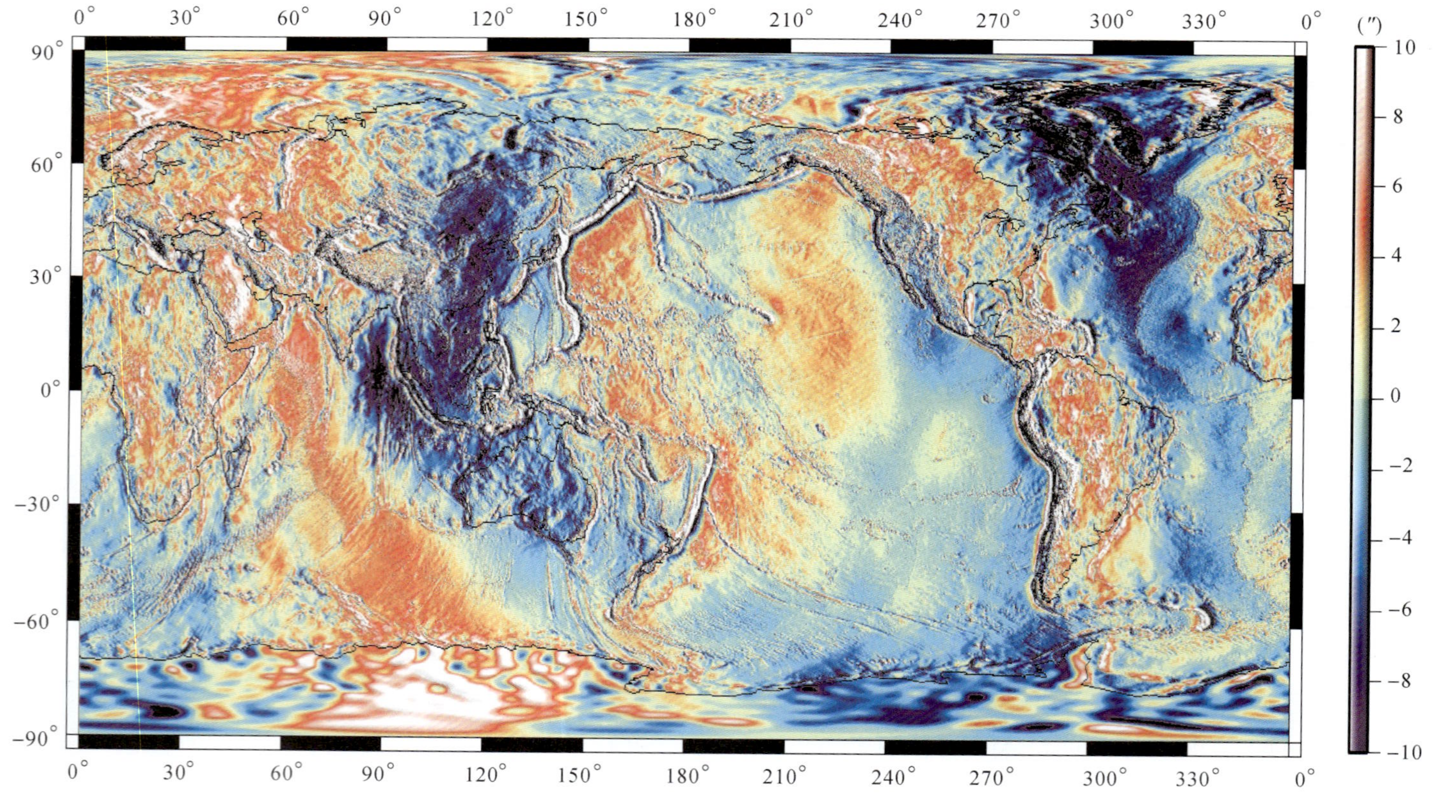

彩图4　UGM08C地球重力场模型垂线偏差η分量(5′×5′)